全国医药中等职业教育护理类专业"十二五"规划教材

正常人体结构学

主　编　曲永松　刘　斌

中国医药科技出版社

内 容 提 要

本书是全国医药中等职业教育护理类专业"十二五"规划教材之一，依照教育部教育发展规划纲要等相关文件要求，紧密结合护士执业资格考试特点，根据《正常人体结构学》教学大纲的基本要求和课程特点编写而成。

本书重点介绍了人体解剖学、组织学和胚胎学的基础知识。全书除绪论外，还包括基本组织、运动系统、消化系统、呼吸系统、泌尿系统、生殖系统、内分泌系统、脉管系统、感觉器、神经系统和人体胚胎发育概要。

本书适合医药卫生中等职业教育相同层次不同办学形式教学使用，也可作为医药行业培训和自学用书。

图书在版编目（CIP）数据

正常人体结构学/曲永松，刘斌主编 . —北京：中国医药科技出版社，2013.8
全国医药中等职业教育护理类专业"十二五"规划教材
ISBN 978 – 7 – 5067 – 6208 – 3

I. ①正… Ⅱ. ①曲… ②刘… Ⅲ. ①人体结构 – 中等专业学校 – 教材 Ⅳ. ①Q983

中国版本图书馆 CIP 数据核字（2013）第 147232 号

美术编辑　陈君杞
版式设计　郭小平

出版　中国医药科技出版社
地址　北京市海淀区文慧园北路甲 22 号
邮编　100082
电话　发行：010 – 62227427　邮购：010 – 62236938
网址　www. cmstp. com
规格　787 × 1092mm¹⁄₁₆
印张　17¾
彩插　10
字数　369 千字
版次　2013 年 8 月第 1 版
印次　2015 年 7 月第 2 次印刷
印刷　廊坊市广阳区九洲印刷厂
经销　全国各地新华书店
书号　ISBN 978 – 7 – 5067 – 6208 – 3
定价　45.00 元

本社图书如存在印装质量问题请与本社联系调换

全国医药中等职业教育护理类专业"十二五"规划教材
建设委员会

编委会 ▶▶▶ 《正常人体结构学》

主　编　曲永松　刘　斌

副主编　赵　永　张维烨　安月勇

编　者　(以姓氏笔画为序)

曲永松 (山东省莱阳卫生学校)

危云宏 (重庆市医科学校)

刘　斌 (甘肃省天水市卫生学校)

安月勇 (山东省莱阳卫生学校)

牟　敏 (山东省烟台护士学校)

张维烨 (山东省青岛卫生学校)

范跃民 (成都大学)

周　燕 (山东省莱阳卫生学校)

赵　永 (贵州省毕节市卫生学校)

潘书言 (长春市第二中等专业学校)

编写说明

随着《国家中长期教育改革发展纲要(2010～2020年)》的颁布和实施,职业教育更加强调内涵建设, 职业教育院校办学进入了以人才培养为中心的结构优化和特色办学的时代。为了落实国家职业教育人才培养的"德育优先、能力为重、全面发展"的教育战略需要, 主动加强教育优化和能力建设, 实现医药中职教育人才培养的主动性和创造性, 由专业教育向"素质教育"和"能力培养"方向转变, 培养护理专业领域继承和创新的应用型、复合型、技能型人才已成为必然。为了适应新时期护理专业人才培养的要求, 过去使用的大部分中职护理教材已不能适应素质教育、特色教育和创新技能型人才培养的需要, 距离以"面向临床、素质为主、应用为先、全面发展"的人才培养目标越来越远, 所以动态更新专业、课程和教材, 改革创新办学模式已势在必行。

而当前中职教育的特点集中表现在: ①学生文化基础薄弱, 入学年龄偏小, 需要教师给予多方面的指导; ②学生对于职业方向感的认知比较浅显。鉴于以上特点, 全国医药中等职业教育护理类专业"十二五"规划教材建设委员会组织建设本套以实际应用为特色的、切合新一轮教学改革专业调整方案和新版护士执业资格考试大纲要求的"十二五"规划教材。本套教材定位为: ①贴近学生, 形式活泼, 语言清晰, 浅显易懂; ②贴近教学, 使用方便, 与授课模式接近; ③贴近护考, 贴近临床, 按照实际需要编写, 强调操作技能。

本套教材, 编写过程中还聘请了负责护士执业资格考试的国家卫生和计划生育委员会人才交流服务中心专家做指导, 涵盖了护理类专业教学的所有重点核心课程和若干选修课程, 可供护理及其相关专业教学使用。由于编写时间有限, 疏漏之处欢迎广大读者特别是各院校师生提出宝贵意见。

全国医药中等职业教育护理类专业
"十二五"规划教材建设委员会
2013年6月

全国医药中等职业教育护理类专业"十二五"规划教材《正常人体结构学》，供中等卫生职业教育护理类专业使用，由全国医药中等职业教育护理类专业"十二五"规划教材建设委员会组织编写。

本教材根据国务院关于"大力发展职业教育的决定"的精神，本着"以服务为宗旨，以岗位需求为导向"的卫生职业教育办学方针，坚持以就业为导向，以能力为本位的指导思想。注重"三基"、保证"五性"，坚持"必须、够用、实用"和体现护理专业特色的原则，力求卫生职业教育与岗位"零距离"，以培养技能型、服务型护理专业技术人才。

本教材除绪论外，由基本组织、运动系统、消化系统、呼吸系统、泌尿系统、生殖系统、内分泌系统、脉管系统、感觉器、神经系统和人体胚胎发育概要共 11 个单元组成。我们在本教材的编写过程中，针对培养目标和培养对象，通过分析护理专业课程、护理职业需求和护士执业资格考试，由《正常人体结构学》知识的需求入手，大胆改革教材内容，整体优化构建教材内容，处理好前后课程内容的衔接，同时注意教材内容与职业准入的有效衔接。理论阐述体现护理专业的特点，删减专业不需要的内容，尽量做到删而有度、简而在理、精而实用，力求本教材有新意、有特色。全书配有精美插图 380 余幅，书中解剖学名词以全国自然科学名词审定委员会公布的《人体解剖学名词》（科学出版社，1991）为准。

本教材编写人员由来自全国八所院校资深的高级讲师担任。在编写过程中，编写人员认真负责，参考了本专业的相关教材，查阅了大量国内外文献资料；同时本书的编写得到了山东省莱阳卫生学校、甘肃省天水市卫生学校、贵州省毕节市卫生学校、山东省青岛卫生学校、长春市第二中等专业学校、重庆市医科学校、山东省烟台护士学校、成都大学等院校领导及解剖学同行的大力支持和帮助，在此表示衷心感谢。

由于编写时间仓促，编写水平有限，错误和不妥之处难免，敬请同行及广大读者不吝赐教，提出宝贵意见。

编　者
2013 年 3 月

目录

★本节主要介绍皮肤的微细结构及皮肤的附属器。

绪　　论

要点导航

◎ **学习要点**

　　掌握人体的组成和分部，正常人体结构学常用术语；熟悉正常人体结构学的定义；了解学习正常人体结构学的基本观点与方法。

◎ **技能要点**

　　学会按形态进行人体的分部。

一、正常人体结构学的定义及其在护理学中的地位

正常人体结构学是研究正常人体形态结构及其发生发育规律的科学。学习这门课程的目的，在于理解和掌握正常人体形态结构及其发生发育规律的知识，为学习其他医学基础课程和护理专业课程奠定坚实的基础。只有正确掌握人体的形态结构及其发生发育规律，才能进一步认识和掌握人体生命活动的过程和疾病的发生发展规律，才能科学有效地运用正常人体结构学知识为疾病的诊断、治疗和护理服务，从而促进人类健康水平的提高。

由于研究的角度、手段和目的不同，正常人体结构学又分出若干门类，如人体解剖学、组织学、胚胎学等。人体解剖学是用刀切割尸体和凭借肉眼观察的方法研究正常人体形态、结构的科学。组织学是借助显微镜观察的方法，研究正常人体的细胞、组织和器官微细结构的科学；胚胎学是研究人体在发生发育过程中形态结构变化规律的科学。

二、人体的组成和分部

细胞是人体结构和功能的基本单位。形态相似、功能相近的细胞被细胞间质结合在一起，形成组织。人体有4种基本组织，即上皮组织、结缔组织、肌组织和神经组织。几种不同的组织组成具有一定形态并完成一定生理功能的结构称器官，如胃、肺、肾、心等都是器官。若干个共同完成某一特定生理功能的器官连接在一起称系统。人体有9大系统，包括：运动系统、消化系统、呼吸系统、泌尿系统、生殖系统、内分泌系统、脉管系统、感觉器和神经系统。其中消化系统、呼吸系统、泌尿系统和生殖

系统的大多数器官都位于体腔内，并借一定的孔道与外界相通，总称内脏。

人体按外形可分为头、颈、躯干和四肢4部分。头的前部称面，颈的后部称项。躯干分为胸部、腹部、背部、盆会阴部等。四肢分为上肢和下肢，上肢又分肩、臂、前臂和手；下肢又分臀、大腿、小腿和足。

三、正常人体结构学常用术语

为了正确描述人体各器官的形态、结构和位置关系，正常人体结构学规定了统一的描述用语。

（一）解剖学姿势

解剖学姿势是人体直立、两眼向前平视，上肢下垂、下肢并拢，手掌和足尖向前。描述人体的任何结构均应以此姿势为标准。

（二）轴

轴是通过人体某部或某结构的假想线，人体共有3种相互垂直的轴（绪图–1）。

1. 矢状轴 呈前后方向，与冠状轴和垂直轴相互垂直的假想线。

2. 冠状轴 呈左右方向，与矢状轴和垂直轴相互垂直的假想线。

3. 垂直轴 呈上下方向，与人体长轴平行的假想线。

（三）面

人体或其任何一个局部，均可在解剖学姿势条件下作出3个相互垂直的切面，即矢状面、冠状面与水平面（绪图–1）。

1. 矢状面 在前后方向上垂直纵切人体将人体分为左、右两部分的切面称矢状面。通过人体正中线的矢状面，称正中矢状面，它将人体分成左、右对称的两部分。

2. 冠状面 在左右方向上垂直纵切人体将人体分为前、后两部分的切面称冠状面。

3. 水平面 在水平方向上，将人体横切为上、下两部分的切面称水平面。

此外，器官的切面一般以器官本身的长轴为依据，凡是与器官长轴平行的切面叫纵切面，与其长轴垂直的切面叫横切面。

（四）方位术语

按照人体的解剖学姿势，又规定了一些表示方位的术语。

1. 上和下 近头顶者为上，近足底者为下。

2. 前和后 近腹侧面者为前，近背侧面者

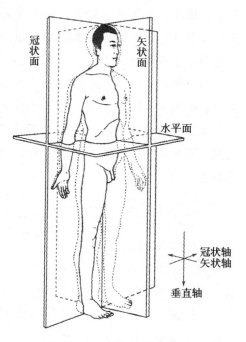

绪图–1 人体的轴和面

为后。

3. 内侧和外侧 近正中矢状面者为内侧，远离正中矢状面者为外侧。

4. 内和外 是描述空腔器官相互位置关系的术语，近内腔者为内，远离内腔者为外。

5. 浅和深 是描述与体表相对位置关系的术语，近体表者为浅，远离体表而距人体内部中心近者为深。

6. 近侧和远侧 用于描述四肢各部相互位置关系的术语。距肢体附着部近者为近侧，距肢体附着部远者为远侧。

四、学习正常人体结构学的基本观点和方法

（一）学习正常人体结构学的基本观点

要准确认识和理解正常人体形态结构，必须运用进化发展的观点、形态和功能相互联系的观点、局部与整体相统一的观点和理论联系实际的观点。只有这样才能全面系统地掌握人体形态结构的发展规律。

（二）正常人体结构学的学习方法

正常人体结构学是一门形态科学，描述多、名词多，针对其特点采取相应的学习方法是学好正常人体结构学的关键。

初学者花一定的时间在理解的基础上去背诵和记忆，记住正常人体结构学的名词及相对应的结构是必需的。重视实验课，充分利用解剖标本、模型、挂图、活体观察及多媒体手段等，加深理解，增进记忆，会进一步提高分析问题和解决问题的能力。

（曲永松）

基本组织

◎**学习要点**

　　掌握血液的组成，血细胞的种类、形态，神经元的形态结构、分类，突触的结构；熟悉被覆上皮的结构特征、类型，疏松结缔组织的结构，骨骼肌、心肌、神经纤维的一般结构；了解腺上皮和腺，致密结缔组织、脂肪组织、网状组织、软骨组织和软骨、骨组织和骨、平滑肌、神经胶质细胞和神经末梢的结构。

◎**技能要点**

　　学会显微镜的使用，并学会用显微镜观察各类上皮组织、结缔组织、肌组织和神经组织。

　　构成人体形态结构和功能的基本单位是细胞。许多形态结构相似、功能相同或相近的细胞借细胞间质结合在一起形成具有一定形态和功能的细胞群，称组织。按其结构和功能特点，可将人体组织分为上皮组织、结缔组织、肌组织和神经组织，这4类组织是构成人体各器官的基本成分，称基本组织。

第一节　上　皮　组　织

　　上皮组织简称上皮，是由大量紧密排列的上皮细胞和少量细胞间质构成。依其形态、分布和功能的不同，分为被覆上皮、腺上皮和特殊上皮3大类。上皮组织具有保护、吸收、分泌、排泄和感觉等功能。本节仅讲述被覆上皮和腺上皮。

一、被覆上皮

　　被覆上皮是指分布于人体的体表、衬贴在体腔及有腔器官内表面的上皮。一般所说的上皮是指被覆上皮。

（一）被覆上皮的结构特征

被覆上皮的种类较多，但都具有以下共同特征：①细胞多，且排列紧密，呈膜状，细胞间质少；②上皮细胞有明显的极性，即有游离和基底面，朝向有腔器官的腔面或身体表面的一端游离称游离面，与游离面相对的一端称基底面；③上皮组织一般无血管，其营养来自深部的结缔组织，但常有丰富的感觉神经末梢。

（二）被覆上皮的类型、结构及分布

根据上皮细胞的层数，被覆上皮分为单层上皮和复层上皮两种。其中单层上皮根据细胞的形态分为4种，复层上皮根据细胞的形态主要分为两种（表1-1）。

表1-1 被覆上皮的分类、分布和功能

细胞层数	上皮分类	分布	功能
单层	单层扁平上皮	心、血管和淋巴管内表面（内皮），体腔浆膜表面（间皮）等处	滑润
	单层立方上皮	肾小管、小叶间胆管等处	分泌、吸收
	单层柱状上皮	胃、肠、胆囊、输卵管黏膜和子宫内膜等处	保护、分泌和吸收
	假复层纤毛柱状上皮	呼吸道黏膜	保护和分泌
复层	复层扁平上皮	口腔、食管和阴道黏膜及皮肤表皮等处	保护
	变移上皮	肾盂、输尿管和膀胱黏膜等处	保护

1. 单层扁平上皮 又称单层鳞状上皮，由一层扁平细胞紧密排列而成。从垂直切面看，呈梭形，细胞扁薄，胞质很少，只有含核的部分略厚。从表面观察，细胞呈多边形或不规则形，核椭圆形，位于细胞中央，细胞边缘呈锯齿状，互相嵌合（彩图1）。单层扁平上皮分布广泛：①衬贴于心、血管及淋巴管内腔面的单层扁平上皮，称内皮，内皮薄而光滑，有利于液体的流动和物质交换；②被覆于胸膜、腹膜和心包膜等处的单层扁平上皮，称间皮，间皮光滑湿润，可减少器官活动时相互间的摩擦。③单层扁平上皮还构成肺泡壁和肾小囊壁。

2. 单层立方上皮 由一层立方形的细胞紧密排列而成。从垂直切面看，细胞呈立方形，核圆形，位于细胞的中央。从表面观察，细胞呈多边形（彩图2）。这种上皮分布于肾小管、小叶间胆管及甲状腺滤泡等处，具有分泌和吸收功能。

3. 单层柱状上皮 由一层棱柱状细胞紧密排列而成。从垂直切面上观察，细胞呈高柱状，核椭圆形，靠近细胞的基底部。从表面观察，细胞呈多边形（彩图3）。有些单层柱状上皮细胞之间夹有杯状细胞，能分泌黏液，对上皮细胞起润滑和保护作用。单层柱状上皮多分布于胃、肠、胆囊和子宫等器官的腔面，具有保护、分泌和吸收等功能。

4. 假复层纤毛柱状上皮 由柱状细胞、杯状细胞、梭形细胞及锥形细胞等构成，

其中柱状细胞数量最多，其游离面有纤毛。从侧面观察，这种上皮每个细胞都与基膜接触，但只有柱状细胞及杯状细胞的顶端抵达上皮游离面。由于细胞高矮不等，其核的位置也不在同一平面上，看上去似多层，实为一层，因而称假复层纤毛柱状上皮（彩图4）。这种上皮主要分布于呼吸道黏膜，其中柱状细胞的纤毛具有节律性摆动的特性，杯状细胞分泌的黏液能黏附尘粒，对呼吸道起湿润和清洁保护作用。

5. 复层扁平上皮 又称复层鳞状上皮，由多层形态不同的细胞紧密排列而成。从垂直切面上看，其浅表部为数层扁平细胞；中间部为数层多边形细胞，体积较大，细胞境界清楚；基底部为一层矮柱状或立方形的细胞（彩图5），该层细胞分裂增殖能力较强，新形成的细胞不断向表层推移，以补充衰老脱落的表层细胞。复层扁平上皮分布于皮肤的表皮，其表层细胞不断角化、脱落，而分布于口腔、食管和阴道等处的复层扁平上皮不角化。复层扁平上皮具有耐摩擦、阻止异物侵入、损伤后再生修复等作用。

6. 变移上皮 又称移行上皮，分布于肾盂、输尿管及膀胱等处。其特点是上皮细胞的大小、形状和层数可随器官的收缩与扩张而发生改变。当器官收缩时，上皮变厚，细胞层数变多。当器官扩张时，浅层细胞变扁平，上皮变薄，细胞层数变少（彩图6）。

（三）上皮组织的特殊结构

由于上皮组织的细胞有明显极性，其细胞的两极常处在不同环境当中，为了适应其功能，细胞的游离面、侧面和基底面常特化形成一些特殊的结构。

1. 上皮细胞的游离面

（1）微绒毛 在电镜下清晰可见。微绒毛是上皮细胞游离面的细胞膜和细胞质伸出的微细指状突起，其内含有微丝。光镜下所见小肠上皮细胞的纹状缘即是由密集的微绒毛整齐排列而成。微绒毛使细胞的游离表面积显著增大，有利于细胞对物质的吸收（彩图7）。

（2）纤毛 在光镜下可见。纤毛是上皮细胞游离面的细胞膜和细胞质伸出的较粗长的突起，其内部结构较复杂，主要由微管构成。纤毛可做节律性地摆动，从而将黏附于上皮表面的分泌物及有害物质排出。呼吸道大部分的腔面被覆为有纤毛的上皮（彩图4）。

2. 上皮细胞的侧面 上皮细胞排列紧密，细胞间隙很窄，在其侧面有一些特殊的细胞间连接结构。常见的有紧密连接、中间连接、桥粒和缝隙连接（彩图7）这些结构在电镜下才可见。它们具有加强细胞间牢固联系，封闭细胞间隙，参与细胞间信息传递（缝隙连接）等不同功能。这些结构也存在于结缔组织、肌组织和神经组织内。

3. 上皮细胞的基底面 基膜为上皮细胞的基底面与深部结缔组织之间的薄膜。由于很薄，在HE染色切片上一般不能分辨。基膜除具有支持、连接和固定作用外，还是一种半透膜，有利于上皮组织与深部结缔组织进行物质交换（彩图3）。

二、腺上皮和腺

腺上皮是指以分泌功能为主的上皮，而腺则是以腺上皮为主要成分构成的具有分泌功能的器官。

（一）腺的分类

腺依其分泌物的排出方式的不同分为外分泌腺和内分泌腺。外分泌腺的分泌物经导管排到体表或体腔内，如汗腺、唾液腺等；内分泌腺没有导管，也称无管腺，其分泌物经血液和淋巴或组织液输送，如内分泌系统的甲状腺、肾上腺等。

（二）外分泌腺的分类和一般结构

外分泌腺按组成的细胞数量，可分为单细胞腺（如杯状细胞）和多细胞腺（如唾液腺）。多细胞腺大小不等，一般由分泌部和导管部两部分构成。

1. 分泌部 一般由一层腺上皮细胞围成，中央有腔，腔与腺的导管部相连，具有分泌功能。依其分泌部的形态可分为管状腺、泡状腺和管泡状腺 3 种；按分泌物性质的不同，可分为黏液性腺、浆液性腺和混合性腺 3 种（彩图 8）。

2. 导管部 管壁由上皮围成，与分泌部相连，除具有输送分泌物外，有的导管其上皮兼有分泌和吸收功能。

第二节 结 缔 组 织

结缔组织由细胞和大量细胞间质构成。与上皮组织相比，结缔组织的主要特点是：①细胞种类多，但数量少，其形态、功能各异，且分布稀疏无极性；②细胞间质多，形态多样，包括无定形匀质状的基质和细丝状的纤维；③不与外界环境直接接触。

在体内结缔组织主要起连接、支持、营养、修复和保护等作用。结缔组织是体内分布最广泛、形式最多样的一种组织，它包括纤维性的固有结缔组织、固态的软骨组织和骨组织及液态的血液等（表 1-2）。

表 1-2 结缔组织的分类

类型		细胞	纤维	分布
固有结缔组织	疏松结缔组织	成纤维细胞、巨噬细胞、浆细胞、肥大细胞、脂肪细胞等	胶原纤维、弹性纤维和网状纤维	细胞、组织、器官之间和器官内等
	致密结缔组织	成纤维细胞	胶原纤维和弹性纤维	皮肤真皮、器官被膜、腱和韧带等
	网状组织	网状细胞	网状纤维	淋巴组织、淋巴器官和骨髓等
	脂肪组织	脂肪细胞	胶原纤维、弹性纤维和网状纤维	皮下组织、大网膜和黄骨髓等

续表

类型	细胞	纤维	分布
软骨组织	软骨细胞	胶原原纤维、弹性纤维和胶原纤维	气管、肋软骨、会厌和椎间盘等
骨组织	骨细胞	胶原纤维	骨
血液	血细胞	纤维蛋白原	心和血管内

一、疏松结缔组织

疏松结缔组织结构疏松，形似蜂窝，故又称蜂窝组织。其特点是细胞种类多且分散，纤维排列松散，基质含量较多。在体内疏松结缔组织分布广泛，它位于器官之间、组织之间及细胞之间，起连接、支持、营养、防御和修复等作用（彩图9）。

（一）细胞

1. 成纤维细胞 是疏松结缔组织中最主要的细胞，细胞形态不规则，扁平多突起，胞体较大；胞核较大，卵圆形，着色浅，核仁明显；胞质丰富，弱嗜碱性。成纤维细胞能合成基质和纤维，具有较强的再生能力，在人体发育及创伤修复期间，增殖分裂尤为活跃。

2. 巨噬细胞 广布于疏松结缔组织内，细胞形态多样，有圆形、椭圆形和不规则形等，其表面有短而粗的突起，称伪足；胞核较小、圆、染色较深；细胞质丰富，多为嗜酸性。巨噬细胞是血液中的单核细胞进入结缔组织后形成的，具有活跃的变形运动能力，有吞噬清除体内衰老死亡的细胞、肿瘤细胞、异物和参与免疫应答等功能。

3. 浆细胞 细胞呈圆形或卵圆形；核圆形，多偏于细胞一侧，核染色质呈粗块状，从核中心呈辐射状排列，形似车轮；胞质丰富，嗜碱性。浆细胞能合成和分泌免疫球蛋白（Ig）即抗体，参与体液免疫。浆细胞正常时疏松结缔组织中少见，但在病原微生物易侵入的消化道、呼吸道的黏膜中及慢性炎症部位较多见。

4. 肥大细胞 常成群分布于小血管周围，细胞呈圆形或卵圆形，胞体较大。核小而圆，多位于细胞中央；胞质内充满粗大的异染性颗粒，颗粒内含肝素、组胺、白三烯等生物活性物质。肝素有抗凝血作用；组胺和白三烯可引起荨麻疹、哮喘等过敏反应。

5. 脂肪细胞 单个或成群分布，细胞呈球形，体积较大，胞质内含大的脂滴，常将扁圆形胞核及少量胞质挤至细胞一侧。HE染色的标本中，脂滴被有机溶剂溶解，使细胞呈空泡状（彩图12）。脂肪细胞能合成和贮存脂肪，参与脂类代谢。

6. 未分化的间充质细胞 一般分布于小血管周围，特别是毛细血管的周围，是一种保留在结缔组织中分化程度较低的干细胞，形态与成纤维细胞相似，在炎症和创伤时可增殖分化为成纤维细胞和内皮细胞等。

（二）细胞间质

1. 纤维 有 3 种，即胶原纤维、弹性纤维和网状纤维。

（1）胶原纤维 新鲜时呈白色，有光泽，故又称白纤维。在 3 种纤维中数量最多，HE 染色片上呈粉红色波浪形，常有分支。胶原纤维韧性大，抗拉力强，但弹性较差，它是结缔组织具有支持作用的物质基础。

（2）弹性纤维 新鲜时呈黄色，故又称黄纤维。HE 染色片上，染成浅红色，纤维较细，有分支并交织成网。弹性纤维弹性好，但韧性差，其弹性会随着年龄的增长而逐渐减弱。

（3）网状纤维 数量最少，纤维细短而分支较多，常相互交织成网。银染色法很容易使它染成黑色，故又称嗜银纤维。网状纤维主要存在于网状组织，也分布于结缔组织与其他组织交界处。

2. 基质

疏松结缔组织中的基质较多，呈无定形的胶体状，其化学成分主要为蛋白多糖和水。蛋白多糖分子排列成许多微孔状结构，可限制病菌的蔓延和毒素的扩散。此外，基质中含有从毛细血管渗出的液体，称组织液。组织液是组织细胞和血液之间进行物质交换的媒介。

二、致密结缔组织

致密结缔组织结构致密，由细胞和细胞间质构成。细胞主要是成纤维细胞，细胞间质包括基质和纤维。其特点是细胞和基质成分少，纤维成分多、粗大且排列紧密，纤维主要是胶原纤维和弹性纤维。该组织主要分布于肌腱、韧带、皮肤真皮、巩膜、硬脑膜及许多器官的被膜等处，有支持、连接和保护等作用（彩图 10）。

三、网状组织

网状组织由细胞和细胞间质构成。细胞为网状细胞，网状细胞为多突起的星形细胞，细胞突起彼此相互连接成网。细胞间质主要由网状纤维和基质构成，网状纤维相互交织分布于基质中。网状组织存在于造血器官和淋巴组织等处，构成血细胞的发生和淋巴细胞发育的微环境（彩图 11）。

四、脂肪组织

脂肪组织主要由大量脂肪细胞群集而成，并由少量疏松结缔组织分隔成许多脂肪小叶（彩图 12）。脂肪组织主要分布于皮下、网膜、系膜和黄骨髓等处。具有贮存脂肪、支持、缓冲、保护脏器和维持体温等作用。

五、软骨组织和软骨

软骨组织由软骨细胞和细胞间质构成。软骨是由软骨组织及其周围的软骨膜构成。

软骨膜为致密结缔构成，对软骨的生长发育、创伤的修复等有重要作用。软骨组织内没有血管，其营养供给来自软骨膜内的血管。

（一）软骨组织的结构

1. 细胞间质 细胞间质由纤维和基质构成，呈均质状。基质主要成分为蛋白多糖和水，呈凝胶状。包埋在基质中的纤维主要有胶原纤维和弹性纤维，不同类型的软骨其纤维的数量和种类有较大的差异。

2. 软骨细胞 包埋于软骨基质中，软骨细胞所在的腔隙称软骨陷窝。软骨细胞的形态与其发育程度有关。靠近软骨周边的软骨细胞比较幼稚，细胞扁而小，常单个分布；从周边向中央越靠近软骨中央部的软骨细胞越大越趋于成熟，细胞呈圆形或椭圆形，常成群分布。

护理应用

当进食热量多于人体消耗量，造成体内脂肪堆积过多，实测体重超过标准体重20%以上者称为肥胖。肥胖是一种多发病，在我国肥胖病患者已超过7000万。肥胖病的发生是遗传、饮食生活习惯等多种因素的结果。少年肥胖病是脂肪细胞数量增多的结果；成年则是脂肪细胞体积变大，可达原来的10倍。肥胖病的临床表现主要是乏力、气短、活动困难，容易发生糖尿病、高血压、冠心病和胆结石等，严重危害生命健康。因此，医护人员要指导病人，特别是肥胖病人要合理膳食，养成良好的膳食习惯。

（二）软骨的分类

软骨依其细胞间质中所含纤维成分的不同，分为透明软骨、弹性软骨和纤维软骨3种类型（彩图13，彩图14）。

1. 透明软骨 新鲜时半透明状。软骨细胞位于软骨陷窝内；细胞间质由胶原原纤维和基质构成。透明软骨分布广泛，主要分布于鼻、喉、气管、支气管的软骨、肋软骨及关节软骨等处。

2. 弹性软骨 结构与透明软骨相似。软骨细胞位于软骨陷窝内，细胞间质由大量弹性纤维和基质构成，其主要分布耳廓和会厌等处。

3. 纤维软骨 软骨细胞成行排列或散在纤维束之间；细胞间质由基质和大量交叉或平行排列的胶原纤维束构成，有较好的韧性。主要分布于椎间盘、耻骨联合等处。

六、骨组织和骨

骨组织是人体内一种坚硬的结缔组织，由骨细胞和坚硬的细胞间质构成。骨由骨组织、骨膜和骨髓等构成。

（一）骨组织的一般结构

1. 细胞间质 骨组织的细胞间质是一种钙化的细胞间质，由有机物和无机物构成。有机物含量少，其成分为胶原纤维和基质，基质呈凝胶状，具黏合作用；无机物又称骨盐，含量较多，其主要成分为磷酸钙和碳酸钙等。

骨胶原纤维被基质黏合在一起，并有钙盐沉积构成薄板状结构，称骨板。骨板内或骨板之间由间质形成的小腔，称骨陷窝，陷窝向周围呈放射状排列的细小管道，称骨小管，相邻骨陷窝的骨小管相互连通（彩图15）。

2. 骨细胞 骨细胞位于骨陷窝内，其表面有很多突起伸入骨小管内，相邻骨细胞突起彼此相互接触（彩图15）。

（二）骨的结构

以长骨为例说明骨的结构。

骨是人体的主要支架，同时也是人体内最大的"钙库"，体内90%的钙以骨盐的形式贮存在骨内。

骨主要由骨组织构成，其表面覆盖有骨膜和关节软骨，内部为骨髓腔，骨髓填充其中，骨组织形成的骨板构成了骨密质和骨松质。

1. 骨密质 位于长骨的骨干和骨骺的表面，由致密规则排列的骨板及分布于骨板内、骨板间的骨细胞构成。骨板有4种：①外环骨板：位于骨干表面，较厚，由几层到十几层骨板构成，其排列与骨干表面平行；②内环骨板：位于骨髓腔面，为几层排列不规则的骨板；③骨单位：又称哈弗斯系统，位于内、外环骨板之间，由一条纵行的中央管和以中央管为中心呈同心圆排列的数层骨板构成，是长骨骨密质的主要结构单位；④间骨板：为位于骨单位之间，排列不规则的骨板，是骨改建过程中，旧的骨单位残留的遗迹（彩图16，彩图17）。

2. 骨松质 主要位于长骨两端的骨骺内。由许多细片状或针状骨小梁交织而成，骨小梁则由不规则骨板及骨细胞构成。小梁之间有很多空隙，其内含有红骨髓、血管和神经等。

七、血液

血液是流动于心血管内的液态结缔组织，约占成人体重的7%，健康成人的有效循环血量约为5L。血液由血浆和血细胞组成。

（一）血浆

血浆为淡黄色的液体，相当于细胞间质，约占血液容积的55%，其中90%是水，其余为血浆蛋白（包括白蛋白、球蛋白、纤维蛋白原）、酶、营养物质（糖、脂类、维生素）、代谢产物、激素及无机盐等。

血液流出血管后，溶解状态的纤维蛋白原将转变成不溶解状态的纤维蛋白，血液凝固成血块，其析出的淡黄色透明液体，称血清。

（二）血细胞

血细胞约占血液容积的45%，包括红细胞、白细胞和血小板。正常情况下血细胞有稳定的形态结构、数量和比例。血细胞的形态结构，通常采用Wright或Giemsa染色的血液涂片标本进行光镜观察（彩图18）。

1. 红细胞（RBC） 是血液中数量最多的一种细胞。成熟的红细胞，呈双凹圆盘状，中央较薄，周缘较厚，表面光滑。无细胞核及细胞器。在胞质中充满大量血红蛋白（Hb）。健康成年人男性为（4.0~5.5）×10^{12}/L，女性为（3.5~5.0）×10^{12}/L。Hb的正常含量男性为120~150g/L，女性为110~140g/L。Hb使血液显示红色，具有结合和运输 O_2 和 CO_2 的功能。若外周血中红细胞数少于 $3.0×10^{12}$/L 或 Hb 低于100g/L，称贫血。

正常成人的外周血液中还有少量未完全成熟的红细胞，称网织红细胞。成人血液中网织红细胞占红细胞总数的0.5%~1.5%，新生儿可达3%~6%。网织红细胞数值的变化，可作为了解骨髓造血功能的一种指标。

红细胞的寿命平均为120天，衰老的红细胞被肝、脾、骨髓等处的巨噬细胞所吞噬。

2. 白细胞（WBC）　是一种无色、有核、呈球形的血细胞，胞体一般比红细胞大，能通过变形穿过毛细血管壁进入疏松结缔组织中，具有防御和免疫功能。健康成年人白细胞总数为（4~10）×10^{9}/L，男女无明显差别，婴幼儿稍高于成人。在某些病理情况下，白细胞数量可显著高于或低于正常值。

血液内白细胞数量相对红细胞虽少，但种类较多。光镜下，白细胞依其胞质中有无特殊颗粒分为有粒白细胞和无粒白细胞两类。有粒白细胞按特殊颗粒的嗜色性不同，分为中性粒细胞、嗜酸粒细胞和嗜碱粒细胞；无粒白细胞分单核细胞和淋巴细胞两种。

（1）中性粒细胞　占白细胞总数的50%~70%，是白细胞中数量最多的一种。细胞呈球形；细胞核呈杆状或分叶状，分叶状核一般分为2~5叶，叶间有细丝相连，随细胞的衰老，核分叶增多。细胞质中充满分布均匀而细小的淡紫红色颗粒。中性粒细胞具有十分活跃的变形运动和吞噬功能，当机体受到细菌严重感染时，白细胞的数量增多，中性粒细胞的比例也显著增高。中性粒细胞在血液中停留6~7h，在组织中可存活1~3天。

（2）嗜酸粒细胞　占白细胞总数的0.5%~3%。细胞呈球形；核常分2叶，呈"八"字形；胞质内充满粗大、分布均匀的橘红色嗜酸性颗粒，颗粒内含有多种酶，如酸性磷酸酶、过氧化物酶和组胺酶等。它能吞噬抗原－抗体复合物，释放组胺酶灭活组胺，从而减轻过敏反应。嗜酸粒细胞有抗过敏和抗寄生虫作用。在过敏性疾病（如支气管哮喘）或寄生虫病时，血液中嗜酸粒细胞会明显增多。嗜酸粒细胞在血液中停留6~8h，在组织中可存活8~12天。

（3）嗜碱粒细胞　占白细胞总数的0%~1%，在白细胞中数量最少。细胞呈球形；胞核分叶呈S形或不规则形，着色较浅，常被胞质颗粒遮盖而轮廓不清；胞质内充满分布不均、大小不等、染成紫蓝色的嗜碱性颗粒，颗粒内有肝素、组胺等。功能与肥大细胞相似，参与过敏反应。嗜碱粒细胞在血液中仅停留数小时，在组织中可存活12~15天。

（4）单核细胞　占白细胞总数的3%~8%，是白细胞中体积最大的细胞。细胞呈

圆形或卵圆形；胞核形态多样，呈卵圆形、肾形、马蹄铁形或不规则形等，着色较浅；胞质较多，呈弱嗜碱性，染成淡灰蓝色，内含许多细小的嗜天青颗粒，颗粒内含有多种酶，如酸性磷酸酶、过氧化物酶等。单核细胞具有活跃的变形运动和一定的吞噬能力，它在血液中停留 1 ~ 2 天后，即离开血管进入结缔组织或其他组织，分化为具有吞噬功能的巨噬细胞等。

（5）淋巴细胞　占白细胞总数的 20% ~ 30%。细胞呈圆形或椭圆形，大小不等；胞核圆形占细胞的大部，一侧常有小凹陷，着色深；胞质很少，在核周成一窄缘，染成天蓝色，内含少量嗜天青颗粒。

根据淋巴细胞的发生部位、表面特征、寿命长短和免疫功能的不同，淋巴细胞可分为 T 淋巴细胞、B 淋巴细胞等。T 淋巴细胞参与细胞免疫；B 淋巴细胞参与体液免疫。

3. 血小板　是骨髓中巨核细胞胞质脱落而成，故无细胞核，但有一些细胞器，表面细胞膜完整，呈双凸圆盘状，其体积小。在血涂片中，血小板呈多角形，常聚集成群。血小板数量变动很大，健康成年人为 $(100 ~ 300) \times 10^9/L$，寿命为 7 ~ 14 天。血小板的主要功能是在止血、凝血过程中起重要作用。

第三节 肌 组 织

肌组织主要由肌细胞构成，在肌细胞之间有少量的结缔组织、丰富的血管、淋巴管和神经等。肌细胞细长呈纤维状，又称肌纤维，其细胞膜称肌膜，细胞质称肌浆。根据形态结构和功能特点，肌组织可分为骨骼肌、心肌和平滑肌 3 类。

一、骨骼肌

骨骼肌借肌腱附于骨上，主要由许多平行排列的骨骼肌纤维构成。骨骼肌收缩迅速而有力，并受意识支配，属随意肌，因骨骼肌纤维在光镜下有明显的横纹，又称横纹肌。

（一）骨骼肌纤维的一般结构

光镜下，骨骼肌纤维呈细长的圆柱状，长短不一，短的仅数毫米，长的可超过 10cm。胞核呈扁椭圆形，数量较多，一条骨骼肌纤维有数十个到上百个细胞核，位于细胞周缘，紧靠肌膜，呈扁椭圆形（彩图 19）。

骨骼肌的肌浆内含有大量与肌纤维长轴平行排列的肌原纤维。每条肌原纤维都有许多色浅的明带（又称 I 带）和色深的暗带（又称 A 带），明带和暗带交替排列，相邻各条肌原纤维的明带和暗带都整齐地排列在同一平面上，所以整条骨骼肌纤维显示出明暗相间的横纹。在普通染色的标本上，暗带中央有一条浅色窄带称 H 带，H 带中央有一条深色的 M 线，明带中央则有一条深色的细线称 Z 线。相邻两条 Z 线之间的一段肌原纤维称肌节，它是骨骼肌纤维结构和功能的基本单位，每个肌节都由 1/2 I 带 + A 带 + 1/2 I 带所组成（彩图 20）。

（二）骨骼肌纤维的超微结构

1. 肌原纤维 电镜下，肌原纤维由大量的粗、细两种肌丝所构成，它们有规律地平行排列，组成明带、暗带。粗肌丝位于肌节的暗带，中间固定于 M 线上，两端游离。细肌丝一端固定在 Z 线上，另一端游离，插入到粗肌丝之间，直达 H 带外缘。因此，明带内只有细肌丝，暗带中央的 H 带内只有粗肌丝，除 H 带以外的暗带内既有粗肌丝又有细肌丝（彩图 20）。当肌纤维收缩时，粗肌丝牵拉细肌丝向 M 线方向滑行，使肌节变短，同时 I 带和 H 带的宽度也变窄。

2. 横小管 是由肌膜向肌浆内凹陷所形成的小管，其走行方向与肌纤维长轴垂直，故称横小管，它位于暗带与明带交界处。横小管的功能是将肌膜的兴奋冲动迅速传到细胞内，引起同一条肌纤维上每个肌节的同步收缩（彩图 21）。

3. 肌浆网 是肌纤维内的滑面内质网，位于横小管之间，它包绕着每一条肌原纤维，并沿其长轴纵行排列且分支吻合，形成连续的管状系统。位于横小管两侧的肌浆网扩大呈环行的扁囊，称终池，终池与横小管平行并紧密相贴，但并不相通。每条横小管及其两侧的终池共同组成三联体。肌浆网具有调节肌浆中 Ca^{2+} 浓度的作用（彩图 21）。

二、心肌

心肌主要由心肌纤维构成，其间有少量的结缔组织和丰富的毛细血管。分布于心脏和邻近心脏的大血管根部的管壁中。心肌收缩具有自动节律性，缓慢而持久，不易疲劳，且不受意识支配，属不随意肌。

（一）心肌纤维的一般结构

心肌纤维呈短圆柱状，有分支，彼此吻合成网。相邻心肌纤维的连接处形成的结构称闰盘，在一般染色标本中其着色较深，呈横行或阶梯状细线。一般有 1 个细胞核，少数为 2 个核，核卵圆形，位于细胞中央；肌浆较丰富；心肌纤维在纵切面上也显示横纹，但不如骨骼肌纤维的明显（彩图 22）。

（二）心肌纤维的超微结构

心肌纤维的超微结构与骨骼肌近似，但具有以下特点：①肌原纤维粗细不等，不如骨骼肌明显；②横小管较粗，位于 Z 线水平；③肌浆网较稀疏，终池较小而少，横小管两侧的终池一般不能同时存在，三联体极少见，往往是横小管与一侧的终池

护理应用

临床医护人员要指导长期卧床的病人适当地进行体育锻炼，防止肌肉萎缩。体育锻炼能使机体肌肉发达，主要是因为骨骼肌纤维增粗增长，而不是肌纤维数量增加。锻炼引起肌纤维内部的变化是：肌丝和肌原纤维数量增加；肌节增长，线粒体和糖原增多。肌纤维外的变化是：毛细血管和结缔组织细胞增多。这些因素使骨骼肌变得粗壮发达。

紧贴形成二联体，所以心肌纤维储 Ca^{2+} 能力较差，必须不断地从体液中摄取 Ca^{2+}（彩图 23）。

三、平滑肌

平滑肌主要由平滑肌纤维构成，广泛分布于许多内脏器官管壁和血管壁等处。平滑肌的收缩特点是缓慢而持久，不易疲劳，不受意识支配，属不随意肌。

平滑肌纤维呈长梭形，无横纹，大小不一。细胞核呈长椭圆形或杆状，只有一个，位于细胞中央，胞质嗜酸性。平滑肌纤维除少数在内脏器官中呈单个分散存在外，绝大部分平行成束或成层排列，在同一层平滑肌纤维多平行排列并相互嵌合（彩图 24）。

第四节　神　经　组　织

神经组织是构成神经系统的主要成分，是高度分化的组织。它由神经细胞和神经胶质细胞构成。神经细胞是神经系统的基本结构和功能单位，故又称神经元。神经元的数量庞大，它具有接受刺激、传导冲动和整合信息的生理功能；有些神经元还具有内分泌功能。神经胶质细胞又称神经胶质，它不具有神经元的生理功能，但对神经元起支持、保护、绝缘、营养等作用。

一、神经元

神经元是神经组织的主要成分，其形态多样，由胞体和突起两部分组成（彩图 25）。

（一）神经元的结构

1. 胞体　大小不一，形态各异，有圆形、星形、梭形、锥形等多种形态，是神经元的代谢和营养中心。

（1）细胞膜　为神经元表面的薄膜，它具有接受刺激、产生并传导神经冲动和信息处理的功能。

（2）细胞核　大而圆，着色较浅，位于胞体中央，核仁大而明显。

（3）细胞质　其内除含有一般细胞器外，还含有两种神经元特有的细胞器即嗜染质和神经原纤维。

①嗜染质　又称尼氏体，呈嗜碱性，经 HE 染色，染成紫蓝色，光镜下为颗粒状或小块状结构，分散在细胞质和树突内。电镜下，嗜染质由大量平行排列的粗面内质网和散在其间的游离核糖体构成，它能合成蛋白质和神经递质。

②神经原纤维　在 HE 染色切片中，不能分辨，经镀银染色，神经原纤维染成棕黑色，呈细丝状，在胞体内相互交织成网，并伸入到树突和轴突内。除具有支持神经元的作用外，还参与神经递质及离子等的运输。

2. 突起 突起由神经元的细胞膜和细胞质突出形成，依据其形态结构和功能可分为树突和轴突两种。

（1）树突 较短有分支，呈树枝状，每个神经元有 1 个或多个树突，其内部结构与胞体相似，也含有嗜染质和神经原纤维。树突的主要功能是接受刺激，并将神经冲动传给胞体。

（2）轴突 一般比树突细，呈细索状。每个神经元只有 1 个轴突，其长短不一，短的仅数微米，长的可达 1m 以上。表面光滑，分支较少。轴突起始部呈圆锥形称轴丘，轴丘与轴突内均没有嗜染质。轴突的主要功能是将神经冲动由胞体传递给其他神经元或效应器（彩图 25，彩图 26）。

（二）神经元的分类

神经元通常以突起的数目和功能两种方法进行分类。

1. 按神经元的突起数目分类 ①多极神经元，从神经元胞体发出多个突起，其中有 1 个为轴突，多个为树突，如脊髓前角的运动神经元；②双极神经元，从神经元胞体发出两个突起，1 个为轴突，1 个为树突，如视网膜双极神经元；③假单极神经元，这种神经元从胞体只发出一个突起，但在离胞体不远处，突起即分为两个分支，一支为周围突，分布到外周组织和器官，另一支为中枢突，伸向脑和脊髓（彩图 27）。

2. 按神经元的功能分类 ①感觉神经元，也称传入神经元，多为假单极神经元，可接受体内、外各种刺激，将刺激转化为神经冲动传向中枢；②运动神经元，也称传出神经元，多为多极神经元，它能把中枢发出的神经冲动传给肌肉或腺体调节其活动；③中间神经元，也称联络神经元，介于感觉和运动两类神经元之间，起联络作用，人类神经系统中，中间神经元数量最多，约占神经元总数的 99%，构成中枢神经系统内的复杂网络（彩图 28）。

（三）突触

突触是神经元与神经元之间，或神经元与其他效应细胞（肌细胞、腺细胞）之间的一种特化的细胞连接，它是神经元传递信息的重要结构。

突触按神经元接触部位的不同可分为轴–体、轴–树和轴–轴等突触；按功能的不同可分为兴奋性突触和抑制性突触；按神经冲动传递方式不同，突触可分为电突触和化学性突触两类。电突触即缝隙连接，神经元之间以电流作为信息媒介。化学性突触以化学物质（神经递质）作为传递信息的载体，即一般所说的突触。

电镜下观察，化学性突触包括 3 部分（彩图 29）。

1. 突触前部 是轴突末端的球形膨大部分，该处的细胞膜为突触前膜，突触前膜侧胞质中含有许多突触小泡和线粒体等，突触小泡内含神经递质。

2. 突触后部 是与突触前部相对应的树突或胞体的部分，与突触前膜相接触的细胞膜为突触后膜，膜上具有特异性的接受神经递质的受体。

3. 突触间隙 是突触前膜和突触后膜之间的狭小间隙，宽约 15～30nm。当神经冲动传至突触前膜时，突触小泡移向突触前膜并与之融合，通过胞吐作用将神经递质释放到突触间隙内，通过突触间隙神经递质到达突触后膜与后膜上的相应受体结合，从而引起突触后神经元的兴奋或抑制。化学性突触神经冲动传导的特点是单向性的，即只能由突触前神经元传到突触后神经元，不能逆向传导。

二、神经胶质细胞

神经胶质细胞广泛分布于神经系统中，神经胶质细胞一般较神经细胞小，具有突起，但不分树突和轴突。根据其分布的位置不同，神经胶质细胞可分为中枢神经系统的胶质细胞和周围神经系统的胶质细胞。

（一）中枢神经系统的胶质细胞

中枢神经系统的胶质细胞主要有星形胶质细胞、少突胶质细胞和小胶质细胞等（彩图30）。

1. 星形胶质细胞 是神经胶质细胞最大的一种，胞体上有许多突起呈星形。其在神经冲动的传导过程中起绝缘作用，并参与血－脑屏障的构成。

2. 少突胶质细胞 胞体较小，参与中枢神经系统中有髓神经纤维髓鞘的构成。

3. 小胶质细胞 是最小的一种神经胶质细胞，来源于血液中的单核细胞，具有吞噬功能。

（二）周围神经系统的胶质细胞

主要包括神经膜细胞，也称施万细胞，它包裹在神经元突起的外面，参与构成周围神经系统的神经纤维，有营养保护和绝缘作用（彩图31）。

三、神经纤维

神经纤维是由神经元的长突起和包在它外面的神经胶质细胞构成的结构。神经纤维根据有无髓鞘可分为两类。

（一）有髓神经纤维

1. 周围神经系统的有髓神经纤维 周围神经系统中的有髓神经纤维是由位于中央的神经元的长突起及周围的髓鞘和神经膜构成。一个神经膜细胞只包裹一段神经元的长突起，故髓鞘和神经膜呈节段性。相邻节段间的无髓鞘缩窄部，称郎飞结。相邻郎飞结之间的一段神经纤维称结间体（彩图25，彩图31）。

2. 中枢神经系统的有髓神经纤维 中枢神经系统的有髓神经纤维，结构与周围神经系统的有髓神经纤维基本相同，但它的髓鞘是由少突胶质细胞的突起包卷而成（彩图32）。由于髓鞘的绝缘作用，有髓神经纤维的兴奋只发生在郎飞结处的轴膜上，使神经冲动的传导从一个郎飞结跳到下一个郎飞结，呈跳跃式传导，故其传导速度快。

（二）无髓神经纤维

周围神经系统的无髓神经纤维由较细的神经元长突起和包在它外面的神经膜细胞

构成，无髓鞘，也无郎飞结。中枢神经系统的无髓神经纤维常与有髓神经纤维混合在一起。无髓神经纤维神经冲动传导是连续式的，故其传导速度比有髓神经纤维慢（彩图31）。

四、神经末梢

神经末梢是周围神经纤维的终末部分终止于其他组织或器官内所形成的一些特殊结构。按其功能的不同可分为两大类。

（一）感觉神经末梢

感觉神经末梢是感觉神经纤维的终末部分与所在组织共同形成的结构，又称感受器。它能接受体内、外环境的各种刺激，并将刺激转化为神经冲动，传向中枢，产生感觉。感受器种类很多，根据形态结构的不同，可分两类（彩图33）。

1. 游离神经末梢 是感觉神经纤维的终末脱去髓鞘反复分支而成，其裸露的细支广泛分布于表皮、角膜、黏膜上皮等处，能感受冷、热和痛的刺激。

2. 有被囊神经末梢 神经末梢外面包裹有结缔组织被囊，种类较多，常见的有如下几种：①触觉小体，呈卵圆形，分布于皮肤的真皮乳头层内，以手指的掌侧面、足底皮肤内最多，能感受触觉；②环层小体，呈圆形或卵圆形，广泛分布于皮下组织、肠系膜、韧带和关节囊等处，能感受压觉和振动觉；③肌梭，是梭形小体，分布于骨骼肌内，能感受肌纤维的伸缩变化，在骨骼肌的活动中起重要调节作用。

（二）运动神经末梢

运动神经末梢是运动神经纤维的终末部分，分布于肌组织和腺体所形成的结构，又称效应器。其功能是支配肌纤维的收缩和调节腺体的分泌（彩图34）。

分布于骨骼肌的运动神经末梢称运动终板，神经纤维接近肌细胞时失去髓鞘，裸露的轴突终末呈爪样或花朵状附于肌膜上，连接处呈椭圆形板状隆起。电镜观察，运动终板的结构与化学性突触相似，所以运动终板也称神经肌突触（彩图25，彩图28）。

练习题

一、选择题

（一）A₁ 型题

1. 下列关于被覆上皮特点错误的是：

    A. 细胞多且排列紧密   B. 细胞间质少   C. 细胞具有极性

    D. 功能多样   E. 无血管和神经分布

2. 下列器官衬有内皮的是：
 A. 气管　　　B. 食管　　　C. 血管　　　D. 肾小管　　　E. 输尿管

3. 呈蜂窝状的组织是：
 A. 脂肪组织　　　　B. 网状组织　　　　C. 骨组织
 D. 疏松结缔组织　　E. 致密结缔组织

4. 人体最大的"钙库"是：
 A. 血液　　　B. 软骨　　　C. 骨组织　　　D. 骨骼肌　　　E. 脂肪

5. 能合成纤维和基质的细胞是：
 A. 肥大细胞　　B. 巨噬细胞　　C. 成纤维细胞　　D. 浆细胞　　E. 脂肪细胞

6. 能储存 Ca^{2+} 结构是：
 A. 肌浆　　　B. 横小管　　　C. 肌浆网　　　D. 肌丝　　　E. 线粒体

7. 神经系统的结构和功能基本单位是：
 A. 神经胶质细胞　　B. 神经纤维　　C. 神经元　　D. 突触　　E. 神经末梢

8. 肌原纤维的结构和功能的基本单位是：
 A. 肌丝　　　B. 肌质网　　　C. 肌节　　　D. 横小管　　　E. 终池

9. 无核的血细胞是：
 A. 成熟红细胞　　　B. 中性粒细胞　　　C. 嗜酸粒细胞
 D. 嗜碱粒细胞　　　E. 淋巴细胞

10. 血液的组成成分是：
 A. 血清和血细胞　　　　B. 红细胞和白细胞
 C. 血浆和血细胞　　　　D. 红细胞和血小板
 E. 白细胞和血小板

（二）A_2 型题

11. 糖尿病患者的下肢较易出现伤口不愈合的问题，若不谨慎处理更易引发蜂窝织炎甚至局部坏死性筋膜炎而需截肢，甚至死亡。请问蜂窝组织是指什么组织？
 A. 脂肪组织　　　　B. 网状组织　　　　C. 软骨组织
 D. 疏松结缔组织　　E. 致密结缔组织

12. 患者30岁，男，初步诊断为血吸虫病，如果真是血吸虫病的话，血象检查哪种血细胞会明显增多：
 A. 中性粒细胞　　　B. 嗜酸粒细胞　　　C. 嗜碱粒细胞
 D. 红细胞　　　　　E. 血小板

13. 17岁女性患者，长期偏食，自述疲乏、无力，体检面色苍白，睑结膜、口腔黏膜苍白，初步诊断为贫血，贫血的诊断为：
 A. 红细胞数少于 4.0×10^{12}/L　　　B. 血红蛋白低于 110g/L
 C. 血红蛋白低于 120g/L　　　　　　D. 红细胞数少于 5.0×10^{12}/L

E. 红细胞数少于 $3.0 \times 10^{12}/L$，血红蛋白低于 $100g/L$

（三）X 型题

14. 疏松结缔组织的细胞成分有：

    A. 成纤维细胞   B. 肥大细胞   C. 浆细胞   D. 脂肪细胞   E. 巨噬细胞

15. 血细胞包括：

    A. 红细胞   B. 有粒白细胞   C. 血小板   D. 无粒白细胞   E. 以上都是

16. 周围神经胶质细胞包括：

    A. 星形胶质细胞   B. 少突胶质细胞   C. 小胶质细胞

    D. 神经膜细胞   E. 以上都是

17. 白细胞包括：

    A. 中性粒细胞   B. 嗜酸粒细胞   C. 嗜碱粒细胞

    D. 淋巴细胞   E. 单核细胞

18. 神经元按功能可分为：

    A. 运动神经元   B. 感觉神经元   C. 联络神经元

    D. 多极神经元   E. 双极神经元

二、简答题

1. 简述被覆上皮的分类、各类被覆上皮的分布和功能。

2. 简述疏松结缔组织的构成和各构成部分的功能。

3. 简述各种血细胞的形态结构和功能。

4. 比较 3 种肌组织分布和形态结构特点。

5. 简述化学突触、有髓神经纤维的构成。

实验一 显微镜的构造和使用

【实验目的】

学会：显微镜的构造；显微镜的使用方法，并能使用显微镜观察细胞的结构。

【实验材料】

（1）普通光学显微镜。

（2）上皮组织切片（单层扁平上皮或复层扁平上皮，HE 染色）。

【实验内容及方法】

（一）普通光学显微镜的构造

由机械部分和光学部分组成（实验图 1 - 1）。

1. 机械部分

（1）镜座　为显微镜的底座，底面与实验台桌面接触，呈马蹄形、圆形或方形。

（2）镜臂　呈弧形，是显微镜的支柱，为手握持部分。镜臂与镜座连接处为倾斜关节，可调节镜臂的倾斜角度，有利于实验者使用显微镜。

（3）载物台　固定在镜臂的前方，为放置切片的平台，中间有一小圆形的通光孔。载物台上面装有切片夹和推进器，切片夹用来固定组织切片，推进器用来前后和左右方向移动切片。

（3）镜筒　是镜臂前上方的空心圆筒，上端装目镜，下端接物镜。

（4）焦距调节螺旋　一般位于镜筒与镜臂之间，通过旋转可上下移动镜筒与载物台之间的距离，起到调节焦距的作用。常有两组调节螺旋，即粗调节螺旋和细调节螺旋。粗调节螺旋用于较大幅度的调节，细调节螺旋用于精细调节。通常向前旋转螺旋，镜筒下降，向后旋转螺旋，镜筒上升。

（5）旋转盘　为安装在镜筒下端的圆盘，其上装有不同放大倍数的物镜，旋转时可将不同的物镜镜头对准镜筒。

2. 光学部分

（1）目镜　安装在镜筒上端，镜头上一般标有"5×"、"10×"等放大倍数。

（2）物镜　安装在镜筒下端，通常有3种。镜头上一般标有"10×"（低倍镜）、"40×"（高倍镜）、"100×"（油镜）等放大倍数。

（3）聚光器　位于载物台的下方，有聚集光线，增强视野亮度的作用，在聚光器后方的右侧有聚光器升降螺旋，可升降聚光器，调节视野亮度，聚光器的底部装有光圈，通过光圈的开大或缩小调节光的进入量。

（4）反光镜　为装于聚光器下方的小圆镜，有平面镜和凹面镜两面，有反射和聚集光线，增强视野亮度的作用。通常光线强时用平面镜，光线弱时用凹面镜。

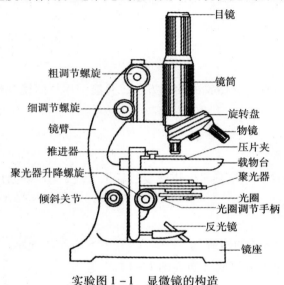

实验图1－1　显微镜的构造

（二）显微镜的使用方法

1. 取镜　取镜时要轻拿轻放，右手握住镜臂，左手托住镜座，放于实验台上并偏左，使镜臂朝向自己，镜座一般距实验台边缘10cm左右，便于观察。

2. 对光　①调节旋转盘使低倍镜转至与镜筒、目镜在一条直线上，此时可听到"咔"的一声，然后通过升高或降低座位，使镜臂倾斜，把显微镜调整到适于观察的角度。②左眼对准目镜并打开光圈，调节聚光器，转动反光镜，使视野的亮度均匀、适宜。③同时右眼也要睁开用于观察切片时观察资料或绘图。

3. 低倍镜的使用　①对光完成后，取所观察的组织切片，先用肉眼找到要观察的内容，将正面朝上放在载物台上，用切片夹固定好切片，用推进器将标本移到小孔中央；②先用粗调节螺旋将镜筒下移至距切片3～5mm左右处；③用左眼对准目镜边观察边转动粗调节螺旋，使镜筒慢慢上升，当视野中有物像出现时，改用细调节螺旋进行调节，直到看清物像为止。

4. 高倍镜的使用　①先在低倍镜下找到要放大观察的物像后，用推进器将其移到视野中央；②移走低倍镜改换高倍镜观察，同时调节细调节螺旋，直至看清物像。

5. 油镜的使用 ①用高倍镜看清楚结构后，若仍须放大观察，则用推进器将所观察内容移至视野中央；②转动转换器把高倍镜镜头转向一侧，在与载物台圆孔中心相对的切片盖玻片上加一滴镜油（香柏油），改用油镜观察；③油镜观察时左眼对准目镜观察，在高倍镜观察的基础上调节细调节螺旋直至看清物像为止；④观察结束后，将镜筒升高，用擦镜纸将油镜镜头上的镜油擦净，后再换一张擦镜纸，蘸少许二甲苯擦拭，最后用干净的擦镜纸再擦一次。在切片上残留的香柏油也需用二甲苯将其擦净。

6. 显微镜的存放 显微镜使用结束后，先提升镜筒，取下玻片，转动螺旋盘使物镜呈八字形，并将镜筒下移至最低点，同时将反光镜移至垂直位置，最后用绸布或擦镜纸将显微镜擦干净，放回显微镜箱。

（三）观察细胞

1. 低倍镜观察 低倍镜下可见复层扁平上皮细胞体积较小，排列紧密，细胞质染成浅红色，核圆形，呈蓝色，细胞间界限清楚。

2. 高倍镜观察 高倍镜下复层扁平上皮细胞的细胞膜不太清楚，核内可见不均匀的染色质块，有的可见核仁，细胞器一般看不到。

【注意事项】

（1）取、放显微镜时必须轻拿、轻放，严格按程序操作，切忌粗暴使用显微镜。

（2）使用显微镜时不要随意取出目镜，防止污染目镜，严禁拆卸显微镜零件，以防损坏。

（3）使用显微镜观察组织切片时，两眼都要睁开，左眼看镜下结构，右眼可绘图。

（4）调焦时用左手，右手用于画图或其他操作。

（5）在使用高倍镜和油镜观察组织切片时，只能用细调节螺旋进行调节，以免损伤组织切片。

实验二 基本组织切片的观察

【实验目的】

学会：使用显微镜观察单层柱状上皮、复层扁平上皮、疏松结缔组织、血细胞、骨骼肌、平滑肌、心肌、神经细胞和运动终板的微细结构。

【实验材料】

（1）显微镜、显微镜用油、二甲苯、擦镜纸。

（2）小肠切片、食管横切片、疏松结缔组织铺片、血涂片、骨骼肌切片（舌肌）、平滑肌切片、心肌切片、神经细胞（脊髓横切片）、运动终板铺片。

【实验内容与方法】

1. 单层柱状上皮（小肠切片、HE 染色）

（1）肉眼　观察小肠黏膜腔面，可见高低不平，染成紫蓝色，有许多突起的是小肠绒毛，染成粉红色的为小肠其余的部分。

（2）低倍镜　黏膜内表面有大量指状突起，选择一段完整的纵切面，观察排列整齐、密集的单层柱状上皮，其间夹杂有杯状细胞。

（3）高倍镜　细胞呈高柱形，排列整齐，细胞质呈粉红色，细胞核呈椭圆形，靠近基底部，呈深蓝色，柱状细胞游离面有厚薄均一、染成粉红色的纹状缘。在镜下还可见柱状细胞间形似高脚杯状的杯状细胞，核呈三角形或扁圆形位于底部，底部狭窄，上部膨大呈空泡状。

（4）绘图　在高倍镜下绘出单层柱状上皮的游离面，基底面及基膜、细胞质、细胞核。

2. 复层扁平上皮（食管横切片、HE 染色）

（1）肉眼　切片呈环形，靠近管腔面染成紫蓝色的部分就是食管的上皮。

（2）低倍镜　镜下上皮细胞层数很多，排列紧密，胞质粉红色，胞核深蓝色，上皮细胞的基底面有结缔组织呈乳头状突入，两者连接处凸凹不平。

（3）高倍镜　高倍镜下可见浅层细胞扁平形，胞核扁圆形、较小；中间层为多层多边形的细胞，体积大，胞核圆形，细胞界限清晰；基底部一层细胞呈立方形或低柱状，核椭圆形，染色深，整齐地沿基膜排列。

3. 疏松结缔组织（铺片、HE 染色）

（1）肉眼　标本呈淡紫红色，纤维交织成网，选择切片较薄（染色淡的）部位进行观察。

（2）低倍镜　低倍镜下胶原纤维和弹性纤维交织成网，细胞分散其间，胶原纤维粗细不等，呈淡红色；弹性纤维较细直并交织成网状，呈暗红色。

（3）高倍镜　高倍镜下胶原纤维粗大，粉红色；弹性纤维细丝状，有分支。成纤维细胞数量最多，形状不一，有突起，胞质淡红色，胞核椭圆形，紫蓝色；巨噬细胞形状不规则，胞质中有蓝色颗粒，核小而圆，染成深蓝紫色；肥大细胞成群分布于小血管周围，胞质中充满粗大的异染颗粒。

4. 血细胞（血涂片、瑞氏染色）

（1）肉眼　涂片呈薄层粉红色。

（2）低倍镜　低倍镜下可见大量染成粉红色的为无核的红细胞，还有紫蓝色核的白细胞。

（2）高倍镜　高倍镜下可进一步看清红细胞呈红色，圆形，偶见有核的白细胞。

（3）油镜　①油镜下红细胞染成淡红色，周围部色深，中央部色浅，无细胞核。②移动视野寻找有核的白细胞，中性粒细胞体积比红细胞大，胞质淡粉红色，可见紫红色的细小颗粒，胞核紫蓝色，分成 2~5 叶不等，核叶间有细丝相连；嗜碱粒细胞，胞质内含有紫蓝色颗粒，颗粒大小不一，且分布不均，核呈"S"形或不规则形，染色淡；嗜酸粒细胞，胞质内含有橘红色颗粒，颗粒大小一致，分布均匀，核紫蓝色，多分成 2 叶；淋巴细胞较小，胞质少，胞核圆形，往往一侧有凹陷，染成深蓝色；单核细胞，胞质较多，染成浅灰蓝色，细胞核呈肾形或马蹄形，染成蓝色。③血小板呈不规则的紫蓝色小体，成群分布。

（4）绘图　绘出红细胞、中性粒细胞，淋巴细胞，血小板。

5. 骨骼肌（舌肌切片、特殊染色）

（1）肉眼　标本呈蓝色椭圆形状。

（2）低倍镜　低倍镜下骨骼肌纤维呈细长圆柱状，有明暗相间的横纹，且与纤维的长轴垂直。胞核扁椭圆形，深蓝色，位于肌膜深面，数量较多。肌纤维间有少量结缔组织。

（3）高倍镜　高倍镜下骨骼肌纤维内有许多纵行线条状结构，即肌原纤维。下降聚光镜，在暗视野下观察肌原纤维及其明带和暗带，肌细胞核的形态、位置。

6. 心肌（心壁纵切面，HE 染色）

（1）肉眼　肉眼观察切片绝大部分红色的部分为心肌。

（2）低倍镜　低倍镜下心肌纤维呈红色。在纵切面上可见心肌纤维呈不规则的短圆柱状，有分支并互联成网；在横切面上可见心肌纤维呈圆形或不规则形，大小不等。在心肌纤维间有少量的疏松结缔组织和大量的毛细血管。

（3）高倍镜　高倍镜下在横切面上可见有的部分有核，有的部分无核，核的周边染色较淡，外周部较深；在其纵切面上可见心肌纤维分支互相连接，核卵圆形，1~2 个，位于中央。心肌纤维也有横纹，相邻心肌纤维分支连接处有染成深红色的闰盘。

7. 平滑肌（小肠横切片，HE 染色）

（1）肉眼　可见切片中染成最红色部分即是平滑肌。

（2）低倍镜　低倍镜下平滑肌层较厚，肌纤维排成内、外两层。外层为许多大小不等的圆形结构，是其横断面，内层是许多呈梭形结构，为其纵切面。

（3）高倍镜　高倍镜下平滑肌纤维纵切面呈长梭形，细胞核呈椭圆形，位于中央；平滑肌纤维的横切面呈圆形，其中央部有圆形的细胞核，胞核的周围为红色的胞质。

8. 多极神经元（脊髓横切片、特殊染色）

（1）肉眼　标本呈椭圆形，中央深染的部分为灰质，周围浅淡的部分为白质。

（2）低倍镜　灰质较宽处为前角，内可见深黄色、多突起的细胞，即多极神经元。

（3）高倍镜　多极神经元的胞体不规则，可呈星形、锥体形，可见自胞体发出的突起的根部，细胞核位于中央，大而圆，染色淡。移动视野至淡染色区域为白质，可见神经纤维束的横切面。

9. 运动终板（铺片，氯化金染色）

（1）肉眼　在铺片上找到要观察的内容，放在低倍镜下观察。

（2）**低倍镜** 低倍镜下可见骨骼肌纤维呈淡蓝紫色，横纹清晰，神经纤维呈黑色线状，成束分布，每条神经纤维分支的末端紧贴骨骼肌纤维的表面。

（3）**高倍镜** 高倍镜下神经纤维分支的末端附于骨骼肌表面膨大呈爪状或花朵状即为运动终板。

（潘书言）

◎**学习要点**

掌握骨的分类和构造，骨连结的分类和关节的基本结构，全身主要体表标志及意义；熟悉躯干骨、四肢骨及其主要连结的结构；了解颅骨及其主要连结的结构，全身骨骼肌的名称和位置。

◎**技能要点**

通过观察学会全身各骨的形态结构及各主要关节的结构特点，全身骨骼肌的位置；通过在活体上观察熟练掌握全身主要的体表标志。

运动系统由骨、骨连结和骨骼肌组成，全身的骨借骨连结构成了人体的支架——骨骼（图2-1）。骨骼肌附着于骨，通过收缩和舒张，牵引骨骼产生运动。在运动中，骨起杠杆作用，骨连结是运动的枢纽，而骨骼肌则是运动的动力器官。

第一节　骨与骨连结

一、概述

骨主要由骨组织构成，覆以骨膜，内容骨髓，有丰富的血管、淋巴管和神经。

（一）骨的分类

成人骨有206块，按部位分为颅骨、躯干骨和四肢骨，按形态分为长骨、短骨、扁骨和不规则骨（图2-2）。

1. 长骨　呈长管状，分一体和两端。两端的膨大称骺；中间为体又称骨干，内部的空腔称髓腔，容纳骨髓。长骨主要分布于四肢，如肱骨、股骨等。

2. 短骨　呈立方形，多成群分布于活动较灵活的部位，如腕骨、跗骨等。

3. 扁骨 呈板状，主要构成颅腔、胸腔和盆腔的壁，起保护作用，如颅盖骨、胸骨等。

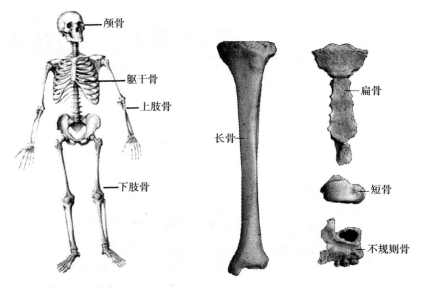

图 2-1　全身骨骼　　　　　　　　图 2-2　骨的形态

4. 不规则骨 形状不规则，如椎骨等。

（二）骨的构造

骨由骨膜、骨质和骨髓3部分构成（图2-3）。

1. 骨膜 是一层致密的结缔组织膜，被覆于骨的表面（关节面除外），在骨髓腔内面和骨松质间隙内也有骨膜。骨膜含有丰富的血管、淋巴管和神经，也含有成骨细胞和破骨细胞。骨膜对骨的生长、营养及再生有重要作用，故手术时要尽量保留骨膜。

2. 骨质 由骨组织构成，分骨密质和骨松质（图2-4）。

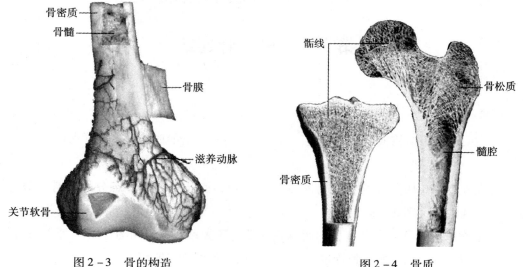

图 2-3　骨的构造　　　　　　　　图 2-4　骨质

（1）**骨密质** 致密坚硬，耐压性较强，配布于骨的表面。

（2）**骨松质** 由骨小梁构成，结构疏松，配布于长骨的两端，短骨、扁骨和不规则骨的内部。

3. 骨髓 充填于骨髓腔和骨松质间隙内，分红骨髓和黄骨髓。红骨髓具有造血功能，胎儿和婴幼儿全身所有骨内均为红骨髓，5 岁以后长骨骨干内的红骨髓逐渐减少，被脂肪组织替代称黄骨髓，黄骨髓无造血功能，但具有造血潜能。成年人红骨髓仅分布于长骨两端、短骨、扁骨和不规则骨的骨松质内。临床上常在髂前上棘、胸骨等处行骨髓穿刺术，来检查骨髓的造血功能。

> **护理应用**
>
> 骨髓穿刺术是临床采集骨髓的常用技术，主要用于骨髓细胞学检查。最常用的穿刺部位是髂骨，包括髂结节、髂前上棘和髂后上棘，或胸骨、腰椎棘突等部位。

（三）骨的化学成分和物理特性

骨含有有机质和无机质两种化学成分。有机质赋予骨弹性和韧性；无机质使骨坚硬挺实。骨的物理特性随化学成分的改变而改变。

（四）骨连结

骨与骨之间的连结装置称骨连结，按其结构可分为直接连结和间接连结两大类。

1. 直接连结 骨与骨之间借纤维结缔组织、软骨或骨直接相连，其间没有间隙，活动性较小或不活动，分纤维连结、软骨连结和骨性结合 3 类。

2. 间接连结 骨和骨之间借结缔组织囊相连，囊内有腔隙，含有滑液，活动度大，又称关节。

（1）关节的基本结构（图 2-5）

①关节面 是参与构成关节各骨的接触面，关节面上覆盖有关节软骨，光滑而富有弹性，可减少运动时关节面的摩擦、缓冲震荡和冲击。

②关节囊 由纤维结缔组织膜构成的囊，附着在关节软骨周缘并与骨膜连续，它包围关节，封闭关节腔。

③关节腔 为关节面和关节囊围成的密闭腔隙，腔内为负压，含少量滑液，对维持关节的稳固性有一定作用。

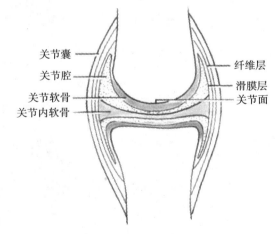

图 2-5 关节的构造

（2）关节的辅助结构 有些关节除基本结构外，还有一些辅助结构。如韧带、关节盘、关节唇等，可增加关节的稳固性或灵活性。

（3）关节的运动形式　包括屈、伸，内收、外展，旋转和环转等。

二、躯干骨及其连结

躯干骨包括椎骨、胸骨和肋 3 部分，借骨连结参与脊柱、胸廓的构成。

（一）脊柱

成人脊柱由 24 块椎骨、1 块骶骨、1 块尾骨及其间的骨连结构成。

1. 椎骨　幼年时为 32 或 33 块，其中颈椎 7 块、胸椎 12 块、腰椎 5 块、骶椎 5 块，尾椎 3～4 块，成年后 5 块骶椎融合成骶骨，3～4 块尾椎融合成尾骨。

（1）椎骨的一般形态　椎骨属不规则骨，分椎体和椎弓两部分，两部之间围成椎孔。所有椎孔相连形成椎管，椎管内容纳脊髓。椎弓紧连椎体的狭窄部分称椎弓根，上、下各有一切迹，相邻椎骨上、下切迹围成椎间孔，有脊神经通过。椎弓根向后内变宽称椎弓板。由椎弓板上发出 7 个突起：即棘突 1 个，伸向后方；横突 1 对，伸向两侧；向上、下方各伸出 1 对上关节突和 1 对下关节突。

（2）各部椎骨的特征

①颈椎　椎体较小，棘突末端分叉，横突根部有横突孔。特化的颈椎有第 1、2、7 颈椎，第 1 颈椎又名寰椎（图 2-6），呈环形，没有椎体。第 2 颈椎又名枢椎（图 2-6），椎体上有齿突。第 7 颈椎又名隆椎（图 2-7），棘突长，末端不分叉，体表易触摸，是确定椎骨序数的标志。

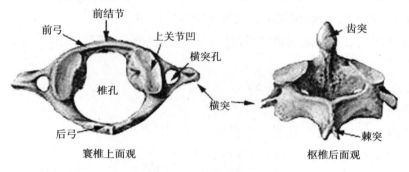

图 2-6　寰椎和枢椎

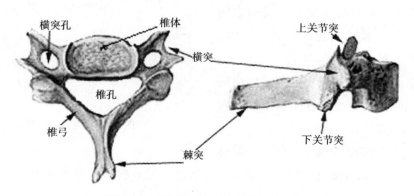

图 2-7　颈椎的上面观和隆椎侧面观

②胸椎 椎体两侧和横突末端有肋凹，棘突较长且向后下方倾斜，呈叠瓦状（图2-8）。

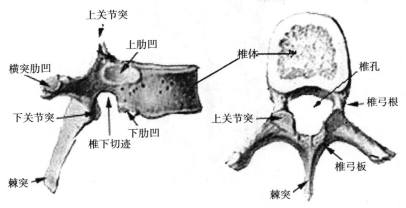

图2-8 胸椎右面观和上面观

③腰椎 椎体最大，棘突宽短呈板状，并呈矢状位水平伸向后方（图2-9）。腰椎棘突间隙较宽，临床上常选第3~4或第4~5腰椎间隙做穿刺。

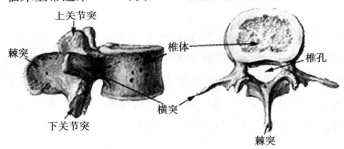

图2-9 腰椎右面观和上面观

④骶骨 呈三角形，由5块骶椎融合而成，其底的上缘向前隆凸，称岬；尖与尾骨相接。骶骨外侧部上份有耳状面，与髂骨的耳状面相关节。骶管下端的裂孔称骶管裂孔，骶管裂孔两侧有突出的骶角，临床上以此为标志进行骶管麻醉（图2-10，图2-11）。

⑤尾骨 由3~4块尾椎融合而成（图2-10，图2-11）。

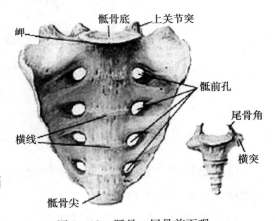

图2-10 骶骨、尾骨前面观

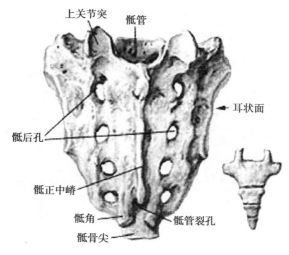

图 2-11　骶骨、尾骨后面观

2. 椎骨的连结

（1）椎体间的连结　构成脊柱的椎体之间借椎间盘、前纵韧带和后纵韧带相连（图 2-12，图 2-13）。

①椎间盘　椎间盘是连结相邻两个椎体间的纤维软骨盘，由髓核和纤维环两部分构成。髓核位于椎间盘的中央，是柔软富有弹性的胶状物。纤维环环绕在髓核周围，由数层同心圆排列的纤维软骨环构成，坚韧又富有弹性，纤维环的后侧尤其是后外侧比较薄弱，当椎间盘纤维环破裂时，髓核容易向后外侧脱出，突入椎管或椎间孔，压迫脊髓或脊神经根，产生相应的临床症状称椎间盘突出症。

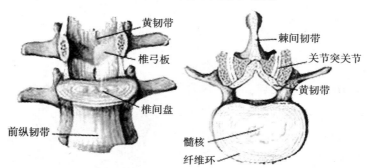

图 2-12　椎骨间的连结（前面观）和椎间盘（上面观）

②前纵韧带　为附着于所有椎体和椎间盘前面的纵长韧带，有防止脊柱过度后伸和椎间盘向前突出的作用。

③后纵韧带　位于椎管内椎体和椎间盘后面的纵长韧带，有防止脊柱过度前屈的作用。

（2）椎弓间的连结　椎弓之间的连结有韧带和关节。黄韧带，为连结相邻椎弓板之间的短韧带，参与围成椎管。棘间韧带，为连于相邻棘突之间的短韧带。棘上韧带，为附着于各棘突尖端的纵长韧带。关节突关节，由相邻椎骨上、下关节突的关节面构成。

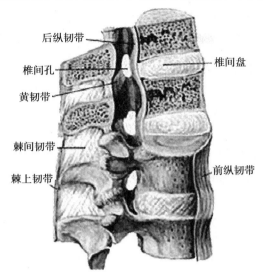

图2-13　椎骨间的连结（正中矢状面）

（3）脊柱与颅骨间的连结　有寰枕关节。

3. 脊柱的整体观和运动

（1）脊柱的整体观（图2-14）

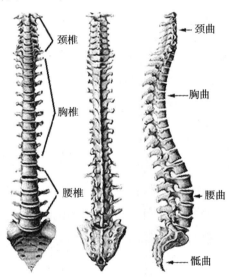

图2-14　脊柱的前面观、后面观、侧面观

①脊柱前面观　可见椎体由上向下逐渐加宽，自骶骨耳状面以下，体积逐渐减小，这与承重有关。

②脊柱后面观　颈椎棘突短而分叉。胸椎棘突长，呈叠瓦状排列。腰椎棘突呈板状，水平伸向后方。

③脊柱侧面观　可见4个生理性弯曲，分别为颈曲、胸曲、腰曲和骶曲，其中颈曲和腰曲凸向前，胸曲和骶曲凸向后。这些生理性弯曲增大了脊柱的弹性，对维持人体的平衡及减轻震荡有重要意义。

（2）脊柱的运动　脊柱是人体的中轴，具有支持、保护和运动等功能。脊柱可做屈、伸、侧屈、旋转和环转等运动，其中颈部和腰部的运动幅度较大，故颈、腰部损伤也较为常见。

（二）胸廓

由12块胸椎、12对肋、1块胸骨和它们之间的骨连结共同构成。

1. 肋　由肋骨和肋软骨组成。肋骨有12对，属于扁骨，细长，呈弓形（图2-15）。肋软骨连于相应的肋骨前端，上7对肋借肋软骨与胸骨相连，第8～10对肋前端借肋软骨与上位肋软骨相连形成肋弓，第11、12对肋前端游离于腹肌内，称浮肋。

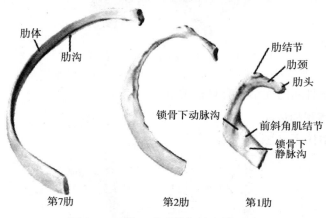

图2-15　第7肋、第2肋、第1肋

2. 胸骨　胸骨位于胸前壁正中，分胸骨柄、胸骨体和剑突3部分（图2-16）。胸骨柄上缘有颈静脉切迹，胸骨体呈长方形，剑突扁薄，下端游离。胸骨柄与胸骨体相连处，形成微向前凸的横嵴称胸骨角，外侧与第2肋软骨相连，为计数肋的标志。

3. 胸廓的整体观和运动

胸廓的整体观：胸廓呈上窄下宽、前后略扁的圆锥形（图2-17），有上、下两口，容纳胸腔脏器。胸廓上口比较小，由胸骨柄上缘、第1肋和第1胸椎体围成，是胸腔与颈部的通道。胸廓下口宽而不规则，由第12胸椎、第12肋及第11肋前端、肋弓和剑突

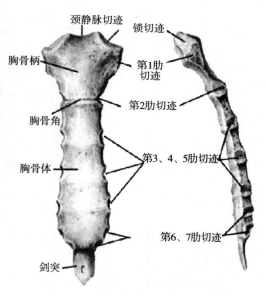

图2-16　胸骨

围成，两侧肋弓之间的夹角称胸骨下角。相邻两肋之间的间隙称肋间隙。

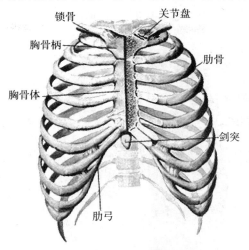

图2-17 胸廓（前面观）

胸廓的运动：胸廓除支持和保护胸腔脏器外，主要参与呼吸运动。

三、颅骨及其连结

（一）颅骨

成人颅骨共23块，分脑颅骨和面颅骨两部分（图2-18）。脑颅骨围成颅腔，容纳脑，面颅骨构成面部支架。

1. 脑颅骨　脑颅骨共8块。成对的有顶骨和颞骨；不成对的有额骨、蝶骨、筛骨和枕骨。

2. 面颅骨　面颅骨共15块。成对的有上颌骨、颧骨、泪骨、鼻骨、腭骨和下鼻甲；不成对的有下颌骨、犁骨和舌骨。

（二）颅的整体观

1. 颅的顶面观　颅盖外面借缝紧密相连，包括位于额骨和顶骨之间的冠状缝，位于两顶骨之间的矢状缝，位于两侧顶骨与枕骨之间的人字缝。

2. 颅底内面观　颅底内面凹凸不平，可分为颅前窝、颅中窝和颅后窝3部分（图2-19）。窝内有很多孔裂，如视神经管、眶上

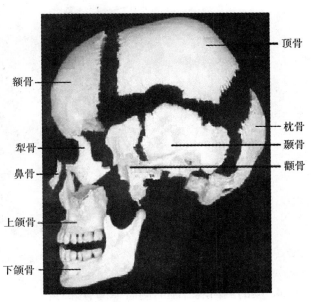

图2-18 颅骨

裂、圆孔、卵圆孔和棘孔、颈静脉孔、枕骨大孔等，内有血管和神经等通过。颅中窝中央形似鞍状的突起称蝶鞍，正中有容纳垂体的垂体窝。

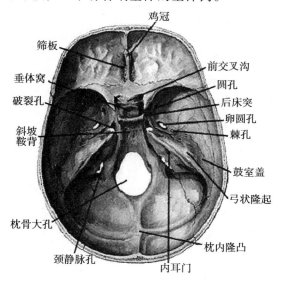

图 2-19　颅底内面观

3. 颅底外面观　颅底外面凹凸不平，分为前、后两部，前部中央为上颌骨与腭骨构成的骨腭，骨腭前缘和两侧为牙槽弓，后部中央为枕骨大孔，其后上方的粗糙隆起称枕外隆凸，是重要的骨性标志（图 2-20）。

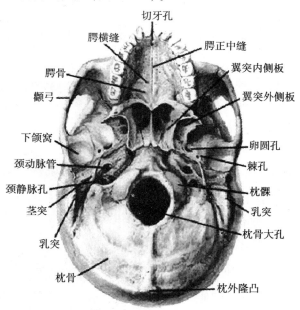

图 2-20　颅底外面观

4. 颅的侧面观　颅的侧面中部有外耳门，其后有乳突，其前有颧弓，颧弓上方为颞窝，颞窝内，额、顶、颞、蝶 4 骨邻接处构成 H 形的缝，称翼点，此处骨壁薄弱，内面有脑膜中动脉的前支通过，骨折时易伤及该动脉导致硬膜外血肿（图 2 – 21）。

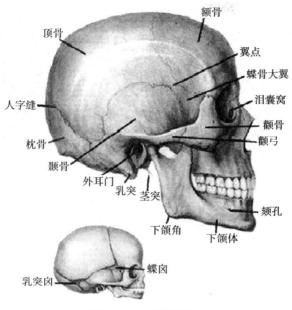

图 2 – 21　颅的侧面观

5. 颅的前面观　主要形成眶和骨性鼻腔等（图 2 – 22）。眶为四棱锥形深腔，容纳眼球和眼副器。骨性鼻腔位于面颅中央，借骨性鼻中隔将其分为左、右两半。骨性鼻腔外侧壁自上而下有 3 个突起，分别称上鼻甲、中鼻甲和下鼻甲，每个鼻甲的下方相应的有上鼻道、中鼻道和下鼻道。上鼻甲后上方的浅窝称蝶筛隐窝。骨性鼻腔前方的开口为梨状孔，后方的开口为鼻后孔。

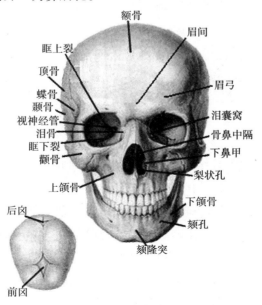

图 2 – 22　颅的前面观

鼻旁窦（骨性）：共有四对，为鼻腔周围某些颅骨内的含气空腔，分别是额窦、筛窦、蝶窦、上颌窦，这些空腔都与鼻腔相通。

（三）颅骨的连结

颅骨之间多借缝、软骨或骨性结合相连结，彼此之间结合极为牢固，对颅内脑组织有很好的保护作用，只有颞骨与下颌骨之间借颞下颌关节（又称下颌关节）相连（图2-23）。

（四）新生儿颅的特征

新生儿脑颅较大，面颅较小。新生儿颅顶各骨尚未完全发育，骨缝间充满维结缔组织膜，称颅囟，如前囟和后囟，前囟在1～2岁时闭合，其余各囟在出生后不久闭合（图2-22）。

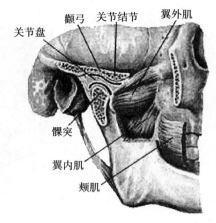

图2-23　颞下颌关节

四、四肢骨及其连结

（一）上肢骨及其连接

1. 上肢骨　包括锁骨、肩胛骨、肱骨、桡骨、尺骨和手骨，每侧32块，共64块。

（1）锁骨　呈"～"形弯曲，横架于胸廓前上方。分一体两端，内侧端粗大称胸骨端，外侧端扁平称肩峰端，与肩胛骨的肩峰相关节（图2-24）。

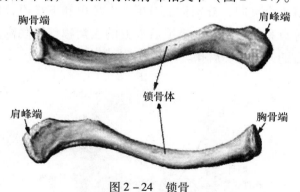

图2-24　锁骨

（2）肩胛骨　位于胸廓后外上方，为三角形的扁骨，有二面、三缘和三角。前面有一浅窝称肩胛下窝，后面上部有一向前外上方突出的骨嵴称肩胛冈，冈的外侧端称肩峰，冈的上下分别形成冈上窝和冈下窝。上角平对第2肋，下角平对第7肋，易于摸到，它是确定肋骨序数的体表标志，外侧角肥厚，有一梨形的浅窝称关节盂，与肱骨头构成肩关节（图2-25，图2-26）。

（3）肱骨　是臂部的长骨，其上端有朝向上后内的半球形肱骨头，肱骨头与关节盂相关节；上端与体交界处稍细称外科颈，是骨折的好发部位。肱骨体呈圆柱形，外侧有**三角肌粗隆**，后面中部有自内上斜向外下的浅沟称**桡神经沟**，肱骨体中段骨折易损伤桡神经。下端有**肱骨滑车、肱骨小头、内上髁、外上髁**和**尺神经沟**等结构（图2-27）。

（4）**桡骨** 位于前臂外侧，属于长骨（图2-28），其上端的膨大称**桡骨头**，下端有**桡骨茎突**和**腕关节面**等。

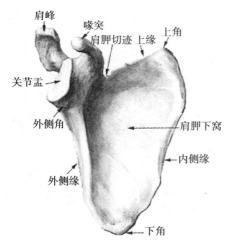

图2-25 肩胛骨前面观

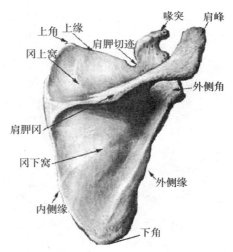

图2-26 肩胛骨后面观

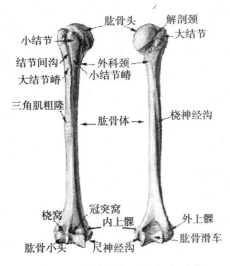

图2-27 肱骨前面观和后面观

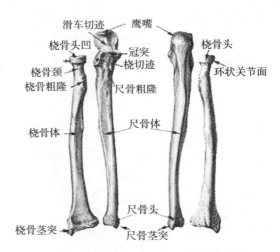

图2-28 桡骨、尺骨前面观和后面观

（5）**尺骨** 位于前臂内侧，属于长骨（图2-28），其上端粗大，有**鹰嘴、冠突**和**滑车切迹**等。下端有**尺骨头**和**尺骨茎突**。

（6）**手骨** 由腕骨、掌骨和指骨组成（图2-29）。腕骨属于短骨，每侧8块，分近侧和远侧两列。由桡侧向尺侧，近侧列依次为**手舟骨、月骨、三角骨**和**豌豆骨**，远侧列依次为**大多角骨、小多角骨、头状骨**和**钩骨**。

2. 上肢骨的连结 上肢骨的连结主要有胸锁关节、肩锁关节、肩关节、肘关节、前臂骨连结和手关节等。

（1）肩关节 由肩胛骨的关节盂和肱骨的肱骨头构成。其结构特点是：肱骨头大；关节盂浅小；关节囊薄而松弛；关节囊内有肱二头肌长头肌腱穿过（图2-30）。肩关节为全身运动最灵活的关节，可做屈、伸、内收、外展、旋转及环转运动。

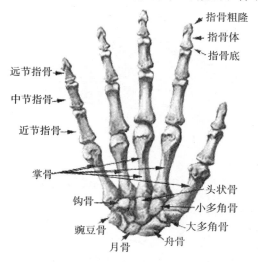

图2-29 手骨的前面观

图2-30 肩关节（冠状面）

（2）肘关节 由肱骨下端和尺、桡骨上端构成，包括肱尺关节、肱桡关节和桡尺近侧关节（图2-31）。肘关节的运动以肱尺关节为主，能做屈、伸运动。当肘关节在伸直位时，肱骨内、外上髁与尺骨鹰嘴三点可连成一条直线；当肘关节屈至90°时，此三点连线组成一等腰三角形；在肘关节脱位时，上述三点的位置关系将发生改变。

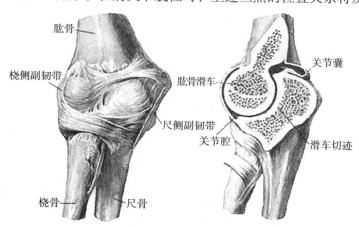

图2-31 肘关节前面观和矢状切面

（3）手关节 包括桡腕关节、腕骨间关节、腕掌关节、掌指关节和指骨间关节（图2-32）。桡腕关节又称腕关节，由桡骨下端的关节面和尺骨下方的关节盘与手舟骨、月骨、三角骨构成，可做屈、伸、内收、外展及环转运动。

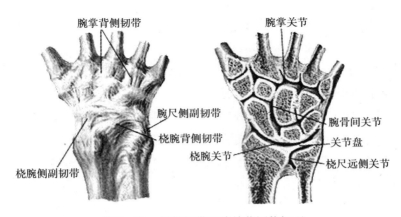

图 2 - 32　腕部韧带和腕关节冠状切面

（二）下肢骨及其连结

1. 下肢骨　下肢骨包括髋骨、股骨、髌骨、胫骨、腓骨和足骨，每侧31块，共62块。

（1）髋骨　髋骨由髂骨、耻骨和坐骨构成，3骨汇合于髋臼，16岁左右完全融合。髋骨上份扁阔，中份窄厚，下份有闭孔（图2-33，2-34）。

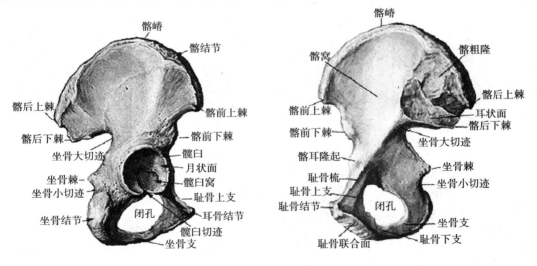

图 2 - 33　髋骨外面观　　　　　　图 2 - 34　髋骨内面观

髂骨　位于髋骨的后上部，分为肥厚的髂骨体和扁阔的髂骨翼。髂骨翼上缘称髂嵴，髂嵴的前、中1/3交界处向外侧突出称髂结节，髂嵴的前、后分别有髂前上棘和髂后上棘。髂骨翼内面平滑稍凹称髂窝，窝的下界为突出的弓状线，窝的后部有耳状面。两侧髂嵴最高点的连线在后正中线上与第4腰椎棘突相交，临床上作为腰椎穿刺时的定位标志。

坐骨　位于髋骨后下部，分坐骨体和坐骨支两部分。坐骨体后下为粗大的坐骨结节。

耻骨　位于髋骨前下部，分耻骨体、耻骨上支和耻骨下支3部分。耻骨内侧的椭圆形粗糙面称耻骨联合面，耻骨上支的前端有一突起称耻骨结节，向后上延伸有耻骨梳。耻骨与坐骨围成的大孔称闭孔。

（2）股骨 位于大腿部，为人体最粗最长的长骨。其上端显著膨大，有向内上前方的球形膨大称股骨头，头的下外侧缩细称股骨颈。颈与体连接处向上外的隆起称大转子，向内下的隆起称小转子。大转子是重要的体表标志。股骨体微向前弯曲，粗壮结实。下端有两个突向下后的膨大，分别称内侧髁和外侧髁，内、外侧髁侧面最突出的部分分别称内上髁和外上髁，在体表易于摸到，是重要的骨性标志（图2-35）。

（3）髌骨 包埋于股四头肌腱内，为三角形的籽骨，底朝上，尖向下，参与膝关节的构成（图2-36）。

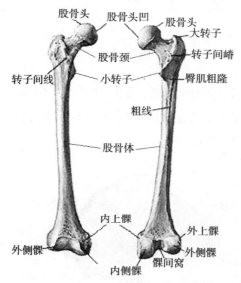

图2-35 股骨前面观和后面观

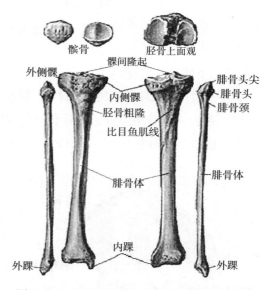

图2-36 髌骨、胫骨、腓骨前面观和后面观

（4）胫骨 是三棱形粗大的长骨，位于小腿内侧，其上端粗大，形成与股骨内、外侧髁相对应的内侧髁和外侧髁，上端与体移行处的前面有粗糙隆起称胫骨粗隆，体表可以摸到，其上附有韧带。胫骨体呈三棱柱形，前缘锐利，体表可以触到。下端稍膨大，内侧有一向下的突起称内踝，是重要的体表标志（图2-36）。

（5）腓骨 位于小腿的后外侧，其上端膨大称腓骨头，下端膨大形成外踝（图2-36）。

（6）足骨 每侧包括7块跗骨、5块跖骨和14块趾骨（图2-37）。

2. 下肢骨的连结 下肢骨的连结主要有骨盆、髋关节、膝关节和足关节等。

（1）骨盆 由骶骨、尾骨和左右髋骨借骨连结构成（图2-38，图2-39）。

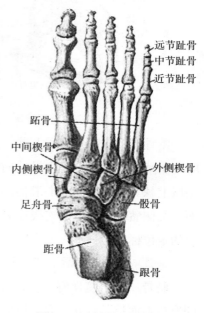

图2-37 足骨上面观

骨盆的连结：主要有骶髂关节、耻骨联合和韧带等。骶髂关节由骶骨的耳状面与髂骨的耳状面构成，运动幅度极小。耻骨联合由两侧的耻骨联合面借耻骨间盘连结而成。

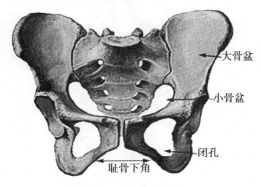

图2－38　女性骨盆

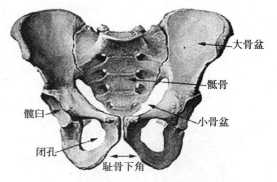

图2－39　男性骨盆

骨盆的分部：骨盆以经骶骨岬、弓状线、耻骨梳、耻骨结节到耻骨联合上缘所形成的界线为界分为大骨盆和小骨盆。大骨盆实为腹腔的一部分，又称假骨盆。小骨盆又称真骨盆，有上、下两口，两口之间的腔隙称骨盆腔。两侧的坐骨支与耻骨下支分别构成同侧的耻骨弓，其间的夹角称耻骨下角，男性约为70°～75°，女性约为90°～100°。男女性骨盆差异见表2－1。

表2－1　骨盆的性别差异

项目	男性	女性
骨盆形状	窄而长	宽而短
骨盆上口	心形	椭圆形
骨盆下口	狭小	宽大
骨盆腔	漏斗形	圆桶形
骶骨	窄长，曲度大	宽短，曲度小
骶骨岬	突出明显	突出不明显
耻骨下角	70°～75°	90°～100°

（2）髋关节　髋关节由髋臼与股骨头构成（图2－40，图2－41）。其结构特点是：髋臼深；关节囊紧张而坚韧；关节囊周围有韧带加强；髋关节内有股骨头韧带，内含营养股骨头的血管。髋关节可做屈、伸、内收、外展、旋内、旋外和环转运动，其运动幅度较肩关节小，但稳固性较大。

（3）膝关节　是人体最大、结构最复杂的关节，由股骨下端、胫骨上端和髌骨构成（图2－42，图2－43）。其结构特点是：关节囊薄而松弛；前壁有髌韧带、两侧有副韧带；囊内有前交叉韧

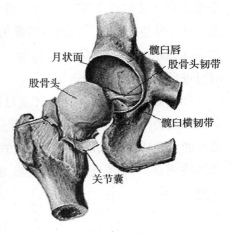

图2－40　髋关节

带、后交叉韧带和内侧半月板、外侧半月板。膝关节主要做屈、伸运动。

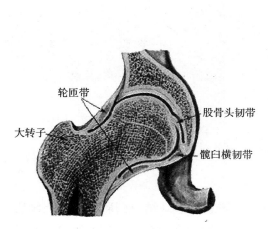

图 2-41 髋关节冠状切面

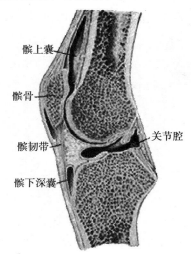

图 2-42 膝关节矢状切面

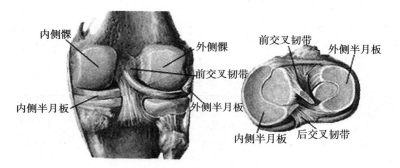

图 2-43 膝关节腔内后面观和上面观

（4）足关节 包括距小腿关节、跗骨间关节、跗跖关节、跖趾关节和趾骨间关节（图 2-44）。距小腿关节（又称踝关节）由胫、腓骨下端与距骨构成，其关节囊前后薄，两侧有韧带加强，踝关节主要做屈（跖屈）和伸（背屈）运动，与其他关节配合时可进行足内翻和外翻运动。

（5）足弓 由跗骨、跖骨及足底的韧带和肌腱共同构成的凸向上的弓形结构，可分为纵弓及横弓。足弓的主要功能是保证直立时足底的稳固性，跳跃时可缓冲震荡，同时还可保护足底血管和神经免受压迫。

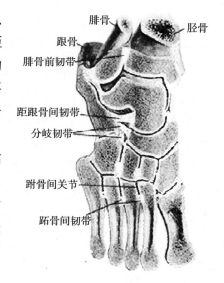

图 2-44 足关节（水平切面）

第二节 骨 骼 肌

一、概述

骨骼肌是运动系统的动力部分，绝大多数附着于骨。骨骼肌数量众多，分布广泛，有600多块，约占体重的40%。每块肌都具有一定的形态、位置和辅助装置，有丰富的血管和神经等分布。

（一）肌的形态、分类和构造

1. 肌的形态和分类　肌形态（图2−45）多样，按其外形可分为长肌、短肌、扁肌和轮匝肌4类。长肌收缩时可引起较大幅度的运动，多见于四肢。短肌小而短，收缩幅度较小，多见于躯干深层。扁肌扁而薄，多见于胸腹壁，除运动功能外兼有保护内脏的作用。轮匝肌位于孔、裂周围，收缩时可关闭孔裂。肌按在体内的位置可分为头肌、颈肌、躯干肌和四肢肌等。

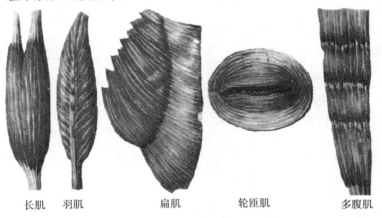

长肌　　　羽肌　　　　　扁肌　　　　　轮匝肌　　　　　多腹肌

图2−45　肌的形态

2. 肌的构造　肌由肌腹和肌腱两部分构成。肌腹主要由肌纤维组成，有收缩和舒张功能。肌腱主要由致密结缔组织构成，色白而强韧，无收缩功能，一般位于肌的两端，具有固定肌和传递力的作用。扁肌的腱呈薄膜状，称腱膜。

（二）肌的起止和配布

1. 肌的起止　肌通常以两端附着在两块或两块以上的骨面上，中间跨过一个或多个关节。通常把肌接近身体正中面或四肢近侧端的附着点称起点；把另一端的附着点称止点。肌收缩时使两骨彼此靠近或分离而产生运动。一般情况下，肌收缩时，止点向起点靠近。

2. 肌的配布　肌在关节周围配布的方式与关节的运动类型相关。

（三）肌的辅助装置

在肌的周围有辅助结构协助肌的活动，具有保持肌的位置、减少运动时的摩擦等功能，包括筋膜、滑膜囊、腱鞘等（图2-46）。

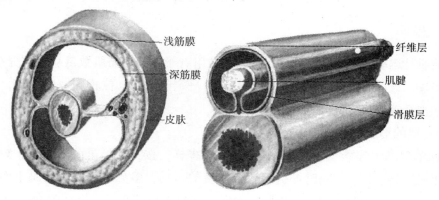

图2-46 肌的辅助结构

1. 筋膜 筋膜遍布全身，分浅筋膜和深筋膜两种。浅筋膜又称皮下筋膜，位于真皮之下，包被全身，由疏松结缔组织构成。深筋膜又称固有筋膜，由致密结缔组织构成，位于浅筋膜的深面，包被体壁、四肢的肌和血管、神经等。

2. 滑膜囊 为封闭的结缔组织囊，壁薄，内有滑液，多位于肌腱与骨面相接触处，以减少两者之间的摩擦。

3. 腱鞘 腱鞘是包围在肌腱外面的鞘管，存在于活动性较大的腕、踝、手指和足趾等处，肌腱能在鞘内自由滑动。

二、头肌

头肌可分为面肌和咀嚼肌两部分（图2-47）。

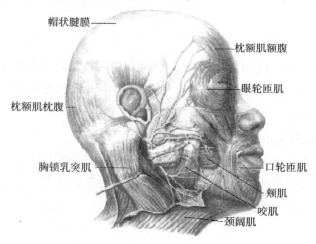

图2-47 头颈肌

1. 面肌 面肌位于面部和颅顶，大多起自颅骨，止于面部皮肤，主要分布于面部孔裂周围，有闭合或开大面部孔裂的作用，同时牵动面部皮肤产生各种表情，故又叫表情肌。

2. 咀嚼肌 为运动颞下颌关节的肌，主要有咬肌和颞肌等。

三、颈肌

颈肌依其所在位置分为浅、深两群。颈肌主要包括胸锁乳突肌、舌骨上肌群和舌骨下肌群（图 2－47）。胸锁乳突肌起自胸骨柄和锁骨的胸骨端，止于颞骨的乳突。

四、躯干肌

躯干肌可分为背肌、胸肌、膈、腹肌和会阴肌。

（一）背肌

为躯干后面的肌群，可分为浅、深两层。浅层包括斜方肌和背阔肌；深层包括竖脊肌等（图 2－48）。

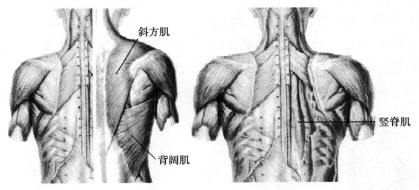

图 2－48 背肌

（二）胸肌

胸肌包括胸大肌、胸小肌、前锯肌和肋间肌等（图 2－50）。胸大肌位置表浅，覆盖胸廓前壁的大部。胸小肌位于胸大肌深面呈三角形。肋间肌包括肋间外肌和肋间内肌，前者收缩时提肋助吸气，后者收缩时降肋助呼气。

（三）膈

膈位于胸腔和腹腔之间，为向上膨隆的扁薄阔肌（图 2－49）。膈的肌束起自胸廓下口的周缘和腰椎前面向中央移行于中心腱。膈上有 3 个裂孔，分别为在第 12 胸椎前方的主动脉裂孔，有降主动脉和胸导管通过；主动脉裂孔的左前上方，约在第 10 胸椎水平的食管裂孔，有食管和迷走神经通过；在食管裂孔右前上方膈中心腱内的腔静脉孔，约在第 8 胸椎水平，有下腔静脉通过。

膈为最主要的呼吸肌，收缩时，膈穹窿下降，胸腔容积扩大，以助吸气；舒张时，膈穹窿上升，胸腔容积减小，以助呼气。膈与腹肌同时收缩，则能增加腹压，协助排便、呕吐及分娩等活动。

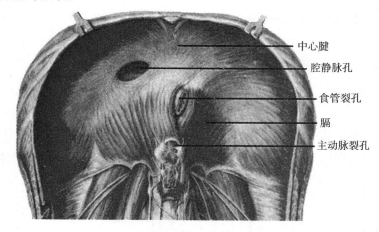

图 2 - 49　膈肌

（四）腹肌

腹肌位于胸廓与骨盆之间，参与腹壁的组成，按部位分为前外侧群和后群两部分。

1. 前外侧群　前外侧群形成腹腔的前外侧壁，包括腹外斜肌、腹内斜肌、腹横肌和腹直肌（图 2 - 50，2 - 51）。腹外斜肌腱膜的下缘卷曲增厚连于髂前上棘与耻骨结节之间形成腹股沟韧带。腹直肌位于腹前壁正中线的两旁，居腹直肌鞘中，上宽下窄，肌的全长被 3～4 条横行的腱划分成多个肌腹。

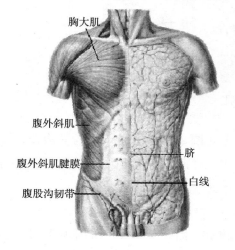

图 2 - 50　腹外斜肌

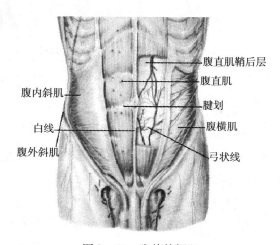

图 2 - 51　腹前外侧肌

腹前外侧群肌具有保护和固定腹腔脏器，收缩时，可增加腹压以协助排便、分娩、呕吐和咳嗽等；同时能使脊柱前屈、侧屈与旋转，并可降肋助呼气。

2. 后群　后群位于腹后壁脊柱的两侧，包括腰大肌和腰方肌（图 2 - 58）。

3. 腹肌形成的特殊结构

（1）腹直肌鞘和白线　腹直肌鞘包绕腹直肌，由腹前外侧壁 3 层扁肌的腱膜构成。

白线位于腹前壁正中线上，位于左右腹直肌鞘之间，上方起自剑突，下方止于耻骨联合。

（2）腹股沟管　为腹股沟韧带内侧半上方的一条斜行肌间裂隙，长4~5cm，男性有精索女性有子宫圆韧带通过（图2-52）。

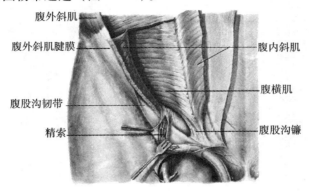

图2-52　腹股沟管

（3）腹股沟（海氏）三角　位于腹前壁下部，由腹直肌外侧缘、腹股沟韧带和腹壁下动脉围成的三角区（图2-53）。

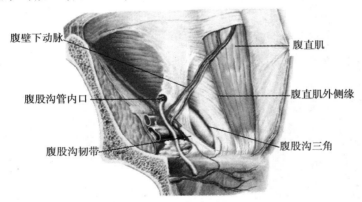

图2-53　腹股沟三角

腹股沟管和腹股沟三角都是腹壁下部的薄弱区。在病理情况下，腹腔内容物由此区突出形成疝。若腹腔内容物经腹股沟管突出，降入阴囊，则形成腹股沟斜疝；若腹腔内容物从腹股沟三角处膨出，则形成腹股沟直疝。

五、四肢肌

（一）上肢肌

上肢肌分为肩肌、臂肌、前臂肌和手肌。

1. 肩肌　配布于肩关节周围，运动肩关节并能增强关节的稳固性，主要为三角肌。

三角肌（图2-54，图2-55）　位于肩部，呈三角形。起自锁骨的外侧、肩峰和肩胛冈，肌束从前、外、后包裹肩关节，并向外下方集中，止于肱骨体的三角肌粗隆。

其主要作用是使肩关节外展。三角肌在肩峰下 2~3 横指处，肌质丰厚，且无重要的血管、神经通过，是临床经常选用的肌注部位。

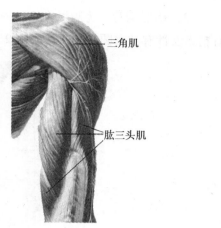

图 2-54　三角肌、肱二头肌　　　　　图 2-55　三角肌、肱三头肌

2. 臂肌　配布于臂部周围，包括前群和后群。前群主要有肱二头肌，其收缩可屈肘关节和肩关节（图 2-54）。后群为肱三头肌，其收缩可伸肘关节和伸肩关节（图2-55）。

3. 前臂肌　分前群和后群（图 2-56，图 2-57）。前群肌收缩可屈腕、屈掌指关节和屈指等。后群肌收缩可伸腕、伸掌指关节和伸指等。

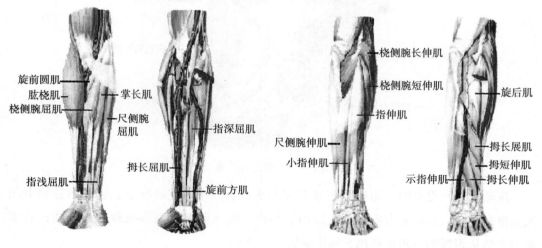

图 2-56　前臂肌前群　　　　　　　　图 2-57　前臂肌后群

4. 手肌　手肌位于手的掌侧，其作用为运动手指，分为外侧、中间和内侧 3 群。外侧群在手掌拇指侧形成隆起，称鱼际。内侧群在手掌小指侧，形成隆起称小鱼际。

（二）下肢肌

下肢肌分为髋肌、股肌、小腿肌和足肌。

1. 髋肌　按其所在的部位，分为前、后两群（图 2-58，图 2-59）。髋肌主要运动髋关节。前群包括髂腰肌；后群主要包括臀大肌、臀中肌、臀小肌、梨状肌和闭孔内肌等。

臂大肌　位于臂部浅层，呈四边形，它与表面的脂肪、筋膜一起形成特有的臂部隆起。此肌外上 1/4 部为肌注的常用部位。

2. 股肌　按位置分为前群、内侧群和后群（图 2 – 59，图 2 – 60）。前群的股四头肌有 4 个头，即股直肌、股内侧肌、股外侧肌和股中间肌，4 个头向下形成肌腱，包绕髌骨的前面和两侧并续为髌韧带。其作用为伸膝关节和屈髋关节。2 岁以下的幼儿臀肌不发达时，股外侧肌的中部常选为肌注的部位。

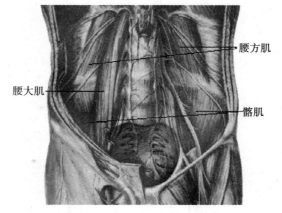

图 2 – 58　髂肌、腰大肌、腰方肌

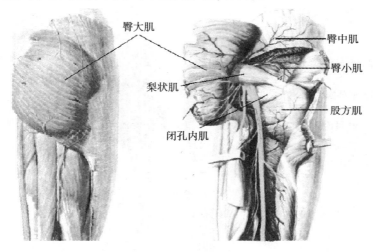

图 2 – 59　髋肌后群

3. 小腿肌　按位置分为前群、外侧群和后群（图 2 – 61，图 2 – 62）。后群的小腿三头肌位于小腿后群肌的浅层，肌的 3 个头会合形成膨隆的小腿肚，向下续为粗大的跟腱，止于跟骨，小腿三头肌可屈踝关节和屈膝关节。

4. 足肌　足肌分为足背肌和足底肌。足背肌较薄弱，足底肌的主要作用在于维持足弓。

> **护理应用**
>
> 临床常用肌内注射部位：①臀大肌注射，在臀大肌外上1/4处；②臀中肌、臀小肌注射；③三角肌注射，在肩峰下2~3横指处；④股外侧肌注射，在股外侧肌中段。2岁以下的婴幼儿不宜选用臀大肌注射，因有损伤坐骨神经的危险，可选用股外侧肌注射。

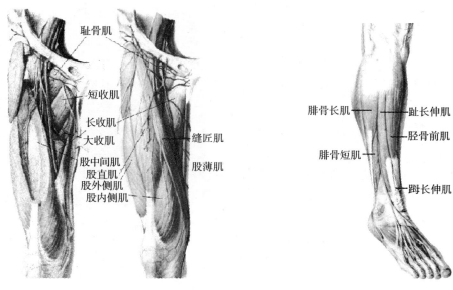

图 2-60 股肌

图 2-61 小腿肌前群、外侧群

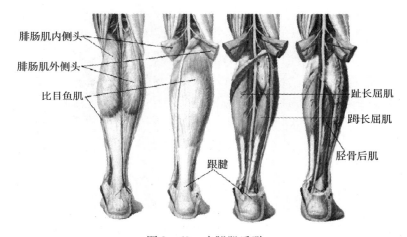

图 2-62 小腿肌后群

第三节　全身重要的体表标志

在人体的某些部位，骨或肌在体表形成比较明显的隆起或凹陷称体表标志（骨性标志或肌性标志），临床上常以其定位。

一、头颈部的体表标志

1. 枕外隆凸　位于枕部向后最突出的隆起，其深面为窦汇。

2. 乳突　位于外耳门的后下方，是胸锁乳突肌的止点。

3. 颧弓　下方一横指处为腮腺管。其根部的上方有颞浅动脉和静脉走行。

4. 翼点　此处骨质较薄，易发生骨折而伤及内面的脑膜中动脉。

5. **下颌角**　下颌角与锁骨中点连线之上 1/3 处，为颈外静脉的穿刺点。

6. **颅囟**　作为婴儿发育标志和检测颅内压变化的标志。

7. **第 7 颈椎棘突**　是背部计数椎骨序数的标志。

8. **咬肌**　其前缘与下颌体下缘交界处可触及面动脉的搏动，面部浅层出血时可在此处将面动脉压向下颌体止血。

9. **胸锁乳突肌**　其表面有颈外静脉下行，深面有颈内静脉下行；其后缘中点处是颈丛皮支阻滞麻醉部位。

二、躯干部的体表标志

1. **锁骨**　在锁骨中 1/3 上方的凹陷内可触及锁骨下动脉的搏动，稍上是臂丛阻滞麻醉的注射部位。

2. **肩胛骨上角**　平对第 2 肋，是背部计数肋和肋间隙序数的标志。

3. **肩胛骨下角**　平对第 7 肋，是背部计数肋和肋间隙序数的标志。

4. **肩胛冈**　两侧肩胛冈内侧端的连线经过第 3 胸椎的棘突，是计数椎骨序数的标志。

5. **肩峰**　是肩部的最高点；臂外侧自肩峰下 2 ~ 3 横指为三角肌肌内注射区。

6. **胸骨角**　外侧与第 2 肋软骨相连，为计数肋的标志；平对第 4 胸椎体下缘；平气管杈、食管的第二个狭窄；也是上、下纵隔的分界线。

7. **剑突**　剑突与肋弓之间的夹角称剑肋角。左剑肋角是心包穿刺的常选部位。

8. **肋弓**　是触诊肝和脾的标志。

9. **肋间隙**　左侧第 5 肋间隙、左锁骨中线内侧 1 ~ 2cm 处可触及心尖的搏动。

10. **骶角**　是骶管麻醉时的定位标志。

11. **髂嵴**　两侧髂嵴最高点的连线平第 4 腰椎棘突，是腰椎穿刺时的定位标志。

12. **髂前上棘**　右髂前上棘与脐连线的中、外 1/3 交点是阑尾根部的体表投影点；髂前上棘同时也是测量骨盆的常用标志。

13. **髂结节**　为腹部分区的标志；同时也是骨髓穿刺部位之一。

14. **坐骨结节**　与大转子连线的中点深面有坐骨神经通过；同时坐位时为骨盆的最低点，常作为测量骨盆的标志。

15. **耻骨结节**　与髂前上棘之间连有腹股沟韧带。

16. **竖脊肌**　其外侧缘与第 12 肋所构成的夹角，称肾区（肋脊角），是肾门在腹后壁的体表投影区。肾病变时，叩击肾区有明显的疼痛。

17. **胸大肌**　胸前壁较膨隆的肌性隆起，其下缘构成腋前壁。

18. **腹直肌**　腹前正中线两侧的纵形隆起，肌肉发达者可见脐以上有 3 ~ 4 条横沟，即为腹直肌的腱划。

19. **腹股沟韧带**　其中点下方可触及股动脉搏动；下肢出血时，可将股动脉压向耻骨止血；其参与腹股沟管的构成。

三、四肢的体表标志

（一）上肢的体表标志

1. 肱骨内、外上髁和尺骨鹰嘴　正常屈肘时，肱骨内、外上髁和尺骨鹰嘴三点成一等腰三角形；伸肘时，三者成一直线。肱骨内上髁后下方的尺神经沟内有尺神经通过。

2. 桡骨茎突　前面内侧有桡动脉通过。

3. 三角肌　三角肌在肩峰下 2～3 横指处，是临床经常选用的肌注部位。

4. 肱二头肌　其内侧缘有肱动脉通过；其肌腱内侧，肘关节稍上方是测量血压时的听诊部位。

（二）下肢的体表标志

1. 大转子　为髋部最外侧的骨性标志；也是定位坐骨神经的标志。

2. 胫骨粗隆　是髌韧带的止点，也是针灸取穴的标志。

3. 腓骨头　位置略高于胫骨粗隆，外下方有腓总神经走行。

4. 内踝和外踝　①内踝的前方有大隐静脉经过；②外踝的后方有小隐静脉经过；③两者连线的中点可触及足背动脉的搏动，是足背动脉的压迫止血点。

5. 臀大肌　其外上 1/4 是肌内注射常选部位。

6. 股四头肌　股外侧肌是肌内注射部位，特别是小儿臀肌不发达时。

7. 髌韧带　位于膝关节前方，髌骨下方，为髌反射的叩击部位。

8. 小腿三头肌　在小腿后面，可见到该肌膨隆的肌腹。

9. 跟腱　为跟腱反射叩击部位。

一、选择题

（一）A₁ 型题

1. 胸骨角平对：

    A. 第 1 肋软骨　　　　B. 第 2 肋软骨　　　　C. 第 3 肋软骨

    D. 第 4 肋软骨　　　　E. 第 5 肋软骨

2. 具有造血功能的是：

    A. 黄韧带　　B. 红骨髓　　C. 骨松质　　D. 骨密质　　E. 黄骨髓

3. 腰椎的特点是：

A. 棘突呈板状，水平后伸　　　　　B. 棘突末端分叉

C. 棘突长，伸向后下　　　　　　　D. 椎体较小

E. 横突上有横突孔

4. 肱骨中段骨折，最容易损伤的神经是：

　　A. 尺神经　　　B. 桡神经　　　C. 正中神经　　　D. 肌皮神经　　　E. 腋神经

5. 肩胛骨的下角平对：

　　A. 第 7 肋　　　B. 第 9 肋　　　C. 第 6 肋　　　D. 第 47 肋　　　E. 第 6 肋

6. 脊柱的生理性弯曲正常的是：

　　A. 颈曲凸向后　　　　　B. 腰曲凸向后　　　　　C. 胸曲凸向前

　　D. 骶曲凸向前　　　　　E. 颈曲凸向前

7. 膈的中心腱内有：

　　A. 主动脉裂孔　　　　　B. 食管裂孔　　　　　C. 肌性部

　　D. 腔静脉孔　　　　　　E. 以上都不是

8. 屈颈时，项部最明显的隆起是：

　　A. 第 5 颈椎棘突　　　B. 第 6 颈椎棘突　　　C. 第 7 颈椎棘突

　　D. 第 4 颈椎棘突　　　E. 第 1 胸椎棘突

9. 计数肋骨序数的重要骨性标志为：

　　A. 锁骨　　　B. 颈静脉切迹　　　C. 剑突　　　D. 胸骨角　　　E. 肱骨

10. 最主要的呼吸肌是：

　　A. 腹直肌　　　B. 膈　　　C. 肋间肌　　　D. 胸大肌　　　E. 胸小肌

（二）A$_2$ 型题

11. 赵女士，女，56 岁，被公交车撞到，仰面倒地，鼻腔流出较多血水，查体嗅觉丧失，CT 扫描显示颅底骨折，该病人可能是哪个颅骨骨折：

　　A. 顶骨　　　B. 颞骨　　　C. 筛骨　　　D. 枕骨　　　E. 鼻骨

（三）X 型题

12. 下列何骨属成对的面颅骨：

　　A. 鼻骨和泪骨　　　　　B. 上颌骨和腭骨　　　　　C. 下鼻甲和颧骨

　　D. 顶骨和颞骨　　　　　E. 下颌骨和犁骨

13. 参与大、小骨盆之间界线构成的结构有：

　　A. 岬　　　B. 弓状线　　　C. 耻骨梳　　　D. 耻骨联合下缘　　　E. 耻骨弓

14. 椎体间的连接结构有：

　　A. 椎间盘　　　B. 黄韧带　　　C. 前纵韧带　　　D. 棘上韧带　　　E. 后纵韧带

15. 具有囊内韧带的关节有：

　　A. 踝关节　　　B. 肘关节　　　C. 髋关节　　　D. 膝关节　　　E. 腕关节

16. 腹股沟（海氏）三角：

A. 由腹直肌外侧缘、腹股沟韧带和腹壁浅动脉围成

B. 由腹直肌外侧缘、腹股沟韧带和腹壁下动脉围成

C. 腹腔内容物从海氏三角膨出称斜疝

D. 由腹直肌内侧缘、腹股沟韧带与腹壁下动脉围成

E. 腹腔内容物从海氏三角膨出称直疝

二、简答题

1. 简述关节的基本结构。

2. 简述肩关节的结构特点及功能。

3. 简述膈的三个裂孔的名称及通过结构。

4. 简述全身重要的体表标志。

实验三 躯干骨及其连结的观察

【实验目的】

学会：观察骨的形态及构造；关节的结构和运动；脊柱的组成、连结和形态；胸廓的组成、形态；各部椎骨、骶骨、胸骨和肋的形态。在活体上观察、触摸躯干骨的主要骨性标志，并了解其临床意义。

【实验材料】

1. 标本　人体骨骼；全身散骨；股骨剖面标本；脱钙骨及煅烧骨标本。脊柱、椎骨连结及胸廓标本。

2. 模型　人体骨骼模型；脊柱、椎骨连结模型；胸廓模型。

【实验内容与方法】

1. 骨的分类和构造　在人体骨骼标本及模型上，辨认各类骨的形态及构造。取股骨纵切标本辨认长骨的骨干和两端及骨髓腔、关节面。

2. 骨连结的分类和构造

（1）直接连结　取脊柱腰段矢状面标本辨认椎间盘。

（2）关节　观察关节的基本结构和辅助结构。

①基本构造　取肩关节标本观察关节的组成、关节面的形状、关节囊的构造和关节腔的构成。

②辅助构造　取膝关节标本观察关节韧带的外形及其与关节囊的关系；观察膝关节两块半月板的位置、形态。

3. 躯干骨及其连结

（1）脊柱　在人体骨架标本上观察脊柱外形和组成。

①椎骨　取各部位椎骨观察椎骨的组成及形态特点。

②椎骨的连结　取切除 1～3 个椎弓的脊柱腰段标本，观察椎间盘及各韧带的外

形、位置和结构。

（2）胸廓　在人体骨架标本上观察胸廓的外形和组成。

①胸骨　取胸骨标本观察其组成和形态特点。并在活体上触摸胸骨角、剑突，了解其临床意义。

②肋　取肋标本观察其形态特点。并在活体上触摸第7颈椎棘突、肋弓等，了解其临床意义。

实验四　颅骨及其连结的观察

【实验目的】

学会：观察颅的分部，颅的整体观；颞下颌关节的组成和构造；新生儿颅的特点；并在活体上观察、触摸颅的重要体表标志（如翼点、下颌角、乳突、颧弓、枕外隆凸等）。

【实验材料】

1. 标本　整体颅标本、分离颅骨标本；颅的水平切及矢状切标本；新生儿颅标本和鼻旁窦标本；颞下颌关节标本。

2. 模型　整体颅、分离颅骨模型；颅的水平切及矢状切模型；鼻旁窦模型。

【实验内容与方法】

1. 颅的组成　取整颅和分离颅骨标本和模型观察颅的组成及重要颅骨的形态、结构。

2. 颅的整体观　取整颅、颅水平切和正中矢状切标本和模型分别观察颅的顶面、颅底内面、颅底外面、颅的侧面、颅的前面的重要结构。区分颅底内面各部位的主要孔裂。

3. 颞下颌关节　取已切除关节囊外侧壁的颞下颌关节标本，观察颞下颌关节的组成及结构特点。

4. 在活体触摸重要的体表标志　如翼点、下颌角、乳突、颧弓、枕外隆凸等。

实验五　四肢骨及其连结的观察

【实验目的】

学会：观察上、下肢骨的组成和各骨的位置、形态；肩关节、肘关节、桡腕关节、髋关节、膝关节、距小腿关节的组成和结构特点；骨盆的组成和分部，男、女性骨盆的差异。

【实验材料】

1. 标本 人体骨骼标本；四肢骨散骨标本；切开关节囊的肩关节、肘关节、髋关节、膝关节、桡腕关节、距小腿关节标本；男、女性骨盆标本。

2. 模型 人体骨骼模型；全身散骨模型；男、女性骨盆模型。

【实验内容与方法】

1. 上肢骨及其连结

（1）上肢骨 取肩胛骨、锁骨、肱骨、桡骨、尺骨、手骨标本，观察各骨标本。在活体上触摸上肢骨的重要体表标志，如肩峰、肩胛骨下角、尺骨鹰嘴、肱骨内上髁、肱骨外上髁等。

（2）上肢骨的连结 取肩关节、肘关节、桡腕关节切开标本，观察各关节的组成和结构特点，并在活体上验证各关节的运动。

2. 下肢骨及其连结

（1）下肢骨 取髋骨、股骨、髌骨、胫骨、腓骨、足骨标本，观察各骨的形态结构。在活体上触摸下肢骨的重要体表标志，如髂嵴、髂前上棘、髂结节、坐骨结节、髌骨、胫骨粗隆、腓骨头、内踝、外踝等。

（2）下肢骨的连结 取骨盆、髋关节、膝关节、距小腿关节切开标本，观察骨盆及各关节的组成和构造特点，在活体上验证各关节的运动；并比较男女性骨盆差异。

实验六 全身骨骼肌的观察

【实验目的】

学会：观察肌的分类、构造和辅助结构；全身重要肌的名称和位置，并在活体上确定三角肌、臀大肌、臀中肌、臀小肌、股外侧肌的肌注部位。

【实验材料】

1. 标本 已解剖好的全身肌标本；游离的四肢肌标本。

2. 模型 头、颈、躯干和四肢肌模型。

【实验内容与方法】

1. 肌的分类和构造 在全身肌标本上观察长肌、短肌、扁肌和轮匝肌的形态，辨认腹肌、肌腱和腱膜。

2. 全身重要肌的辨认 在标本、模型上确认胸锁乳突肌、斜方肌、背阔肌、胸大肌、前锯肌、三角肌、肱二头肌、肱三头肌、臀大肌、臀中肌、股四头肌、小腿三头肌的位置，并在活体上验证它们的功能。

3. 膈 观察膈的位置、中心腱及各个裂孔通过的结构。

4. 腹肌 观察各层腹肌的位置和肌束走行方向，辨认腹直肌鞘，并检查其组成情况，辨认腹股沟管的位置、形态。

5. 在活体上确认常用部位 三角肌、臀大肌、臀中肌、臀小肌和股外侧肌的肌注部位。

（刘　斌）

要点导航

◎ **学习要点**

掌握消化系统的组成，口腔的结构，咽的分部，食管的狭窄，胃的位置、形态和结构，小肠、大肠的分部及结构，阑尾的位置及根部的体表投影，肝的形态、位置和结构，胆囊的位置及胆囊底的体表投影。熟悉胸腹部的标志线及腹部的区分，胰的形态和位置，腹膜及腹膜腔的概念，腹膜与脏器的关系。了解各段消化管壁及肝、胰的微细结构特点，腹膜形成的结构。

◎ **技能要点**

熟练掌握各段消化管及肝、胰的位置、形态、分部。学会观察各段消化管及肝、胰的微细结构。

第一节 概 述

一、消化系统的组成

消化系统由消化管和消化腺两部分组成（图3-1）。消化管是一条自口腔延至肛门的粗细不等的弯曲管道，包括口腔、咽、食管、胃、小肠（十二指肠、空肠和回肠）和大肠（盲肠、阑尾、结肠、直肠和肛管）。临床上常把从口腔到十二指肠的消化管，称上消化道；把空肠到肛管的消化管，称下消化道。消化腺有小消化腺和大消化腺两种。小消化腺散在于消化管各部的管壁内，大消化腺有唾液腺（腮腺、下颌下腺、舌下腺）、肝和胰，它们所分泌的消化液都进入消化道，参与食物消化。

消化系统的主要功能是消化食物，吸收营养物质，排出食物残渣。

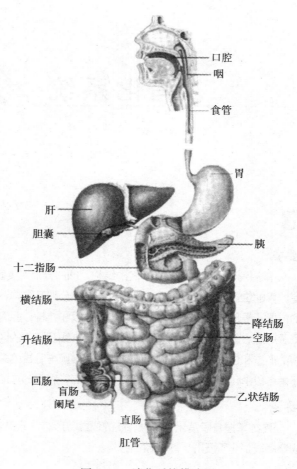

口腔
咽
食管
胃
肝
胆囊
胰
十二指肠
横结肠
降结肠
升结肠
空肠
回肠
盲肠
阑尾
乙状结肠
直肠
肛管

图 3 - 1　消化系统模式图

二、胸部标志线及腹部的分区

消化系统的器官，大部分位于胸、腹腔内，它们的位置一般较恒定。为了更好的描述胸、腹腔脏器的位置及体表投影，通常在胸、腹部体表确定若干标志线和划分一些区域（图 3 - 2，图 3 - 3）。

（一）胸部的标志线

1. 前正中线　通过人体前面正中所做的垂线。

2. 胸骨线　通过胸骨外侧缘最宽处所做的垂线。

3. 锁骨中线　通过锁骨中点所做的垂线。

4. 腋前线　通过腋窝前襞所做的垂线。

5. 腋中线　通过腋前、后线之间中点所做的垂线。

6. 腋后线　通过腋窝后襞所做的垂线。

7. 肩胛线　通过肩胛下角所做的垂线。

8. 后正中线　通过人体后面正中所做的垂线。

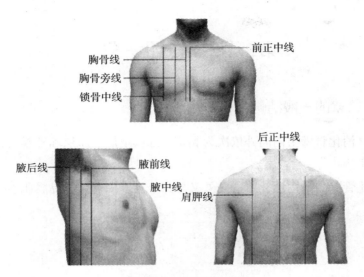

图 3 - 2　胸部标志线

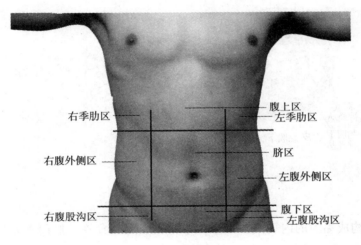

图 3 - 3　腹部分区

（二）腹部的分区

1. 九分法　通常用两条横线和两条纵线将腹部分为 9 个区。两条横线分别是左、右肋弓最低点的连线和左、右髂结节的连线；两条纵线分别是通过左、右腹股沟韧带中点向上所作的垂线。将腹部分成 9 个区，即右季肋区、腹上区、左季肋区、右腹外侧区、脐区、左腹外侧区、右腹股沟区（右髂区）、耻区（腹下区）和左腹股沟区（左髂区）。

2. 四分法　临床上常采用通过脐的水平线和垂线，将腹部分为右上腹、左上腹、右下腹和左下腹 4 个区。

第二节 消 化 管

一、消化管壁的一般结构

除口腔外，消化管壁由内向外依次为黏膜、黏膜下层、肌层和外膜（图3-4）。

（一）黏膜

黏膜是消化管壁的最内层，由内向外又分为上皮、固有层和黏膜肌层。

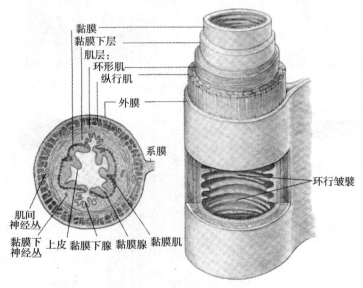

图3-4　消化管壁结构模式图

1. 上皮　构成黏膜的内表面，其中位于口腔、咽、食管及肛门等处的上皮为复层扁平上皮，胃、小肠和大肠的上皮为单层柱状上皮，具有消化、吸收功能。

2. 固有层　为结缔组织，其内含有腺、血管、神经、淋巴管和淋巴组织。

3. 黏膜肌层　由1~2层平滑肌构成。平滑肌的收缩和舒张可以改变黏膜形态，促进血液、淋巴的运行和腺分泌物的排出。

（二）黏膜下层

黏膜下层由疏松结缔组织构成，内含较大的血管、淋巴管和黏膜下神经丛。黏膜和部分黏膜下层，共同向腔内突出，形成纵行或环形的皱襞，扩大了黏膜的表面积。在食管及十二指肠的黏膜下层内有食管腺和十二指肠腺。

（三）肌层

除口腔、咽、食管上段与肛门外括约肌为骨骼肌外，其余均为平滑肌。肌层一般为内、外两层，内层是环形肌，外层是纵行肌。某些部位，环形肌增厚，形成括约肌。肌层之间有肌间神经丛。

（四）外膜

外膜是消化管壁的最外层。咽、食管和直肠下部等处的外膜由结缔组织构成，称纤维膜，具有连接固定作用；其余部位的外膜由间皮和结缔组织构成，称浆膜，能分泌滑液，减少器官之间的摩擦。

二、口腔

口腔是消化管的起始部，向前借口裂与外界相通，向后经咽峡与咽相连。其前壁为上、下唇，两侧壁为颊，上壁为腭，下壁为口腔底。以上、下颌牙弓为界，将口腔分为前方的口腔前庭和后方的固有口腔。当上、下牙咬合时，口腔前庭可经第3磨牙后方的间隙与固有口腔相通，因此，临床病人牙关紧闭时，可经此间隙插管做急救灌药或注入营养物质等。

（一）唇和颊

口唇和颊互相连续，都是以肌肉为基础，外面覆以皮肤，内面衬以口腔黏膜构成的。

唇分为上唇和下唇，两唇之间为口裂，上、下唇结合处称口角。上唇表面正中线上有一纵行浅沟，称人中，昏迷病人急救时常在此处进行针刺或指压。唇的游离缘含有丰富的毛细血管，正常呈鲜红色，当机体缺氧时，可变为暗红色甚至紫色，临床称发绀（图3-5）。

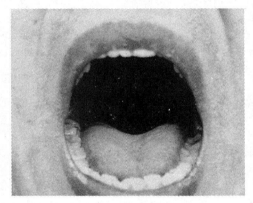

图3-5 口腔外面观

颊为口腔侧壁，在上颌第二磨牙牙冠相对的颊黏膜上有腮腺管的开口。从鼻翼两旁至口角两侧各有一浅沟，称鼻唇沟，是唇与颊的分界线。面神经麻痹的病人，鼻唇沟变浅或消失。

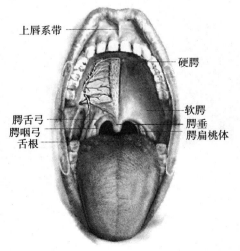

上唇系带

硬腭

软腭
腭垂
腭扁桃体

腭舌弓
腭咽弓
舌根

图3-6 口腔

（二）腭

腭呈穹窿状，表面覆以黏膜，分隔鼻腔和口腔，构成口腔的顶、鼻腔的底。腭的前2/3以骨腭为基础，称硬腭；后1/3以骨骼肌和腱膜为基础，称软腭。软腭后缘中部有一垂向下方的乳头状突起，称腭垂（悬雍垂）。腭垂两侧各有两条弓状皱襞，前方的叫腭舌弓，延伸到舌根的侧缘；后方的叫腭咽弓，向下延伸至咽的侧壁。两弓之间的凹窝，容纳腭扁桃体。腭垂、两侧的腭舌弓和舌根共同围成咽峡，是口腔与咽的分界处（图3-6）。

（三）舌

舌位于口腔底，具有感受味觉、搅拌食物、协助吞咽和辅助发音等功能。

1. 舌的形态 舌分为上、下两面。舌的上面，称舌背，舌背上有一向前开放的"V"型沟，将舌分为前2/3的舌体和后1/3的舌根，舌体的前端较狭窄，称舌尖。舌下面正中线处有一黏膜皱襞，称舌系带，连于口腔底。舌系带的根部两侧的黏膜各形成一个小隆起，称舌下阜。舌下阜的顶端有舌下腺大管和下颌下腺管的开口。舌下阜的后外方，各有一条黏膜皱襞，称舌下襞，其深面有舌下腺（图3-7，图3-8）。

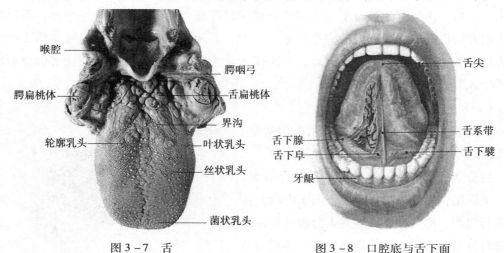

喉腔	腭咽弓
腭扁桃体	舌扁桃体
轮廓乳头	界沟
	叶状乳头
	丝状乳头
	菌状乳头

图3-7 舌

舌尖

舌下腺 舌系带
舌下阜 舌下襞

牙龈

图3-8 口腔底与舌下面

2. 舌的构造 由表面的黏膜和深部的舌肌构成。

（1）舌黏膜 覆于舌的表面，淡红而湿润。舌体背面的黏膜形成许多小突起，称舌乳头，能感受味觉和触觉。

舌根背面黏膜表面有许多丘状隆起，其深部含有淋巴组织，称舌扁桃体。

（2）舌肌 为骨骼肌，可分为舌内肌和舌外肌（图3-9）。舌内肌收缩时可以改变舌的形态。舌外肌收缩时可改变舌的位置。舌外肌中最重要的为颏舌肌，两侧颏舌肌同时收缩，使舌前伸，该肌一侧收缩，舌伸出时舌尖偏向对侧。

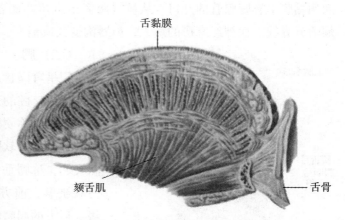

舌黏膜

颏舌肌 舌骨

图3-9 舌的正中矢状切面

（四）牙

牙是人体最坚硬的器官，嵌于上、下颌骨的牙槽内，呈弓状排列成上牙弓和下牙弓。牙具有机械加工（咬切、撕裂、磨碎）食物和辅助发音的作用。

1. 牙的形态和结构 牙分为牙冠、牙根和牙颈3部分。牙冠是露于口腔的部分，洁白而有光泽；牙根嵌入牙槽内，借牙周膜与牙槽骨连接，牙根尖部有一孔，称牙根尖孔，有血管、神经出入；牙颈为牙冠和牙根之间稍细部分，外包以牙龈（图3-10）。

牙主要由牙质、釉质、牙骨质和牙髓构成。牙质致密紧硬，构成牙的主体。在牙冠表面被覆有白色、光亮、坚硬的釉质，而在牙根和牙颈的外面包有一层牙骨质。牙内部的腔隙，称牙髓腔，腔内充满牙髓。牙髓是由结缔组织、神经、血管等组成。

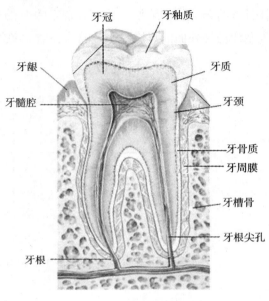

图3-10 牙的构造

2. 牙的分类和排列 人的一生中先后长有两组牙，即乳牙和恒牙。乳牙从出生后6个月开始萌出，至3岁左右出齐，共20个。6岁起乳牙陆续脱落，长出恒牙，除第3磨牙外，其他各牙约在14岁左右出齐，共28个。而第3磨牙在17~25岁方能萌出或终生不出，故又名迟牙。因此，恒牙数为28~32个（图3-11，图3-12，图3-13，图3-14）。

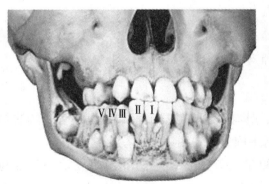

图3-11 乳牙的名称和排列

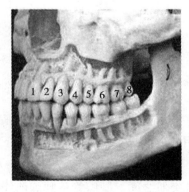

图3-12 恒牙的名称和排列

根据牙的形态和功能不同，乳牙分为乳切牙、乳尖牙和乳磨牙；恒牙分为切牙、尖牙、前磨牙和磨牙。临床上为了记录牙的位置，常以被检者的方位为准，以"十"记号划分四区表示左、右侧及上、下颌的牙位，并以罗马数字Ⅰ~Ⅴ表示乳牙，用阿拉伯数字1~8表示恒牙。如：Ⅲ表示左上颌乳侧切牙，而4则表示左上颌第1前磨牙，余依此类推。

3. 牙周组织 位于牙根周围，对牙具有保护、支持和固定的作用。包括牙周膜、牙槽骨和牙龈3部分。牙周膜是介于牙和牙槽骨之间的致密结缔组织，能将牙和牙槽骨紧密结合，固定牙根，并能缓解咀嚼时的压力；牙槽骨是构成牙槽的骨质；牙龈是紧贴牙槽骨外面的口腔黏膜，富含血管，色淡红，其游离缘附于牙颈（图3－10）。

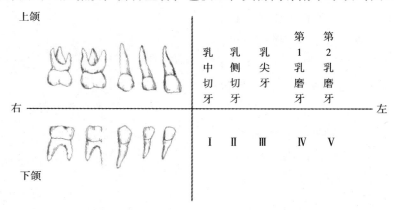

图3－13 乳牙的名称和符号

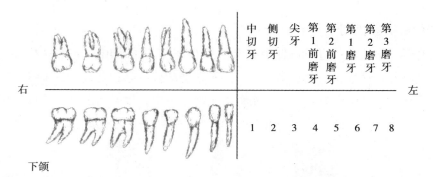

图3－14 恒牙的名称和符号

（五）唾液腺

唾液腺又称口腔腺，位于口腔周围，具有分泌唾液、湿润口腔黏膜、分解淀粉等作用。唾液腺主要有腮腺、下颌下腺和舌下腺3对（图3－15）。

1. 腮腺 是唾液腺中最大的一对，略呈三角形，位于外耳门前下方、下颌支与胸锁乳突肌之间。腮腺管从腮腺前缘发出，在颧弓下方一横指处，横过咬肌表面，至咬肌前缘以直角向内穿过颊肌，开口于上颌第二磨牙牙冠相对的颊部黏膜。

2. 下颌下腺 位于下颌骨体的内侧，其导管开口于舌下阜。

3. 舌下腺 位于舌下襞的深面，其导管开口于舌下阜和舌下襞表面。

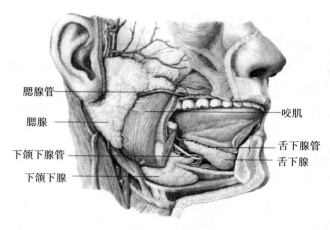

图 3 – 15　唾液腺

三、咽

（一）咽的形态和位置

咽是消化道和呼吸道的共同通道，为上宽下窄、前后略扁的漏斗形肌性管道。咽位于第 1～6 颈椎前方，上端起于颅底，下端于第 6 颈椎下缘处与食管相续，全长约 12cm（图 3 – 16）。咽部肌肉收缩时可使咽、喉上提，协助吞咽。

（二）咽的分部

咽后壁完整，而前壁不完整，分别与鼻腔、口腔和喉腔相通，以软腭游离缘和会厌上缘为界，咽分为鼻咽、口咽和喉咽 3 部分。

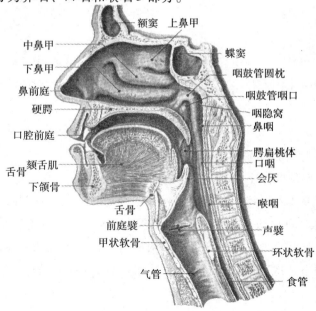

图 3 – 16　头颈部正中矢状切面

1. 鼻咽　位于鼻腔后方，软腭游离缘以上的部分，向前借鼻后孔与鼻腔相通。在鼻咽的两侧壁上，正对下鼻甲后方约 1.5cm 处，各有一个咽鼓管咽口，空气由此口经咽鼓管进入中耳鼓室。咽鼓管咽口的前、上、后方有明显的半环形隆起，称咽鼓管圆枕，它是寻找咽鼓管咽口的标志。咽鼓管圆枕后方与咽后壁之间有一纵行凹陷，称咽隐窝，是鼻咽癌的好发部位。咽后上壁的黏膜内有丰富的淋巴组织，称咽扁桃体，在幼儿时期较发达。

2. 口咽　位于软腭游离缘与会厌上缘平面之间，向前借咽峡与口腔相通。口咽的外侧壁在腭舌弓与腭咽弓之间有扁桃体窝，容纳腭扁桃体。

3. 喉咽　位于会厌上缘与第 6 颈椎体下缘平面之间。向前借喉口与喉腔相通，向下与食管相续。在喉口两侧各有一个深窝，称梨状隐窝，是异物易滞留的部位（图3 – 17）。

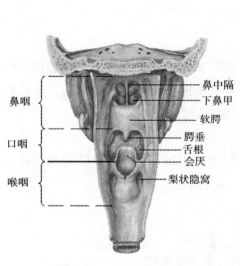

图 3 – 17　咽（后面观）

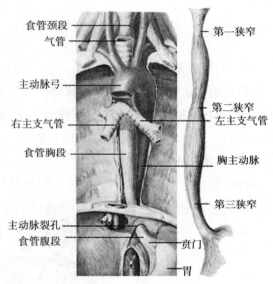

图 3 – 18　食管的位置及狭窄

四、食管

（一）食管的位置和分部

食管上端平第 6 颈椎体下缘处与咽相连，向下沿脊柱前方下行，经胸廓上口入胸腔，穿过膈的食管裂孔入腹腔，在第 11 胸椎体的左侧与胃的贲门相连，全长约 25cm。食管依其行程，以颈静脉切迹、食管裂孔为界，分为颈部、胸部和腹部（图3 – 18）。颈部长约 5cm，位于颈椎之前，气管之后，两侧有颈部的大血管；胸部最长，约 18 ~ 20cm，前方自上而下依次有气管、左主支气管和心包；腹部最短，仅 1 ~ 2cm，自食管裂孔至贲门。

（二）食管的形态和狭窄

食管为前、后略扁的肌性管道。全长有 3 处生理性狭窄：第一处狭窄位于食管起始处，距中切牙约 15cm；第二处狭窄位于食管与左主支气管交叉处，距中切牙约 25cm；第三处狭窄位于食管穿膈处，距中切牙40cm。这些狭窄是食管内异物易滞留的部位，也是肿瘤和损伤的好发部位。

护理应用

插胃管术是临床护理常用的一项操作技术，广泛用于管饲、洗胃、胃肠减压等。临床上进行插管时，特别要注意食管的3个狭窄部位，当胃管通过这些狭窄处时，动作要轻稳柔和，以避免损伤食管黏膜。

（三）食管的微细结构

食管具有消化管典型的 4 层结构，由内向外依次为黏膜、黏膜下层、肌层和外膜（图 3 – 19）。食管空虚时，壁内面有 7 ~ 10 条纵行的黏膜皱襞。

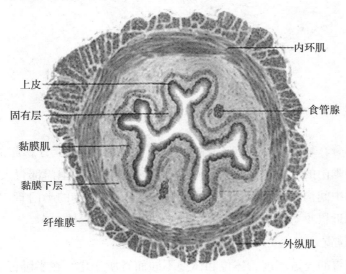

图 3 – 19　食管横切模式图

五、胃

胃是消化管中最膨大的部分。上接食管、下续十二指肠。具有容纳食物、分泌胃液和对食物进行初步消化的作用。成人胃的容量约 1500ml，新生儿胃的容量约为 30ml。

（一）胃的形态和分部

胃的形状和大小可随充盈程度而不同。胃有入出两口、上下两缘、前后两壁。胃的入口称贲门，与食管相续；出口称幽门，与十二指肠相接。上缘凹而短，朝向右上方，称胃小弯，其最低处，形成一切迹，称角切迹；下缘凸而长，朝向左下方，称胃大弯。两壁即前壁和后壁（图 3 – 20，3 – 21）。

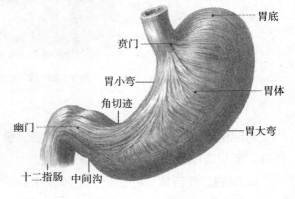

图 3 – 20　胃的外面观

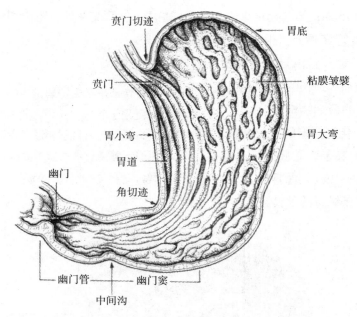

图 3 - 21　胃的内面观

胃可分4部分：靠近贲门的部分称贲门部；自贲门向左上方膨起的部分称胃底；自角切迹向右至幽门的部分称幽门部，临床上常称胃窦，在幽门部胃大弯侧有一不太明显的浅沟，称中间沟，将幽门部分为左侧的幽门窦和右侧的幽门管，胃溃疡和胃癌多发生于幽门窦近胃小弯处；胃底与幽门部之间的部分称胃体。

（二）胃的位置

胃的位置随胃的充盈程度、体位和体型不同而有所变化。在半卧位和中等充盈时，胃的大部分位于左季肋区，小部分位于腹上区（图3 - 22）。

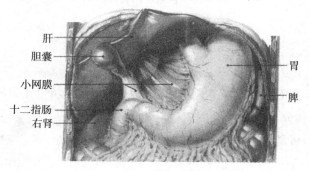

图 3 - 22　胃的位置及毗邻

（三）胃的微细结构

胃壁由内向外依次为黏膜、黏膜下层、肌层和外膜。其主要结构特点是黏膜内有胃腺，肌层较厚分3层（图3 - 23）。

1. 黏膜　在活体呈橙红色，平滑而柔软。胃空虚时黏膜有许多皱襞，充盈时则皱襞减少或展平。胃黏膜表面可见许多针孔状的小孔，称胃小凹，是胃腺开口处。

（1）上皮 为单层柱状上皮，能分泌黏液。黏液与上皮细胞间的紧密连接构成胃黏膜屏障，可抵御胃液内盐酸与胃蛋白酶对黏膜的侵蚀。

（2）固有层 由结缔组织构成，内有许多管状的胃腺。根据胃腺所在部位，分为胃底腺、贲门腺和幽门腺（图3-24，图3-25）。

贲门腺和幽门腺分别位于贲门部和幽门部的固有层内，分泌黏液、溶菌酶等。

胃底腺位于胃底和胃体的固有层内，是分泌胃液的主要腺体，它主要由两种细胞构成。

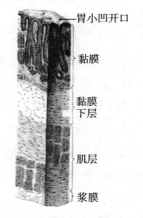

图3-23 胃壁微细结构式图

①壁细胞 又称盐酸细胞，在腺的上、中部较多。壁细胞分泌盐酸和内因子，盐酸具有激活胃蛋白酶原和杀菌的作用，内因子能促使回肠对维生素 B_{12} 的吸收。

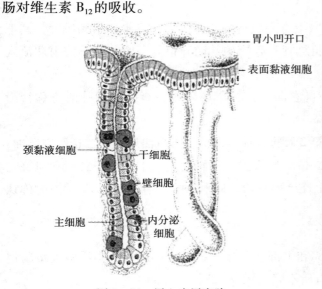

图3-24 胃上皮胃底腺

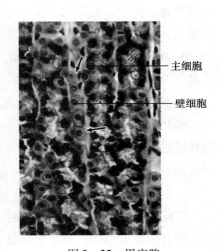

图3-25 胃底腺

②主细胞 又称胃酶细胞，数量较多，多分布于腺的中、下部，主细胞分泌胃蛋白酶原。经盐酸激活后，参与分解蛋白质。

2. 黏膜下层 为疏松结缔组织，内含较粗的血管、神经和淋巴管。

3. 肌层 肌层较厚，由内斜行、中环行和外纵行3层平滑肌构成。环行肌在幽门处增厚形成幽门括约肌，它能调控胃内容物进入小肠的速度。

4. 外膜 为浆膜。

六、小肠

小肠为消化管中最长的一段，成人全长约5~7m，是进行消化吸收最主要的部位。小肠上接幽门，下续盲肠，从上向下依次分为十二指肠、空肠和回肠 3 部分（图 3 – 1）。

（一）十二指肠

为小肠的起始段，全长约 25cm。其上端起于胃的幽门，下端在第 2 腰椎体左侧，与空肠相续。十二指肠呈"C"字形从右侧包绕胰头，可分为上部、降部、水平部和升部 4 个部分（图3 – 26）。

1. 上部 上部近幽门处，肠壁薄，黏膜较平滑，称十二指肠球部，是十二指肠溃疡的好发部位。

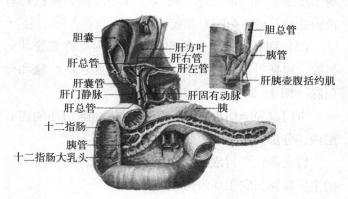

图 3 – 26 十二指肠和胰

2. 降部 在降部肠腔的后内侧壁上有一纵行的黏膜皱襞，称十二指肠纵襞，其下端的突起，称十二指肠大乳头，是胆总管和胰管的共同开口处，胆汁和胰液由此流入小肠。

3. 水平部 在第 3 腰椎下缘，自右向左横过下腔静脉，至腹主动脉前方移行为升部。

4. 升部 自水平部斜向左上至第 2 腰椎左侧，向前下方弯曲形成十二指肠空肠曲，与空肠相续。十二指肠空肠曲被十二指肠悬肌固定于腹后壁。十二指肠悬肌和包绕它的腹膜皱襞构成十二指肠悬韧带向上连至膈右脚，临床上称 Treitz 韧带，是手术时确认空肠起始部的重要标志。

（二）空肠和回肠

空肠和回肠迂回盘曲于腹腔中部和下部，相互延续形成小肠袢，其周围被结肠包围。两者无明显界限，但主要特征有所不同（图 3 – 27，表 3 – 1）。

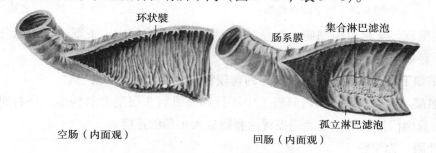

图 3 – 27 空肠与回肠的比较

表3-1 空肠和回肠比较

项目	空肠	回肠
位置	腹腔的左上部	腹腔的右下部
长度	占空、回肠全长的前2/5	占空、回肠全长的后3/5
管径	较粗	较细
管壁	较厚	较薄
血管	较多	较少
环状襞	高而密	低而疏
淋巴滤泡	孤立淋巴滤泡	集合淋巴滤泡、孤立淋巴滤泡

（三）小肠壁的微细结构

小肠壁由内向外依次为黏膜、黏膜下层、肌层和外膜。其结构特点是肠腔面有环状襞和肠绒毛；固有层内有大量肠腺和淋巴组织。

1. 环状襞 由黏膜和黏膜下层共同向管腔内隆起形成。小肠内面，除十二指肠球部和回肠末端外，其余部分都布有环形或半环形的皱襞。空肠环状襞高而密，回肠环状襞低而疏（图3-28）。

2. 肠绒毛 是黏膜的上皮和固有层向肠腔内形成的指状突起（图3-29，图3-30）。

（1）上皮 为单层柱状上皮，上皮由吸收细胞和杯状细胞构成。

①吸收细胞 细胞数量多，呈高柱状，细胞核椭圆形，靠近细胞的基底部，细胞的游离面有纹状缘。

②杯状细胞 散在于吸收细胞之间。杯状细胞分泌黏液，对肠黏膜起润滑和保护作用。

（2）固有层 形成肠绒毛的中轴，由结缔组织构成。其中央有1~2条纵行的毛细淋巴管，称中央乳糜管，其周围有丰富的毛细血管和散在的平滑肌纤维。平滑肌纤维的收缩和舒张，有利于物质的吸收及血液和淋巴的运行。

环状襞、肠绒毛和纹状缘的存在，可使小肠黏膜的表面积增加600多倍，有利于小肠对营养物质的吸收。

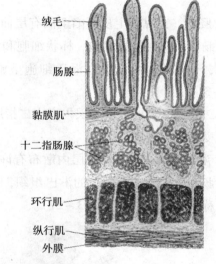

绒毛
肠腺
黏膜肌
十二指肠腺
环行肌
纵行肌
外膜

图3-28 十二指肠壁的微细结构

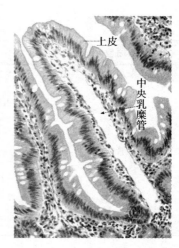

图 3-29　小肠皱襞和肠绒毛结构　　　　　　图 3-30　小肠绒毛纵切面光镜图

3. 肠腺　是黏膜上皮下陷至固有层而形成的管状腺，腺管开口于相邻肠绒毛根部之间。肠腺主要由柱状细胞、杯状细胞和潘氏细胞（Paneth 细胞）构成。其中柱状细胞最多，分泌多种消化酶；潘氏细胞呈锥体形，分布在肠腺的底部，分泌溶菌酶等（图 3-31）。

十二指肠上部的黏膜下层内有十二指肠腺，分泌碱性黏液，可保护十二指肠黏膜，使其免受酸性胃液的侵蚀。

4. 淋巴组织　小肠固有层内散布有许多淋巴组织，是小肠壁重要的防御结构。在十二指肠和空肠中含有散在的淋巴组织，称孤立淋巴滤泡；回肠中的淋巴组织常聚集成群，称集合淋巴滤泡（图 3-27）。

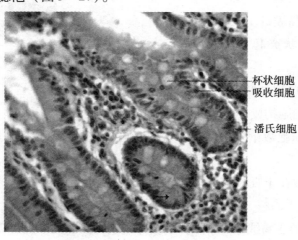

图 3-31　小肠腺光镜图

七、大肠

大肠接回肠末端，终于肛门，全长约 1.5m。分为盲肠、阑尾、结肠、直肠和肛管

5 部分（图 3 - 1）。

除直肠、肛管和阑尾外，盲肠和结肠的外形有 3 个特征结构（图 3 - 32）：结肠带，有 3 条，是肠壁的纵行肌束增厚而成，沿肠管长轴平行排列，3 条结肠带最后汇集于阑尾根部；结肠袋，是由于结肠带短于肠管，使肠管皱缩而形成的囊状膨出；肠脂垂，是分布于结肠带附近，由脂肪组织聚集形成的突起。

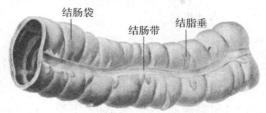

图 3 - 32　盲肠和结肠的结构特征

（一）盲肠

盲肠是大肠的起始部，位于右髂窝内，呈囊袋状，长约 6～8cm，向上通升结肠，向左连回肠。回肠在盲肠的开口处，上、下各有一唇状皱襞，称回盲瓣，瓣膜的深部有增厚的环行肌。此瓣可阻止小肠内容物过快流入大肠，又可防止盲肠内容物逆流到回肠。在回盲瓣的下方约 2cm 处，有阑尾的开口（图 3 - 33）。

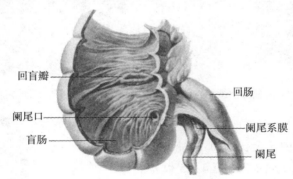

图 3 - 33　盲肠和阑尾

（二）阑尾

阑尾为一蚓状盲管，根部连于盲肠的后内侧壁，末端游离，长约 6～8cm。阑尾末端的位置变化大。阑尾根部的位置较恒定。阑尾根部的体表投影，约在脐与右髂前上棘连线的中、外 1/3 交点处，此点称麦氏点。急性阑尾炎时，此处有明显压痛。

（三）结肠

结肠围绕在空、回肠的周围，始于盲肠，终于直肠。分为升结肠、横结肠、降结肠和乙状结肠 4 部分（图 3 - 1）。

1. 升结肠　自右髂窝沿腹后壁的右侧上升，至肝右叶下方弯向左前方形成结肠右曲（肝曲），移行为横结肠。

2. 横结肠 起自结肠右曲，向左横行至左季肋区，在脾的下方弯向下形成结肠左曲（脾曲），移行为降结肠。

3. 降结肠 从结肠左曲开始，沿左侧腹后壁下行至左髂嵴处，移行为乙状结肠。

4. 乙状结肠 自左髂嵴处起于降结肠，全长呈"乙"字形弯曲，沿左髂窝进入盆腔，向下行至第3骶椎平面，续为直肠。乙状结肠全部被腹膜包被，并借乙状结肠系膜连于左髂窝和小骨盆后壁，活动性较大。

结肠黏膜的微细结构特点：

结肠黏膜表面平滑，有半环形结肠半月襞，无肠绒毛。黏膜上皮为单层柱状上皮，上皮内有许多杯状细胞。固有层内含有密集排列的管状大肠腺，腺上皮内有大量的杯状细胞，淋巴组织发达，常穿过黏膜肌层，突入黏膜下层（图3-34，图3-35）

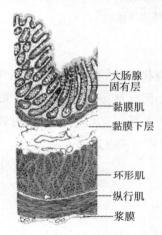

图3-34 结肠壁的微细结构

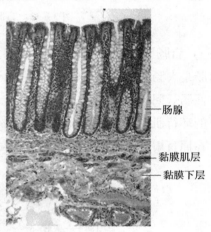

图3-35 结肠黏膜光镜图

（四）直肠

直肠位于骨盆腔内，全长约10~14cm。在第3骶椎水平接乙状结肠，向下沿第4~5骶椎和尾骨前面下降，穿过盆膈移行为肛管。直肠并非垂直，在矢状面上有两个弯曲，上部弯曲沿着骶骨盆面凸向后，称骶曲，下部弯曲绕尾骨尖凸向前，称会阴曲；在冠状面上，直肠也有3个弯曲，一般中间的弯曲较大，凸向左侧，上、下两个弯曲凸向右侧（图3-36）。

直肠上端与乙状结肠交接处管径较细，直肠下部管腔膨大，称直肠壶腹。直肠内面有3个直肠横襞，中间的直肠横襞最大而明显，位置最恒定，位于直肠右前壁上，距肛门约7cm，可作为直肠镜和乙状结肠镜检查的定位标志（图3-37）。做镜检时，应注意直肠的弯曲和横襞，以免损伤肠管。

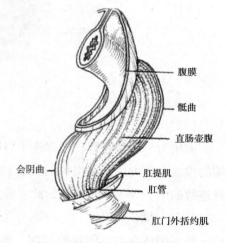

图3-36 直肠位置与外形

（五）肛管

肛管在盆膈平面与直肠相接，终于肛门，长约 3～4cm。肛管内面有 6～10 条纵行的黏膜皱襞，称肛柱，肛柱下端彼此借半月形的黏膜皱襞相连，这些半月形的黏膜皱襞称肛瓣。肛瓣与肛柱下端共同围成的小隐窝称肛窦，窦口向上，窦内往往积存粪屑，易于感染。

各肛瓣边缘和肛柱的下端共同连成锯齿状的环形线，称齿状线，是皮肤和黏膜的分界线（图 3-37）。齿状线以上的肛管内表面为黏膜，齿状线以下的肛管内表面为皮肤。齿状线也是直肠动脉供应、静脉和淋巴回流的分界线。病理情况下静脉丛淤血曲张，向管腔内突起，称痔。在齿状线下方有宽约 1cm 的环状区域，表面光滑，称肛梳。肛梳下缘有一环形浅沟，称白线，是肛门内括约肌和肛门外括约肌的分界处。

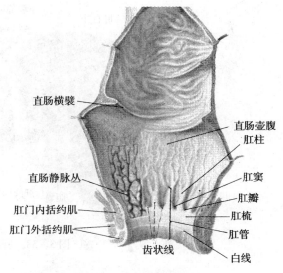

图 3-37　直肠和肛管

（图中标注：直肠横襞、直肠壶腹、肛柱、直肠静脉丛、肛窦、肛瓣、肛门内括约肌、肛梳、肛门外括约肌、肛管、齿状线、白线）

肛门周围有肛门内、外括约肌环绕。肛门内括约肌是直肠壁环行平滑肌增厚而成，有协助排便的作用。肛门外括约肌位于肛门内括约肌外周和下方，由骨骼肌构成，受意识支配，有括约肛门和控制排便的作用，手术时应防止损伤，以免造成大便失禁。

第三节　消化腺

消化腺可以分为肝、胰等大消化腺和胃腺、肠腺等小消化腺两类。消化腺的主要功能是分泌消化液，参与食物的消化。

一、肝

肝是人体最大的消化腺，血供丰富，活体的肝呈红褐色，质地柔软而脆弱，受外力冲击时易破裂，导致腹腔内大出血。肝具有分泌胆汁、参与代谢、贮存糖原、解毒、防御等功能。

（一）肝的形态

肝略呈楔形，可分为前、后两缘和上、下两面。肝前缘锐利，后缘钝圆。肝的上面隆凸，与膈相对，又称膈面，其被矢状位的镰状韧带分为肝左叶和肝右叶（图 3-38）；肝的下面凹凸不平，与腹腔内其他器官毗邻，又称脏面。下面中部有略呈

"H"形界沟，其右纵沟的前部是胆囊窝，容纳胆囊，后部是腔静脉窝，有下腔静脉通过；左纵沟的前部有肝圆韧带，后部有静脉韧带；横沟称肝门，是肝固有动脉、肝门静脉、肝管、神经和淋巴管等出入肝的部位（图3–39）。

肝的脏面借"H"形的沟分为4叶：右纵沟的右侧为右叶，左纵沟的左侧为左叶，两纵沟之间在肝门前方的为方叶，后方的为尾状叶。

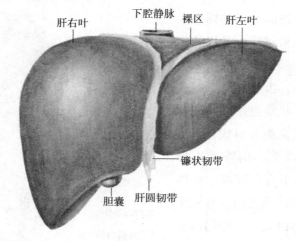

图3–38 肝的膈面

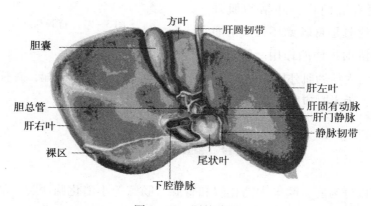

图3–39 肝的脏面

（二）肝的位置

肝大部分位于右季肋区和腹上区，小部分位于左季肋区。其可随呼吸而上下移动，平静呼吸时，移动范围为2～3cm。肝的前面大部分被胸廓所掩盖，仅在腹上区直接与腹前壁接触。肝的上界与膈穹窿一致，最高点在右侧相当于右锁骨中线与右侧第5肋的交点，在左侧相当于左锁骨中线与左侧第五肋间隙的交点；肝下界在右侧与右肋弓大体一致，但在腹上区，肝下界在剑突下约3～5cm处可触及。3岁以下的小儿，肝的前缘常低于右肋弓下1～2cm。7岁以后，在右肋弓下已不能触及，若能触及，应考虑病理性肝大。

（三）肝的微细结构

肝表面被覆有一层由致密结缔组织形成的被膜，被膜内富含弹性纤维。肝门处的结缔组织随肝门静脉、肝固有动脉和肝管的分支伸入肝内，将肝实质分隔成许多肝小叶，相邻的几个肝小叶之间有肝门管区（图3-40）。

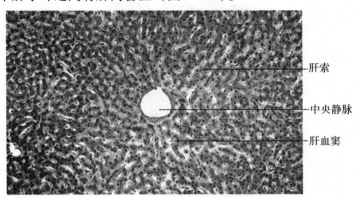

图3-40　肝小叶光镜图

1. 肝小叶　是肝的基本结构单位。呈多面棱柱体，其中央有一条纵行的中央静脉，肝细胞以中央静脉为中心向周围呈放射状排列形成肝板，其断面呈索状，又称肝索。肝板之间的空隙为肝血窦，肝血窦的通透性大，窦腔内有散在的肝巨噬细胞（Kupffer细胞），具有很强的吞噬功能，并参与免疫反应。肝血窦内皮细胞与肝细胞之间狭小的间隙称窦周隙，是肝细胞与血液之间进行物质交换的场所。窦周隙内有贮脂细胞，可贮存维生素A。肝细胞呈多边形，体积较大。肝细胞核圆形，有1~2个，位于细胞中央，核仁明显，细胞器发达，具有多种功能。肝板内相邻肝细胞之间有胆小管，在肝板内穿行并吻合成网。肝细胞分泌胆汁直接流入胆小管，并循胆小管从肝小叶中央流向周边，汇入小叶间胆管（图3-41，图3-42，图3-43）。

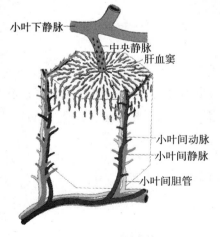

图3-41　肝小叶

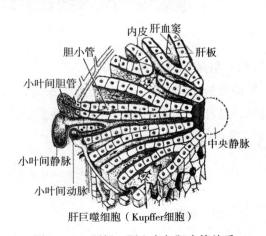

图3-42　肝板、肝血窦与胆小管关系

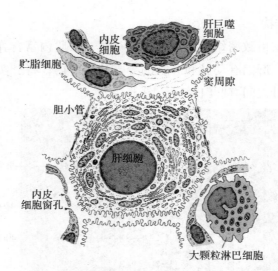

图 3 - 43　肝细胞、肝血窦及胆小管的关系

2. 肝门管区　相邻几个肝小叶之间有较多的结缔组织，内有小叶间动脉、小叶间静脉和小叶间胆管通过，此区域称肝门管区。小叶间动脉是肝固有动脉的分支；小叶间静脉是肝门静脉在肝内的分支；小叶间胆管由胆小管汇集而成，向肝门方向汇集，最后形成左、右肝管出肝（图 3 - 44）。

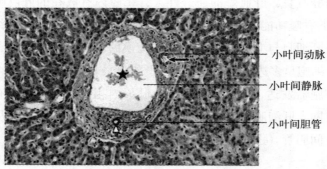

图 3 - 44　门管区

（四）肝的血液循环

肝的血液供应丰富。入肝的血管来源有两类：肝固有动脉，是肝的营养血管；肝门静脉，是肝的功能性血管。出肝的血管是肝静脉，最后注入下腔静脉（图 3 - 45）。

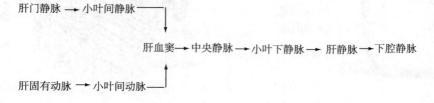

图 3 - 45　肝的血液循环

（五）胆囊和输胆管道

1. 胆囊 胆囊位于肝下面的胆囊窝内，上面借结缔组织与肝相连，下面覆盖有腹膜。胆囊容积 40～60ml，有暂时贮存和浓缩胆汁的作用。

胆囊呈梨形，前端圆钝，为胆囊底，其体表投影在右锁骨中线与右肋弓交点处的稍下方，胆囊炎时，此处常有明显的压痛，临床称墨菲征阳性；与胆囊底相连的膨大部分为胆囊体；后部稍细，为胆囊颈；由颈弯向左下并与肝总管相连的部分为胆囊管（图 3－26，图 3－39）。

2. 输胆管道 是将胆汁输送到十二指肠的管道，可分为肝内和肝外两部分。肝内胆道包括胆小管和小叶间胆管。肝外胆道包括肝左管、肝右管、肝总管、胆囊和胆总管。胆小管先合成小叶间胆管，小叶间胆管逐渐聚合，分别形成肝左管和肝右管，两管出肝门后聚合为肝总管，肝总管与下行的胆囊管汇合形成胆总管。

胆总管在肝十二指肠韧带内下行，经十二指肠上部后方下降至胰头与十二指肠降部之间，斜穿十二指肠降部中份的后内侧壁与胰管汇合，形成膨大的肝胰壶腹，开口于十二指肠大乳头。肝胰壶腹周围有环行平滑肌增厚，形成肝胰壶腹括约肌，可控制胆汁和胰液的排出。

二、胰

胰是人体第二大消化腺，既有外分泌功能，又有内分泌功能。

（一）胰的位置和形态

胰位于胃的后方，位置较深，约在第 1～2 腰椎水平横贴于腹后壁，是腹膜外位器官。其质地柔软，呈灰红色，可分为头、体、尾 3 部分。右端的胰头膨大被十二指肠环抱，中部的胰体呈三棱形，左端的胰尾较细，伸向脾门。胰的实质内有一条从胰尾走向胰头的胰管，沿途有许多小管汇入，胰管在十二指肠降部与胆总管汇合成肝胰壶腹（图 3－26）。

（二）胰的微细结构

胰表面有结缔组织被膜，其深入胰的实质，将胰分隔成许多小叶。小叶内可分为外分泌部和内分泌部。外分泌部占胰组织的大部分，腺细胞分泌胰液，含有多种消化酶，对消化食物起重要作用。

内分泌部又称胰岛，主要由 A、B、D 三种内分泌细胞组成。A 细胞分泌胰高血糖素，可促进肝糖原分解，使血糖升高；B 细胞分泌胰岛素，可促进血糖转化为糖原，使血糖降低；D 细胞分泌生长抑素，以调节 A、B 细胞的分泌功能（图 3－46）。

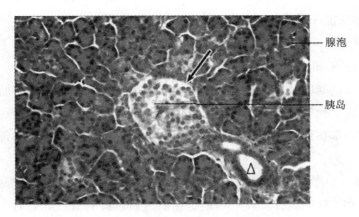

图 3-46 胰的微细结构

腺泡

胰岛

第四节 腹 膜

一、腹膜及腹膜腔的概念

腹膜属于浆膜，薄而光滑，被覆于腹、盆腔壁内面和腹、盆腔脏器的外表面。其中腹、盆腔壁内面的部分称壁腹膜；覆于腹盆腔脏器外表面的部分称脏腹膜。两层腹膜互相移行共同围成一个不规则的潜在间隙称腹膜腔（图 3-47）。男性腹膜腔是封闭的，女性腹膜腔借输卵管、子宫、阴道与外界相通。

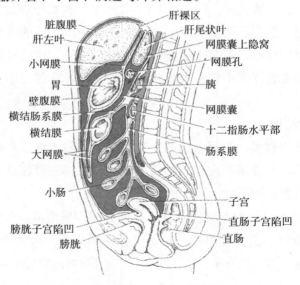

脏腹膜　　　　　　　肝裸区
肝左叶　　　　　　　肝尾状叶
小网膜　　　　　　　网膜囊上隐窝
　　　　　　　　　　网膜孔
胃　　　　　　　　　胰
壁腹膜　　　　　　　网膜囊
横结肠系膜　　　　　十二指肠水平部
横结膜　　　　　　　肠系膜
大网膜
小肠　　　　　　　　子宫
　　　　　　　　　　直肠子宫陷凹
膀胱子宫陷凹　　　　直肠
膀胱

图 3-47 腹膜的配布（矢状切面）

腹腔与腹膜腔是两个不同的概念。腹腔是盆膈以上由腹壁和膈围成的腔；而腹膜腔是壁、脏腹膜间的潜在间隙，内仅含腹膜分泌的少量浆液，腹腔内的器官实际均位于腹膜腔外。

腹膜有分泌、吸收、保护、支持、修复和防御等功能。浆液能减少器官运动时相互的摩擦。

二、腹膜与脏器的关系

根据腹、盆腔脏器被腹膜包被的程度，可将腹、盆腔器官分为 3 种类型（图3－48）。

（一）腹膜外位器官

表面仅一面被腹膜覆盖的器官，如十二指肠降部和水平部、肾、肾上腺、输尿管、胰等，这类器官几乎不能活动。

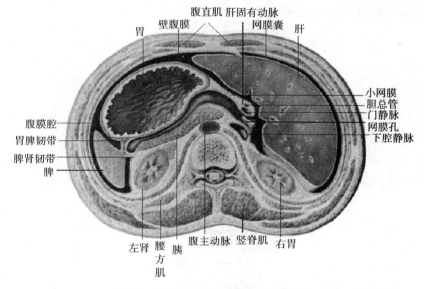

图 3－48　腹膜通过网膜孔的横切面

（二）腹膜间位器官

表面大部分被腹膜覆盖的器官，如升结肠、降结肠、肝、子宫、充盈的膀胱等，这类器官的活动度较小。

（三）腹膜内位器官

表面几乎都被腹膜覆盖的器官，如胃、空肠、回肠、盲肠、阑尾、横结肠、乙状结肠、脾、卵巢和输卵管等，这类器官活动性最大。

了解腹膜和器官的位置关系，可对腹腔手术的路径加以选择，尽量不要打开腹膜腔，以避免手术时引起腹膜腔感染等并发症。

三、腹膜形成的主要结构

腹膜由腹、盆壁内面移行于脏器表面或由一个脏器移行至另一个脏器的过程中，形成韧带、系膜、网膜和陷凹等结构（图3-49，图3-50）。

（一）韧带

是连于腹、盆壁与脏器或脏器之间的腹膜结构，对固定脏器有一定的作用。主要包括镰状韧带、肝圆韧带、冠状韧带等。

（二）系膜

系膜是壁腹膜和脏腹膜相互移行所形成的将肠管连至腹、盆壁的双层腹膜结构，如肠系膜、横结肠系膜、乙状结肠系膜和阑尾系膜等（图3-49）。

（三）网膜

网膜包括大网膜和小网膜等（图3-50）。

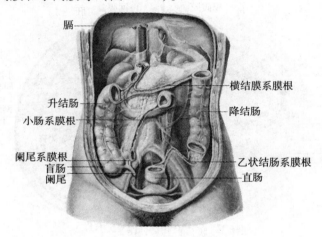

图3-49 系膜

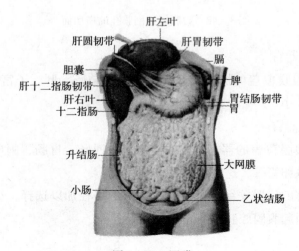

图3-50 网膜

1. 小网膜 是连于肝门至胃小弯和十二指肠上部之间的双层腹膜结构。其中，肝门至胃小弯之间的腹膜称肝胃韧带；肝门至十二指肠上部之间的腹膜称肝十二指肠韧带，内有胆总管、肝固有动脉和肝门静脉等。

2. 大网膜 是连于胃大弯和横结肠之间的 4 层腹膜结构，呈围裙状悬垂在横结肠和小肠的前方，内有脂肪、血管和淋巴管等。大网膜有重要的防御功能，当腹腔器官有炎症时，能向病变处移动，将病灶包裹，限制炎症的蔓延，在手术中可依据此特点探查病变的部位。小儿的大网膜较短，当下腹部器官病变，不易被大网膜包裹，常造成弥散性腹膜炎。

（四）陷凹

陷凹是腹膜在盆腔脏器之间移行所形成的凹陷（图 3 – 47）。男性在膀胱与直肠之间有直肠膀胱陷凹。女性在膀胱与子宫之间有膀胱子宫陷凹；直肠与子宫之间有直肠子宫陷凹。站立或半卧位时，这些陷凹的位置是腹膜腔最低部位，故腹膜腔内积液时容易在这些陷凹内积存，临床上可进行直肠穿刺或阴道后穹隆穿刺进行诊断和治疗。

一、选择题

（一）A₁ 型题

1. 腮腺管开口于：

    A. 平对上颌第 2 前磨牙的颊黏膜处   B. 平对上颌第 3 磨牙的颊黏膜处

    C. 平对上颌第 2 磨牙牙冠的颊黏膜处   D. 平对下颌第 2 磨牙的颊黏膜处

    E. 平对下颌第 3 前磨牙的颊黏膜处

2. 肛管黏膜与皮肤的分界标志是：

    A. 白线   B. 肛梳   C. 直肠横襞   D. 肛柱   E. 齿状线

3. 肝的基本结构单位是：

    A. 中央静脉   B. 肝血窦   C. 肝索   D. 肝小叶   E. 肝板

4. 不属于肝门管区结构的是：

    A. 小叶间动脉   B. 小叶下静脉   C. 小叶间胆管

    D. 小叶间静脉   E. 小叶间结缔组织

5. 十二指肠溃疡及穿孔的好发部位是：

    A. 十二指肠球   B. 十二指肠降部   C. 十二指肠水平部

    D. 十二指肠升部   E. 十二指肠空肠曲

6. 肝下面右侧纵沟前部容纳的器官是：

    A. 肝门静脉   B. 肝圆韧带   C. 静脉韧带   D. 下腔静脉   E. 胆囊

7. 肝胰壶腹开口于：

    A. 十二指肠上部   B. 十二指肠降部   C. 十二指肠水平部

    D. 十二指肠升部   E. 十二指肠空肠曲

8. 属于腹膜外位器官的是：

    A. 输尿管   B. 肝   C. 子宫   D. 胃   E. 空肠

9. 胃中等充盈时大部分位于：

    A. 腹上区   B. 脐区   C. 左季肋区   D. 右季肋区   E. 腹下区

10. 没有结肠带的肠管是：

    A. 横结肠   B. 升结肠   C. 乙状结肠   D. 直肠   E. 盲肠

（二）A_2 型题

11. 一男性病人，60 岁。平时喜欢吃热烫的食物，近期感觉食管内有异物卡住，进食和咽口水胸疼明显。去医院镜检发现食管的第 3 个狭窄处有一肿物，进一步检查诊断为食管癌。请问食管的第 3 个狭窄距中切牙的距离是：

    A. 15cm   B. 25cm   C. 30cm   D. 40cm   E. 50cm

12. 患者男，40 岁。1h 前无明显诱因出现腹痛，开始时为全腹疼痛，后逐渐转为右下腹持续性疼痛，恶心，伴有发热、冷汗。医生检查时发现右下腹麦氏点压痛明显，有反跳痛，进一步检查诊断为急性化脓性阑尾炎。请问麦氏点的位置是：

    A. 脐与耻骨联合连线中、下 1/3 交界处

    B. 脐与左髂前上棘连线中、外 1/3 交界处

    C. 脐与右髂前上棘连线中、外 1/3 交界处

    D. 脐与右髂前上棘连线内、中 1/3 交界处

    E. 脐与左髂前上棘连线内、中 1/3 交界处

13. 患者，男性，16 岁，因牙痛数日而来医院就诊。检查发现左下颌第 2 前磨牙有龋洞。请问，临床上正确表达此牙的牙式是：

    A. ⌐5   B. ⌐Ⅴ   C. 5⌐   D. Ⅵ⌐   E. ⌐5

（三）X 型题

14. 与咽直接相通的是：

    A. 鼓室   B. 口腔   C. 食管   D. 喉腔   E. 鼻腔

15. 下列有关黏膜上皮的搭配正确的是：

    A. 口腔——复层扁平上皮   B. 食管——复层扁平上皮

    C. 胃——单层柱状上皮   D. 小肠——单层柱状上皮

    E. 大肠——复层扁平上皮

16. 能增加大小肠表面积的结构是：

A. 皱襞 　　B. 绒毛 　　C. 系膜 　　D. 纤毛 　　E. 微绒毛

17. 胆囊的描述正确的是:
    A. 位于肝下面的胆囊窝内 　　B. 能分泌胆汁
    C. 呈梨形 　　D. 分为底、体、颈、管4部
    E. 胆囊管与胰管合成肝胰壶腹

18. 关于胰的描述,不正确的是:
    A. 位于肝的后方 　　B. 属于腹膜内位器官
    C. 平对第4～5腰椎水平 　　D. 胰尾伸向脾门
    E. 左侧膨大为胰头

二、简答题

1. 简述阑尾根部的体表投影。

2. 写出胆汁的产生和排出途径。

3. 大唾液腺有哪些?其导管开口于何处?

4. 食管3处狭窄各位于何处?距中切牙各是多少?

实验指导

实验七 消化系统各器官的形态位置观察

【实验目的】

1. 在标本、模型上通过观察熟练掌握 消化管各器官的位置、主要毗邻关系、形态特点和重要结构；消化腺的位置、形态；肝的体表投影；腹膜腔及腹膜形成的主要结构。

2. 在活体通过观察熟练辨认 咽峡、腭扁桃体等口腔结构；活体触摸胃的位置、阑尾根部和胆囊底的体表投影。

【实验材料】

消化系统概观标本和模型。腹腔解剖标本。人体半身模型。头颈部正中矢状切面标本和模型。各类牙的标本和模型。消化管各段离体切开标本。腹膜标本和模型。男、女盆腔正中矢状切面标本和模型。肝的离体标本。肝、胆、胰和十二指肠标本。

【实验内容和方法】

1. 消化管

口腔：观察人中，鼻唇沟，腮腺导管的开口，腭垂，腭扁桃体，咽峡，舌和牙的形态和结构，第 3 磨牙后间隙。

食管：食管的位置、毗邻、狭窄部位及其距中切牙的距离。

胃：位置、形态、分部，胃的黏膜、皱襞、胃小凹。

小肠：位置、分部，十二指肠的分部，十二指肠大乳头，胆总管的开口。

大肠：分部，各部的位置、形态和连通关系；结肠的特征结构；3 条结肠带与阑尾根部的关系；直肠的毗邻和弯曲，直肠横襞与肛门的距离；肛管内的主要结构。

活体确认阑尾根部的体表投影。

2. 消化腺

唾液腺：3 对大唾液腺的位置和导管的开口。

肝和胰：肝的位置和形态。胰的位置、分部、胰管的开口。

胆囊与输胆管道：胆囊的位置、分部，胆囊底的体表投影。胆道的组成。

在活体上标出肝下界和胆囊底的投影。

3. 腹膜 观察腹膜腔，肝镰状韧带，大、小网膜的位置、形态，各系膜的位置，直肠膀胱陷凹和直肠子宫陷凹、膀胱子宫陷凹。

实验八 消化系统主要器官微细结构的观察

【实验目的】

学会在显微镜镜下观察消化管壁的 4 层结构；食管、胃、小肠、肝、胰的微细结构。

【实验材料】

（1）食管、胃、空肠、肝、胰的组织切片。

（2）消化管、肝小叶模型。

【实验内容和方法】

1. 食管横切片（HE 染色）

（1）肉眼观察 管腔呈不规则的环形。

（2）低倍镜观察 由管腔自内向外依次辨认食管壁的 4 层结构，即黏膜、黏膜下层、肌层和外膜，注意观察各层结构的特点。

2. 胃底切片（HE 染色）

（1）肉眼观察 染成紫蓝色的部分为黏膜。

（2）低倍镜观察 ①黏膜，单层柱状上皮，固有层内有大量的胃底腺；②黏膜下层，染色较浅，为疏松结缔组织，内含血管和神经；③肌层，较厚，由 3 层平滑肌构成；④外膜，为浆膜。

（3）高倍镜观察 观察胃底腺，辨认主细胞和壁细胞。①主细胞，数量较多，细胞核圆形位于基底部，细胞质嗜碱性呈淡蓝色；②壁细胞，细胞较大，呈圆形或锥体形，细胞核圆形位于中央，细胞质嗜酸性呈红色。

3. 空肠纵切片（HE 染色）

（1）肉眼观察 切片呈长条状，凹凸不平染成淡紫红色的部分为黏膜。

（2）低倍镜观察 黏膜表面有许多指状突起为绒毛，固有层含有肠腺和淋巴组织。黏膜下层为疏松结缔组织，含有血管和神经。肌层由内环外纵两层平滑肌构成。外膜为浆膜。

（3）高倍镜观察　绒毛的表面由单层柱状上皮细胞和少量杯状细胞构成，柱状细胞游离面可见纹状缘。绒毛的固有层含有毛细血管和散在的平滑肌。绒毛的中轴常可见中央乳糜管。

4. 肝切片（HE 染色）

（1）低倍镜　观察肝的被膜和肝小叶，辨认中央静脉、肝索、肝血窦及肝门管区。

（2）高倍镜　①肝小叶，呈多边形，中部有中央静脉。肝索由肝细胞构成，肝细胞呈多边形。细胞核圆形，1 个或 2 个，位于细胞中央，核仁明显。肝血窦位于肝索之间；②肝门管区，由结缔组织构成，其中的小叶间胆管的管腔小，管壁由单层立方上皮构成。小叶间动脉管腔小而圆，管壁厚，有少量染成红色的环行平滑肌。小叶间静脉管腔大而不规则，管壁薄，着色较浅。

在低倍镜下绘肝小叶和肝门管区图，注明中央静脉、肝索、肝血窦、小叶间动脉、小叶间静脉、小叶间胆管。

5. 示教　胆小管和胰岛。

（赵　永）

呼吸系统 /// 第四单元

要点导航

◎ **学习要点**

　　掌握呼吸系统的组成、气管与主支气管的位置、分部及形态，肺的位置与形态，胸膜与胸膜腔的概念；熟悉鼻、喉的结构，肺的微细结构，胸膜的分部及胸膜隐窝；了解肺的血管分布，胸膜下界与肺下界的体表投影，纵隔的概念和分部。

◎ **技能要点**

　　学会观察呼吸系统的组成、气管与主支气管、肺的形态位置；学会辨认气管与肺的微细结构。

　　呼吸系统由呼吸道和肺组成（图4-1）。呼吸道是运输气体的通道，包括鼻、咽、喉、气管、主支气管和肺内各级支气管。临床上通常把鼻、咽、喉称上呼吸道，气管和主支气管及其分支称下呼吸道。肺是气体交换的场所。呼吸系统的主要功能是进行气体交换，即吸入氧气，呼出二氧化碳。

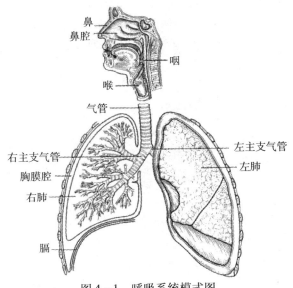

图4-1　呼吸系统模式图

第一节 呼 吸 道

一、鼻

鼻是呼吸道的起始部，也是嗅觉器官，并辅助发音，分为外鼻、鼻腔和鼻旁窦3部分。

（一）外鼻

外鼻由骨和软骨作支架，外覆皮肤和少量皮下组织。外鼻位于面部中央，上端狭窄，突于两眶之间，称鼻根，向下延伸为鼻背，末端为鼻尖，鼻尖的两侧扩大为鼻翼。鼻翼在平静呼吸的情况下，无显著活动，呼吸困难的病人，鼻翼可出现明显的扇动。外鼻的下方有一对鼻孔。

（二）鼻腔

鼻腔由骨和软骨作为支架，内面衬以黏膜和皮肤构成。鼻中隔将鼻腔分为左、右两腔，每腔向前经鼻孔与外界相通，向后经鼻后孔与鼻咽相通。每侧鼻腔均分为前、后两部，分别为鼻前庭和固有鼻腔，两者以鼻阈为界（图4-2，图4-3）。

1. 鼻前庭　为鼻翼所围成的空腔，内面衬以皮肤，生有粗硬的鼻毛，有过滤灰尘的作用。由于该处缺乏皮下组织，故发生疖肿时，疼痛较为剧烈。

2. 固有鼻腔　位于鼻腔后上部，为鼻腔的主要部分，为骨性鼻腔内衬黏膜而成，外侧壁自上而下可见突向鼻腔的上、中、下3个鼻甲，每个鼻甲的下方各有一裂隙，分别称上鼻道、中鼻道和下鼻道。在上鼻甲的后上方有一凹陷称蝶筛隐窝。下鼻道前部有鼻泪管的开口。

固有鼻腔的黏膜按生理功能分为嗅区和呼吸区。位于上鼻甲和与其相对的鼻中隔上部的鼻黏膜，活体呈淡黄色，内含嗅细胞，称嗅区。其余部分黏膜，活体呈淡红色，称呼吸区。鼻中隔前下部的黏膜薄而富含血管，是鼻出血的好发部位，临床上称易出血区（Little区）。

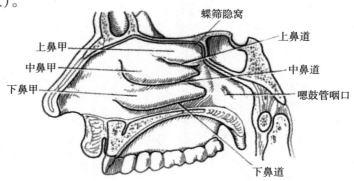

图4-2　鼻腔外侧壁（右侧）

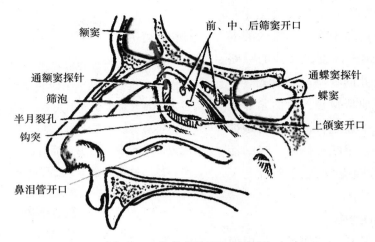

图4-3　鼻旁窦的开口（右侧）

（三）鼻旁窦

鼻旁窦由骨性鼻旁窦衬以黏膜而成，共有4对，即上颌窦、额窦、筛窦和蝶窦，都开口于鼻腔（图4-3，图4-4）。其中上颌窦、额窦和筛窦的前、中群开口于中鼻道；筛窦后群开口于上鼻道；蝶窦开口于蝶筛隐窝。鼻旁窦可调节吸入空气的温、湿度，并对发音起共鸣的作用。

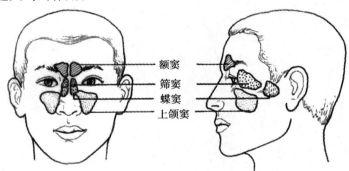

图4-4　鼻旁窦的体表投影

二、咽

见第三单元消化系统。

三、喉

喉既是呼吸道的组成部分，又是发音的器官。

（一）喉的位置

喉位于颈前部中份，成年人的喉约在第3~6颈椎高度，女性的喉略高于男性，小儿的喉略高于成人。喉前面被舌骨下肌群覆盖，后面紧邻喉咽，上接咽，下连气管，两侧为颈部大血管、神经及甲状腺侧叶。喉的活动性较大，可随吞咽或发音而上下移动。

（二）喉的结构

喉以软骨及其连结作支架，内面衬以黏膜，外面附以喉肌而成。

1. 喉软骨 喉软骨主要有甲状软骨、环状软骨、会厌软骨和杓状软骨4种（图4-5，图4-6）。

> **护理应用**
>
> 鼻旁窦所衬黏膜经各鼻旁窦开口与鼻腔黏膜相互延续，故当上呼吸道感染时，常可蔓延至各鼻旁窦而引起鼻旁窦炎。其中上颌窦是鼻旁窦中最大的一对，因其开口位置明显高于窦底，当患炎症时，分泌物不易排出，故上颌窦的慢性炎症较多见。
>
> 上颌窦体位引流术是通过摆放适当的体位，引流上颌窦内脓性分泌物的方法。病人取侧卧位，患侧在上，然后采取足高头低法，使上颌窦底慢慢抬高，窦口降低，并轻轻晃动病人头部，促使分泌物排出。

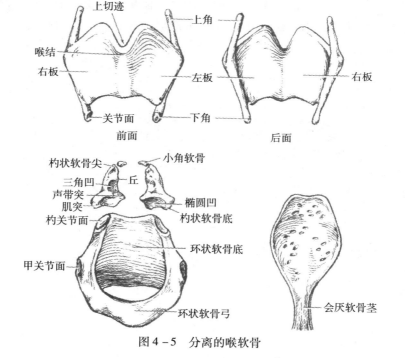

图4-5 分离的喉软骨

（1）甲状软骨 位于舌骨的下方，是最大的一块喉软骨。由两块甲状软骨板在前方中线处愈合而成。愈着部称前角，其上份凸向前方称喉结，在成年男性尤为明显。甲状软骨板后缘游离并向上、下发出上角和下角。甲状软骨借甲状舌骨膜与上方的舌骨相连。

（2）环状软骨 位于甲状软骨的下方，是喉软骨中唯一完整的软骨环。环状软骨前窄后宽，形似指环，前部低窄称环状软骨弓，后部高阔称环状软骨板。后方平对第6

颈椎，是重要的体表标志。

（3）会厌软骨 位于舌根的后下方，形似树叶，上宽下窄，下端附于甲状软骨前角内面的上部。会厌软骨的前、后面均由黏膜被覆合称会厌。吞咽时，喉上提，会厌盖住喉口，阻止食物误入喉腔。

（4）杓状软骨 成对，略呈锥体形，位于环状软骨板上缘两侧。

2. 喉的连结

（1）环甲关节 由甲状软骨下角和环状软骨板侧部构成，甲状软骨在冠状轴上可作前倾和复位运动，使声韧带紧张或松弛。

（2）环杓关节 由杓状软骨和环状软骨板上缘构成，杓状软骨可沿垂直轴作旋转运动，从而缩小或开大声门裂。

（3）弹性圆锥 是上窄下宽的圆锥形膜状结构，其上缘游离，紧张于甲状软骨前角后面与杓状软骨之间，称声韧带，是声带的基础、发音的主要结构（图4-6，图4-7）。

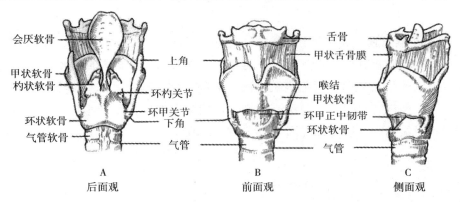

图4-6 喉软骨连结

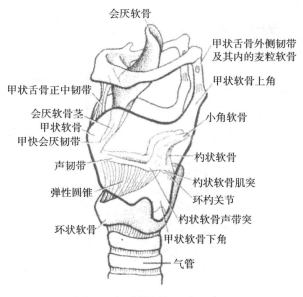

图4-7 弹性圆锥（侧面观）

3. 喉肌　为数块细小的骨骼肌，附着于喉软骨周围，是发音的动力器官（图4-8）。

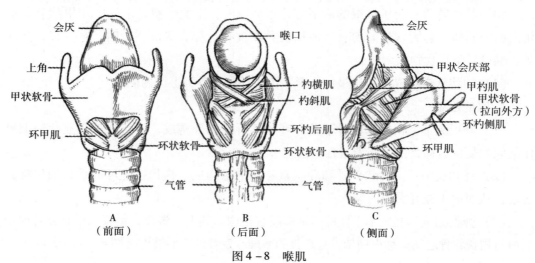

图 4-8　喉肌

4. 喉腔及喉黏膜　喉腔向上通喉咽，向下通气管，其入口称喉口。喉腔内衬黏膜，与咽和气管的黏膜相延续，在其侧壁上有上、下两对矢状位的黏膜皱襞，上方的一对称前庭襞，活体呈粉红色，两前庭襞之间的裂隙，称前庭裂，下方的一对称声襞，活体颜色较白，两声襞之间的裂隙称声门裂，声门裂是喉腔内最狭窄的部位，气流通过声门裂时通过振动声带而发音（图4-9，图4-10）。

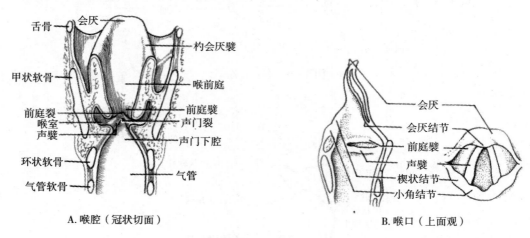

图 4-9　喉腔与喉口

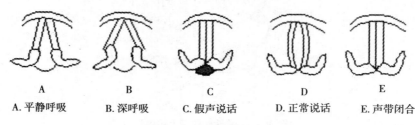

图 4-10　声门裂的变化

喉腔借两对皱襞分为 3 部分：喉口至前庭裂之间的部分称喉前庭；前庭裂和声门裂之间的部分称喉中间腔；声门裂以下为声门下腔，此处黏膜下组织疏松，炎症时易发生水肿，导致呼吸困难。

四、气管与主支气管

（一）气管

气管位于颈前部正中，上接环状软骨，向下经胸廓上口入胸腔，以胸骨的颈静脉切迹为界，分为颈、胸两部（图 4－11），行至胸骨角平面分为左、右主支气管，分叉处称气管杈，气管杈内面有向上突的纵嵴，称气管隆嵴（图 4－12），是支气管镜检查的定位标志。气管由 14～17 个 "C" 形的气管软骨及连接各软骨之间的结缔组织构成，其后方的缺口由平滑肌和结缔组织封闭。临床上常选择在第 3～5 气管软骨环处进行气管切开术。

> **护理应用**
>
> 急性喉梗阻是指喉部病变致喉腔急性狭窄或梗阻所引起的呼吸困难。多见于儿童，常由喉部炎症、过敏、外伤、异物、痉挛等引起。急性喉梗阻的急救可采用气管切开术，在无条件时，可先行环甲膜切开或穿刺，建立临时气体通道，争取抢救时间。

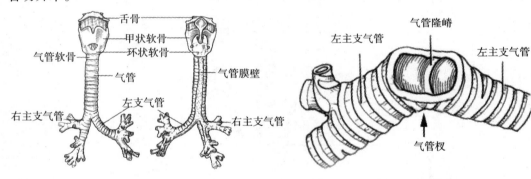

图 4－11　气管与主支气管　　　　　图 4－12　气管隆嵴

（二）主支气管

主支气管左、右各一，从气管分出后，行向下外，分别经左、右肺门进入肺内。左主支气管长、细而较水平；右主支气管短、粗而较垂直。因此，异物容易坠入右主支气管。

（三）气管和主支气管的微细结构

气管和主支气管管壁从内向外依次由黏膜、黏膜下层和外膜 3 层构成。黏膜由上皮和固有层构成。上皮为假复层纤毛柱状上皮，上皮内含有大量的杯状细胞。黏膜下层由疏松结缔组织构成。外膜由 "C" 形透明软骨环和结缔组织构成，在软骨缺口处有平滑肌束和致密结缔组织封闭。软骨的作用在于支撑呼吸道使之不易陷闭。

第二节 肺

一、肺的位置和形态

肺位于胸腔内，左右各一，膈的上方、纵隔两侧。新生儿的肺呈淡红色，随着年龄的增长，因吸入的尘埃增多，肺的颜色逐渐变得灰暗甚至呈蓝黑色。肺质软而富有弹性，似海绵状。

每侧肺呈半个圆锥体，左肺狭长，右肺宽短，分为一尖、一底、两面和三缘。肺尖钝圆，高出锁骨内侧 1/3 上方 2～3cm。肺底与膈相邻而向上凹陷，又称膈面。外侧面圆隆，邻接肋和肋间隙，故又称肋面。内侧面与纵隔相邻，又称纵隔面，其中央部凹陷称肺门，有主支气管、血管、淋巴管和神经等结构出入，这些出入肺门的结构被结缔组织包绕，称肺根。肺的前缘和下缘薄而锐利，左肺前缘下部有一弧形凹陷，称左肺心切迹。肺的后缘圆钝，与脊柱相邻（图 4-13）。

左肺有一条由后上斜向前下方的斜裂，将左肺分为上叶和下叶。右肺除有与左肺相应的斜裂外，尚有一水平裂，斜裂和水平裂将右肺分为上叶、中叶和下叶。

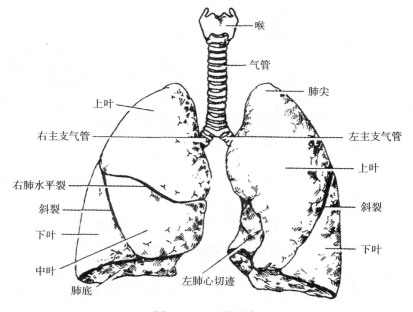

图 4-13 肺的形态

二、肺内支气管和支气管肺段

在肺门处，左、右主支气管的分支进入相应肺叶形成肺叶支气管；肺叶支气管再分支形成肺段支气管。全部各级支气管在肺内反复分支呈树枝状，称支气管树。每一肺段支气管的分支及其所属的肺组织，构成一个支气管肺段，简称肺段。肺段呈锥体状，尖朝向肺门，底朝向肺的表面。每侧肺有 10 个肺段，结构、功能相对独立，临床上可据此在肺段上作定位诊断及肺段切除术（图 4 – 14）。

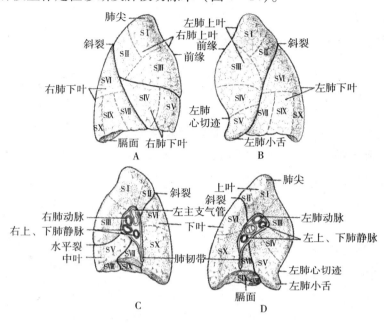

A. 右肺外侧面　　B. 左肺外侧面　　C. 右肺内侧面　　D. 左肺内侧面

图 4 – 14　肺的外形和肺段

三、肺的微细结构

肺表面被覆浆膜，为胸膜的脏层。肺的组织结构分两大部分，即肺实质和肺间质，前者由肺内各级支气管及其相连的肺泡构成，后者为肺内的结缔组织、血管、淋巴管和神经等。

肺实质根据各部功能，又可分为导气部和呼吸部。

（一）导气部

导气部是肺内传送气体的管道，无交换气体的功能。依次包括肺叶支气管、肺段支气管、小支气管、细支气管、终末细支气管（图 4 – 15）。

每一条细支气管连同它的各级分支及其所属的肺泡，称肺小叶。肺小叶呈锥体形，其尖端朝向肺门，底面向着肺表面。

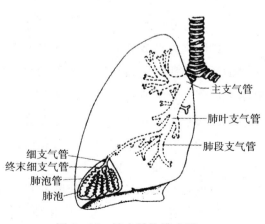

图 4 – 15　肺内结构模式图

临床上小叶性肺炎系指肺小叶范围内的病变。

（二）呼吸部

肺呼吸部包括呼吸性细支气管、肺泡管、肺泡囊和肺泡（图4-15，图4-16），具有气体交换功能。

1. 呼吸性细支气管 呼吸性细支气管是终末细支气管的分支，但管壁上连着少量肺泡。

2. 肺泡管 肺泡管是呼吸性细支气管的分支，其管壁自身的结构仅在相邻肺泡开口之间保留少许，呈结节状膨大。

3. 肺泡囊 肺泡囊与肺泡管相连，是几个肺泡共同开口处。

4. 肺泡 肺泡是气体交换的主要场所，呈囊泡状，开口于肺泡囊、肺泡管和呼吸性细支气管的管壁。肺泡壁菲薄，由单层肺泡上皮细胞和基膜组成。相邻肺泡之间有少量结缔组织。肺泡上皮是单层上皮，由Ⅰ型、Ⅱ型肺泡细胞共同组成（图4-17）。

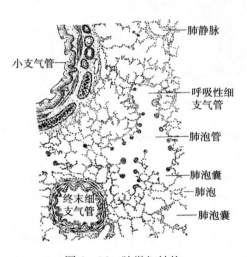

图4-16　肺微细结构

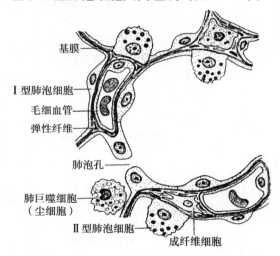

图4-17　肺泡结构

（1）Ⅰ型肺泡细胞　细胞扁平，覆盖肺泡的大部分表面，是进行气体交换的部位。

（2）Ⅱ型肺泡细胞　数量少，位于Ⅰ型肺泡细胞之间，细胞立方形或圆形。Ⅱ型肺泡细胞能分泌磷脂类表面活性物质，覆盖于肺泡腔的内表面，具有降低肺泡表面张力，维持肺泡形态稳定的作用。

肺泡与肺泡之间的薄层结缔组织称肺泡隔，内含丰富的毛细血管、大量的弹性纤维和散在的巨噬细胞等。肺泡隔的毛细血管紧贴肺泡上皮，两者在气血交换中具有重要作用；弹性纤维使肺泡具有良好的回缩力；肺巨噬细胞吞噬大量的尘埃颗粒后，称尘细胞。相邻肺泡之间有小孔相通，称肺泡孔，有利于气体交

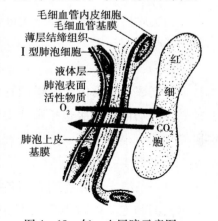

图4-18　气-血屏障示意图

换。肺泡腔内的气体与血液之间进行气体交换所通过的结构称气－血屏障，又称呼吸膜。气－血屏障包括肺泡表面液体层、肺泡上皮与基膜、薄层结缔组织、毛细血管基膜与内皮细胞等结构（图4－18）。

四、肺的血管

肺的血管根据功能和来源可分为组成肺循环的肺动、静脉以及属于体循环的支气管动、静脉。前者为肺的功能血管；后者为肺的营养血管。

第三节 胸 膜

一、胸膜与胸膜腔的概念

胸膜是由间皮和薄层结缔组织构成的浆膜，可分为壁胸膜和脏胸膜。胸膜的脏、壁两层在肺根周围相互移行，围成完全封闭的胸膜腔。正常胸膜腔为负压，内有少量浆液，可减少呼吸时胸膜间的摩擦。

二、胸膜的分部及胸膜隐窝

脏胸膜贴附于肺的表面。壁胸膜因贴附部位不同可分为4部分：①胸膜顶，覆盖在肺尖上方；②纵隔胸膜，贴附于纵隔的两侧面；③膈胸膜，贴附于膈的上面；④肋胸膜，贴附于肋骨与肋间肌内面（图4－19）。

壁胸膜相互转折移行处的胸膜腔，即使深吸气时肺缘也不能伸入其内，将这些部位统称胸膜隐窝，其中肋胸膜和膈胸膜转折处形成肋膈隐窝，是站立位时胸膜腔的最低点，胸膜腔积液首先积聚于此。

三、肺下界与胸膜下界的体表投影

1. 肺下界的体表投影 在平静呼吸时，两肺下缘各沿同侧第6肋软骨向外后走行，在锁骨中线处与第6肋相交，在腋中线处与第8肋相交，在肩胛线处与第10肋相交，在后正中线处终于第11胸椎棘突的外侧。深呼吸时，两肺下缘可上、下各移动2~3cm（图4－20）。

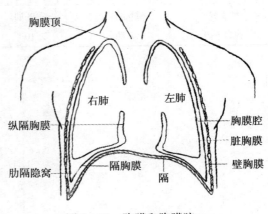

图4－19 胸膜和胸膜腔

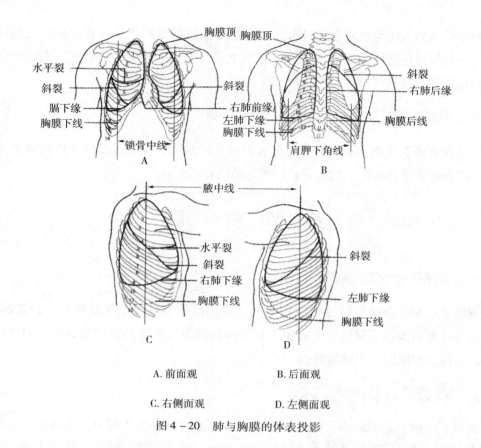

A. 前面观　　　　　　B. 后面观

C. 右侧面观　　　　　D. 左侧面观

图 4 - 20　肺与胸膜的体表投影

2. 胸膜下界的体表投影　胸膜下界为肋胸膜与膈胸膜的转折线，在平静呼吸时，胸膜下界一般比肺下缘低 2 个肋（图 4 - 20，表 4 - 1）。

表 4 - 1　肺下界与胸膜下界的体表投影

	锁骨中线	腋中线	肩胛线	后正中线
肺下界	第 6 肋	第 8 肋	第 10 肋	第 11 胸椎棘突
胸膜下界	第 8 肋	第 10 肋	第 11 肋	第 12 胸椎棘突

护 理 应 用

胸膜炎等疾患可导致胸膜腔内积液，渗出液首先积聚在肋膈隐窝。当穿刺抽液时，通常选择在肩胛线第7~9肋间隙或腋后线7~8肋间隙的下位肋骨的上缘进行，以免损伤肋间血管和神经。

气胸的穿刺部位通常选择在锁骨中线第2肋间隙进行。

第四节 纵 隔

一、纵隔的概念及境界

纵隔是两侧纵隔胸膜之间所有器官和组织的总称。纵隔的前界为胸骨，后界为脊柱胸段，两侧界为纵隔胸膜，上界为胸廓上口，下界为膈。

二、纵隔的分部及内容

纵隔以胸骨角平面为界，分为上纵隔与下纵隔两部分。下纵隔又以心包为界，分为前、中、后纵隔（图4-21）。

1. 上纵隔 主要内容物为胸腺、头臂静脉、上腔静脉、膈神经、迷走神经、喉返神经、主动脉弓及三大分支、气管、食管、胸导管和淋巴结等。

2. 下纵隔 ①前纵隔，位于胸骨与心包之间，内有胸腺下部、部分纵隔前淋巴结等；②中纵隔，位于前、后纵隔之间，内有心包、心、连心的大血管根部、膈神经、主支气管的起始部及淋巴结等；

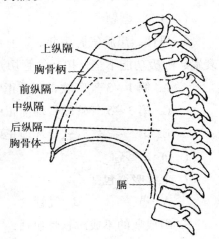

图4-21 纵隔的分部

③后纵隔，位于心包与脊柱之间，内有食管、胸主动脉、主支气管、胸导管、奇静脉、半奇静脉、迷走神经、交感干和淋巴结等。

一、选择题

（一）A₁型题

1. 鼻易出血的部位是：

    A. 鼻中隔上部   B. 鼻中隔前下部   C. 鼻腔外侧壁

    D. 鼻腔内侧壁   E. 以上都不是

2. 气管软骨属于：

    A. 透明软骨   B. 弹性软骨   C. 环状软骨   D. 纤维软骨   E. 以上都不是

3. 喉腔最狭窄的部位：

A. 前庭裂　　B. 声门下腔　　C. 声门裂　　D. 喉中间腔　　E. 喉口

4. 喉炎时容易水肿的部位是：

　　A. 喉口黏膜　　　　B. 喉前庭黏膜　　　　C. 喉中间腔黏膜

　　D. 声门下腔黏膜　　E. 以上都是

5. 右肺：

　　A. 可分 3 叶　　　　B. 只有一条水平裂　　　　C. 较狭长

　　D. 前缘有心切迹　　E. 以上都不是

（二）A$_2$ 型题

6. 男性，患肺气肿多年，2 前被诊断为肺源性心脏病。近日症状加重，出现右心衰竭、呼吸功能不全，拟行气管切开术，具体的切开部位应在：

　　A. 第 1~3 气管软骨环前正中线处　　B. 第 2~4 气管软骨环前正中线处

　　C. 第 3~5 气管软骨环前正中线处　　D. 第 4~6 气管软骨环前正中线处

　　E. 第 5~7 气管软骨环前正中线处

（三）X 型题

7. 上呼吸道包括：

　　A. 鼻　　　　B. 气管　　　　C. 咽　　　　D. 喉　　　　E. 主支气管

8. 组成喉的不成对软骨包括：

　　A. 甲状软骨　　　　B. 环状软骨　　　　C. 会厌软骨

　　D. 杓状软骨　　　　E. 气管软骨

9. 肺的呼吸部包括：

　　A. 终末细支气管　　　　B. 呼吸性细支气管　　　　C. 肺泡管

　　D. 肺泡囊　　　　E. 肺泡

二、简答题

1. 气管异物易坠入哪一侧？为什么？

2. 简述肺的形态和位置。

3. 壁胸膜分为哪几部分？

实验九 呼吸系统主要器官形态结构的观察

【实践目的】

学会：观察呼吸系统的组成，鼻旁窦的部位及开口，喉软骨的组成，喉腔的分部，气管与主支气管的位置、形态及微细结构，肺的位置、形态及微细结构，胸膜的分部、胸膜腔的概念、肋膈隐窝的位置，纵隔的分部和内容。

【实践材料】

1. 标本 呼吸系统概观标本，头颈部正中矢状切面标本，鼻旁窦标本，离体喉标本，气管与主支气管标本，左、右肺标本，胸腔标本，纵隔标本。

2. 模型 呼吸系统概观模型，头颈部正中矢状切面模型，鼻旁窦模型，喉模型，气管与主支气管模型，左、右肺模型，胸腔模型，纵隔模型。

3. 组织切片 气管横切片（HE 染色），肺切片（HE 染色）。

【实践内容和方法】

在呼吸系统概观标本上，观察呼吸系统的组成，注意各器官之间的连通关系。

1. 鼻 在活体上观察外鼻的形态。在头颈正中矢状面标本上，观察鼻腔的位置、形态及结构，指出鼻腔、鼻甲、鼻道、鼻中隔。利用颅骨的各切面鼻旁窦标本观察各鼻旁窦的位置和开口部位。

2. 喉 在活体上观察喉的位置及吞咽时喉的运动。在离体标本、模型上，观察各喉软骨的结构，从喉口至喉腔，观察前庭襞、声襞的位置和形态；比较前庭裂和声门裂的大小。在活体上触摸甲状软骨、喉结、环状软骨。

3. 气管与主支气管 在气管与主支气管标本上观察气管与主支气管的形态，比较左、右主支气管的差异，分析异物易坠入右主支气管的原因。

4. 肺 取左、右肺标本、模型，左右对比，观察肺的形态、裂隙及其分叶。在切除胸前壁的半身标本上，观察肺的位置。

5. **胸膜与纵隔** 取胸腔解剖标本，观察胸膜的分部和各部的转折关系，理解胸膜腔的概念，指出肋膈隐窝；取纵隔标本，指出纵隔的境界和内容。辨认肺及胸膜下界的体表投影，在自己胸部指出各个部位的投影点。

6. **气管横切片（HE 染色）**

（1）**肉眼观察** 标本呈环形，管壁内浅蓝色的部分为气管软骨。

（2）**低倍镜观察** 靠近管腔呈淡紫红色区域为黏膜层。黏膜层与软骨之间淡红色的区域为黏膜下层。软骨及外周的结构为外膜。

（3）**高倍镜观察** ①黏膜层，上皮为假复层纤毛柱状上皮，染成淡紫红色，纤毛清晰，上皮内夹有杯状细胞，靠近上皮外周染成粉红色的为固有层；②黏膜下层，为疏松结缔组织，内有许多腺体和血管的切面，此层与固有层无明显分界；③外膜，由透明软骨和结缔组织构成，软骨缺口处可见平滑肌束和结缔组织。

7. **肺切片（HE 染色）**

（1）**肉眼观察** 结构疏松呈蜂窝状，其中较大的腔隙为血管和支气管的断面。

（2）**低倍镜观察** 肺实质中可见许多染色较深、大小不等、形态不规则的泡状结构，为肺泡的断面。肺泡之间的结缔组织为肺泡隔。在肺泡间可见一些细小的支气管断面。细支气管管腔小，管壁已无软骨；呼吸性细支气管管壁不完整，与肺泡和肺泡管相连。

（3）**高倍镜观察** 细支气管管壁无软骨，上皮为单层柱状上皮，上皮外周可见一薄层环形平滑肌。呼吸性细支气管管壁不完整，管腔与肺泡管相通，上皮为单层立方状，上皮外周有少量结缔组织和平滑肌。肺泡管连通由许多肺泡构成的肺泡囊；肺泡壁极薄，上皮细胞不明显；肺泡隔中可见许多毛细血管断面及少许形态不规则的巨噬细胞或尘细胞。

（张维烨）

泌尿系统

◎ **学习要点**

　　掌握泌尿系统的组成，肾的形态、位置及肾剖面结构和女性尿道的结构特点；熟悉肾的被膜、肾的微细结构，输尿管、膀胱的形态、位置；了解肾的血液循环。

◎ **技能要点**

　　学会观察泌尿系统各器官的形态、位置和结构。

　　泌尿系统由肾、输尿管、膀胱和尿道组成。肾产生尿液经输尿管输送到膀胱暂时贮存，最后经尿道排出体外（图 5 - 1）。

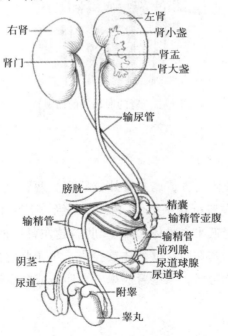

图 5 - 1　男性泌尿生殖系统

第一节 肾

肾是人体最重要的排泄器官之一，主要功能是通过产生尿液，排出机体新陈代谢中产生的代谢终产物（如尿素、尿酸等）和多余的水分与无机盐，调节机体的水、电解质和酸碱平衡，保持人体内环境的相对稳定。

一、肾的形态

肾是成对的实质性器官，形似蚕豆。新鲜肾呈红褐色，质地柔软，表面光滑。肾可分为上、下两端，前、后两面，内、外两缘。上端宽薄，下端窄厚；前面较凸，后面平坦；外侧缘隆凸，内侧缘中部凹陷，是肾的血管、淋巴管、神经和肾盂等出入的部位，称肾门。出入肾门的诸结构被结缔组织包裹总称肾蒂。右侧肾蒂较左侧者短，故右肾的手术难度较大（图5-2）。

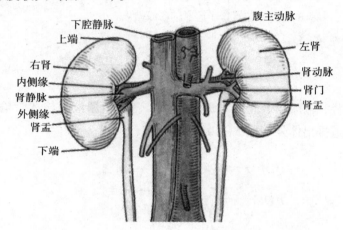

图5-2 肾的形态（前面观）

二、肾的位置

肾位于脊柱两侧，腹膜后方，属腹膜外位器官。两肾上端相距较近，下端稍远，略呈"八"字形排列。左肾上端平第11胸椎体下缘，下端平第2腰椎体下缘；右肾由于受肝的影响，较左肾低半个椎体。第12肋斜越左肾后面的中部，右肾后面的上部。肾门约平第1腰椎，其在腹后壁的体表投影，位于竖脊肌外侧缘与第12肋相交所形成的夹角处，临床称肾区，某些肾病患者，叩击或触压该区可引起疼痛（图5-3，图5-4）。

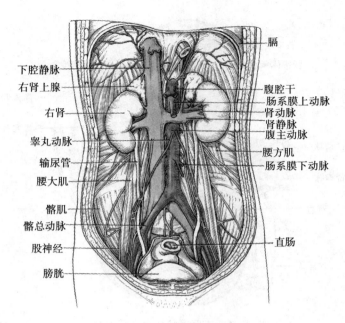

图 5-3 肾的位置前面观

左侧标注（从上到下）：下腔静脉、右肾上腺、右肾、睾丸动脉、输尿管、腰大肌、髂肌、髂总动脉、股神经、膀胱

右侧标注（从上到下）：膈、腹腔干、肠系膜上动脉、肾动脉、肾静脉、腹主动脉、腰方肌、肠系膜下动脉、直肠

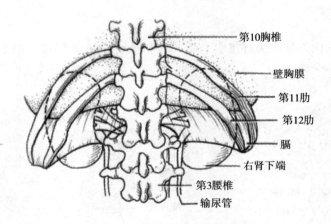

图 5-4 肾的位置后面观

右侧标注（从上到下）：第10胸椎、壁胸膜、第11肋、第12肋、膈、右肾下端

下方标注：第3腰椎、输尿管

三、肾的剖面结构

在冠状切面上，肾实质分为皮质和髓质两部分。肾皮质位于浅层，富含血管，呈红褐色，肾皮质伸入肾髓质之间的部分称肾柱。肾髓质位于皮质深部，血管少，呈淡红色，由 15～20 个肾锥体组成。肾锥体的基底朝向皮质，尖钝圆伸向肾窦，称肾乳头。肾乳头尖端有许多乳头孔。肾乳头被漏斗状的肾小盏所包绕，2～3 个肾小盏汇合成一个肾大盏，2～3 个肾大盏再汇合成前后扁平、漏斗状的肾盂。肾盂出肾门后逐渐变细，向内下走行移行为输尿管（图 5-5）。肾窦是由肾门向肾实质内凹陷形成的腔隙，容纳肾盂、肾大盏、肾小盏、肾血管、淋巴管、神经及脂肪组织等。

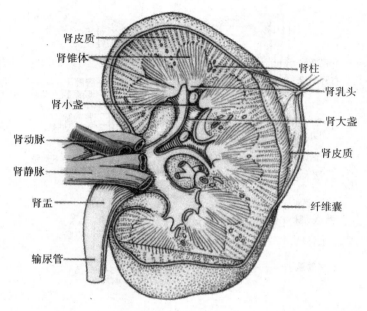

图 5-5 右肾冠状切面（后面观）

四、肾的被膜

肾的被膜由内向外依次为纤维囊、脂肪囊和肾筋膜（图 5-6，图 5-7）。

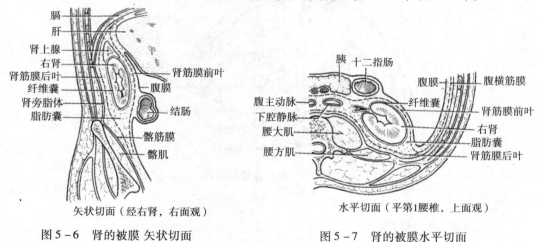

矢状切面（经右肾，右面观）

图 5-6 肾的被膜 矢状切面

水平切面（平第1腰椎，上面观）

图 5-7 肾的被膜水平切面

1. 纤维囊 是包裹于肾实质表面薄层致密的结缔组织膜，正常时易剥离。

2. 脂肪囊 又称肾床，是位于纤维囊外周的脂肪组织层，对肾起弹性垫样的保护作用。临床上做肾囊封闭，就是将药物注入此囊内。

3. 肾筋膜 位于脂肪囊外周，分前、后两层包裹肾和肾上腺，并向深面发出许多结缔组织小束穿过脂肪囊连于纤维囊，对肾起固定作用。

肾正常位置的维持，除靠肾的被膜外，还有赖于肾的血管、腹膜、腹内压及邻近器官的支持和承托。当上述因素不健全时，可引起肾下垂或游走肾。

五、肾的组织结构

肾实质含有大量泌尿小管，其间有少量的结缔组织、血管、淋巴管和神经等构成肾的间质。泌尿小管是形成和运输尿液的结构，它包括肾单位和集合管两部分（图5-8，表5-1）。

表5-1 肾实质的结构

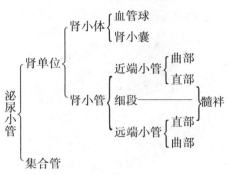

（一）肾单位

肾单位由肾小体和肾小管组成，是肾的结构和功能的基本单位，每个肾约有100万~150万个肾单位。

1. 肾小体 位于肾皮质内，由血管球和肾小囊构成（图5-8，图5-9）。

（1）血管球 位于肾皮质内，呈球形，是介于入球微动脉和出球微动脉之间盘曲的毛细血管球。其入球微动脉粗短，出球微动脉细长，使血管球内保持高压状态，毛细血管壁由一层内皮细胞及其外面的基膜构成，内皮细胞有很多小孔，直径50~100nm，这些结构有利于原尿的形成。

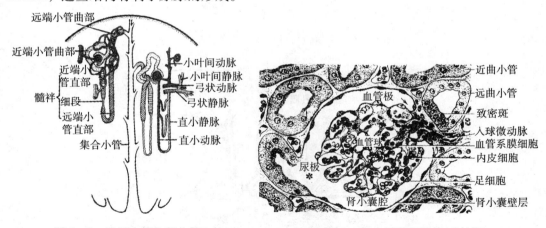

图5-8 泌尿小管和肾血管　　　　图5-9 肾皮质微细结构（高倍）

（2）肾小囊 是肾小管的起始端在血管球周围膨大并凹陷形成的双层盲囊状结构。其外层由单层扁平上皮细胞构成，称壁层；内层贴附于血管球毛细血管基膜周围，由足细胞构成，称脏层。足细胞的胞体较大，从胞体伸出数个较大的初级突起，初级突起又伸出许多指状次级突起，相邻的次级突起相互穿插嵌合，其间有宽25nm的裂隙，裂隙表面覆盖有一层薄膜称裂孔膜。肾小囊脏、壁层之间的腔隙，称肾小囊腔，其内充满原尿（图5-9，图5-10）。

当血液流经血管球毛细血管时，血浆内部分物质经有孔的毛细血管内皮细胞、基膜和裂孔膜而滤入肾小囊腔，这3层结构统称滤过膜或滤过屏障（图5-11）。一般情况下，血浆中除大分子物质外，均可经滤过膜滤入肾小囊腔，形成原尿。若滤过膜受损，大分子物质如蛋白质或红细胞可漏入肾小囊腔，出现蛋白尿或血尿。

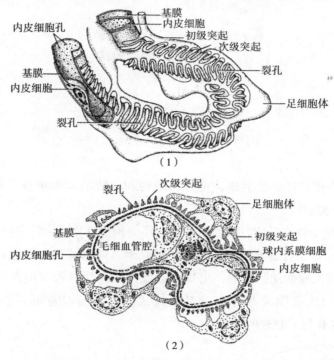

图5-10 足细胞与肾小球毛细血管超微结构

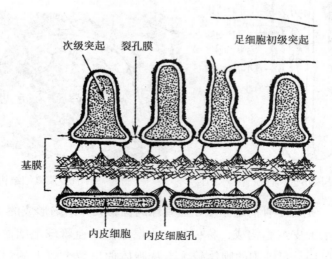

图5-11 滤过屏障

2. 肾小管　是由肾小囊的壁层延续形成的一条细长而弯曲的上皮性管道，走行于肾皮质与髓质内。根据其行程、形态结构，由近向远依次分为近端小管、细段、远端小管 3 部分（图 5-8，图 5-9，图 5-12）。

（1）近端小管　包括近端小管曲部和直部。

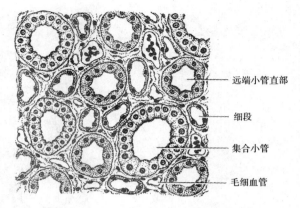

图 5-12　肾髓质的微细结构（高倍）

近端小管曲部：又称近曲小管，是肾小管的起始段，盘曲于肾小体附近，属最粗最长的一段肾小管。光镜下，管壁上皮细胞单层排列，呈锥体或立方形，分界不清，管腔不规则，管腔面有大量规则排列的微绒毛构成的刷状缘，其可扩大细胞的吸收面积，有利于近端小管对水、营养物质和部分无机盐的重吸收。

近端小管直部：近侧端与曲部相续，远侧端管径突然变细移行为细段。其结构与曲部相似，但上皮细胞微绒毛不如曲部发达，因而其重吸收功能也差于曲部。

（2）细段　在肾小管 3 部分中管径最细，呈"U"形弯曲。光镜下，管壁由单层扁平上皮构成，管腔相对较大，细胞核可向腔内突起。

（3）远端小管　包括远端小管直部和曲部。

远端小管直部：续接于细段，该段与细段、近端小管直部合称髓袢，其功能主要为减缓原尿在肾小管内的流速，吸收部分水和无机盐。光镜下，壁薄，径细，管腔规则，管腔面无刷状缘，管壁由单层立方上皮构成，分界清楚。

远端小管曲部：又称远曲小管，盘曲于肾小体附近，末端续接集合管。光镜下结构与直部相似。其主要功能是重吸收水、钠及排钾。

（二）集合管

集合管续接远端小管曲部，自皮质行向髓质，末端不断汇合，最终形成较粗的乳头管，开口于肾乳头。其功能为重吸收少量水和无机盐。

（三）球旁复合体

球旁复合体主要由球旁细胞和致密斑等组成（图 5-13）。

1. 球旁细胞　由位于近血管球处的入球微动脉管壁的平滑肌细胞特化而成。细胞呈立方形或多边形，核呈圆形，胞质中含有颗粒，分泌肾素，参与调节血压。

2. 致密斑　是远曲小管在球旁细胞邻接处的管壁上皮细胞变形而成。细胞呈高柱状，排列紧密。致密斑为 Na^+ 感受器，主要感受远端小管内钠离子浓度的变化，调节球旁细胞对肾素的分泌。

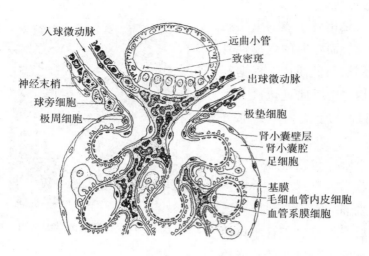

图 5 – 13　球旁复合体

六、肾的血液循环特点

肾动脉由腹主动脉直接分出，管径短粗，这对尿的生成和浓缩具有重要作用。

肾的血液循环有两个作用：一是营养肾组织，二是参与尿液的生成。其特点如下：①流量大，流速快；②入球微动脉粗，出球微动脉细，因而血管球内的压力较高，利于滤过；③两次形成毛细血管网，入球微动脉分支形成血管球，出球微动脉出球后再

护理应用

肾是人体的排泄器官，其主要功能是产生尿液、排出废物。由于肾脏疾病可影响肾小球滤过膜的通透性，导致肾小球滤过、肾小管重吸收和分泌功能障碍，从而使尿量和尿液成分发生变化（如多尿、少尿、无尿、蛋白尿、血尿等），这些变化可提示肾的结构与功能的病变，通过尿液分析可获得肾脏病变的一些信息，有助于对肾脏疾病的正确诊断。

次形成毛细血管网，分布在肾小管周围，起营养作用，并有利于肾小管上皮细胞的重吸收和尿液的浓缩。

第二节　输　尿　管

输尿管为一对细长的肌性管道，属腹膜外位器官，起于肾盂，终于膀胱，长约 20 ~ 30cm（图 5 – 3）。

输尿管全长可分为腹部、盆部和壁内部 3 部分。腹部最长，位于起始部与越过髂血管处之间；盆部介于越过髂血管处与穿入膀胱壁之前的部分；壁内部是位于膀胱壁内的一段，最后经输尿管口开口于膀胱内面。

输尿管全程有 3 处狭窄：①输尿管起始处；②输尿管跨越髂血管处；③斜穿膀胱壁处。这些狭窄是结石易嵌留的部位。

第三节　膀　胱

膀胱是肌性的囊状贮尿器官，有较大的伸缩性。其平均容量成人一般约 300 ~ 500ml，最大容量可达 800ml。新生儿膀胱的容量约为成人的 1/10。

一、膀胱的形态

膀胱充盈时略呈卵圆形，空虚时似锥体形，可分为膀胱尖、膀胱底、膀胱体和膀胱颈 4 部分。尖细小，朝向前上方；底近似三角形，朝向后下方；体位于底、尖之间；颈相对缩细，位于膀胱最下部，借尿道内口通尿道（图 5 – 14）。

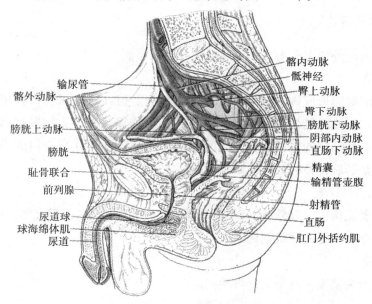

图 5 – 14　男性盆腔矢状切面

二、膀胱的位置和毗邻

成人膀胱位于小骨盆腔前部，其位置随充盈程度、年龄、性别不同而有差异。膀胱空虚时，膀胱尖一般不超过耻骨联合上缘；当充盈时，可上升至耻骨联合以上，膀胱的前下壁与腹前壁直接相贴（图 5 – 15）。

护理应用

当尿潴留等引起膀胱极度充盈时，膀胱尖即可高出耻骨联合以上，此时由腹前壁折向膀胱上面的腹膜也随之上移，使膀胱前下壁直接贴于腹前壁。这时沿耻骨联合上方施行膀胱穿刺，可不通过腹膜腔而直接进入膀胱。

膀胱的前方为耻骨联合；后方在男性为精囊、输精管壶腹和直肠，在女性为子宫和阴道；下方在男性邻接前列腺，女性邻接尿生殖膈。

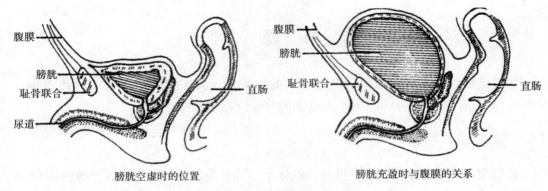

膀胱空虚时的位置　　　　　膀胱充盈时与腹膜的关系

图 5 - 15　膀胱充盈与腹膜关系

三、膀胱壁的结构

膀胱壁由内向外依次分为黏膜、肌层和外膜 3 层。

（一）黏膜

膀胱空虚时黏膜形成许多皱襞，充盈时则消失。但在两输尿管口和尿道内口之间的三角形区域，无论膀胱处于空虚或充盈时，黏膜均保持平滑无皱襞状态，此区称膀胱三角，是肿瘤和结核的好发部位。同时，两输尿管口之间存在苍白的横行皱襞，称输尿管间襞，是膀胱镜检时寻找输尿管口的标志（图 5 - 16）。

（二）肌层

肌层由平滑肌构成，分外纵、中环、内纵 3 层，且各肌层相互交错，构成逼尿肌。尿道内口周围存在环形的膀胱括约肌。

（三）外膜

膀胱的上面为浆膜，其余为纤维膜。

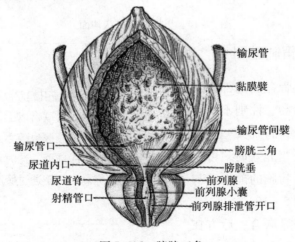

图 5 - 16　膀胱三角

第四节　尿　　道

男、女性尿道差异很大，男性尿道见男性生殖系统。

女性尿道仅有排尿功能。始于尿道内口，向前下穿经尿生殖膈，以尿道外口开口于阴道前庭，长约 3～5 cm。其形态特点是短、宽、直，易引起逆行性感染（图 5－17）。

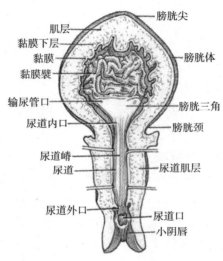

图 5－17　女性尿道

一、选择题

（一）A₁ 型题

1. 关于肾的形态位置描述错误的是：

    A. 属于腹膜外位器官　　　　　　B. 右肾比左肾低半个椎体

    C. 第 12 肋斜过左肾后面的上部　　D. 肾门平对第 1 腰椎体

    E. 左肾上端平第 11 胸椎体下缘

2. 肾的基本功能单位是：

    A. 肾单位　　B. 肾小囊　　C. 肾小管　　D. 肾小球　　E. 球旁复合体

3. 构成肾小囊脏层的细胞是：

    A. 扁平细胞　　B. 足细胞　　C. 单核细胞　　D. 球旁细胞　　E. 内皮细胞

4. 分泌肾素的结构是：

    A. 球旁细胞   B. 致密斑   C. 近曲小管   D. 远曲小管   E. 细段

5. 当膀胱充盈时，沿耻骨联合上缘进行膀胱穿刺，不需要经过的结构是：

    A. 皮肤   B. 皮下组织   C. 腹肌   D. 膀胱壁   E. 腹膜和腹膜腔

（二）A_2 型题

6. 某病人因患尿毒症而入院进行治疗，此病人可能是下列哪个器官出现病变？

    A. 皮肤   B. 肾   C. 胃   D. 肺   E. 心

（三）X 型题

7. 肾单位包括下列哪些结构？

    A. 肾小体   B. 肾小管   C. 集合小管   D. 肾小盏   E. 肾大盏

8. 髓袢是由下列哪些结构构成？

    A. 近端小管直部   B. 细段   C. 远端小管直部

    D. 远曲小管   E. 近曲小管

9. 肾的被膜包括下列哪些结构？

    A. 纤维囊   B. 浆膜   C. 脂肪囊   D. 肾筋膜   E. 壁腹膜

10. 膀胱三角

    A. 此处黏膜光滑   B. 两输尿管口之间有一横行皱襞

    C. 为结核和肿瘤的好发部位   D. 活体可通过膀胱镜观察到

    E. 膀胱空虚时有大量皱襞

二、思考题

1. 试述尿液由肾脏产生后经何途径排出体外。

2. 为何膀胱高度充盈时，沿耻骨联合上缘进行膀胱穿刺可不伤及腹膜？

实验十 泌尿系统主要器官形态位置的观察及肾的微细结构观察

【实验目的】

学会：在标本、模型上观察泌尿系统的组成及其各器官的位置、形态、结构；肾、膀胱的毗邻，女性尿道的毗邻、特点和开口部位。

掌握：在光镜下观察肾的微细结构。

【实验材料】

（1）男、女性泌尿生殖系统概观标本和模型。男、女盆腔正中矢状切面标本和模型。女性盆腔标本和模型。离体肾、肾的剖面结构标本和模型。切开的膀胱标本和模型。肾小体和肾单位和集合小管模型。

（2）肾的组织切片。

【实验内容和方法】

1. 肾 观察肾的位置和形态，肾的剖面结构，肾的三层被膜。

2. 输尿管 观察其行程、分部及 3 个狭窄部位。

3. 膀胱 观察膀胱的形态、位置和毗邻。输尿管的开口和尿道内口，膀胱三角。

4. 女性尿道 女性尿道的位置、毗邻、形态特点和尿道外口的位置。

5. 肾切片

（1）肉眼观察 浅层染色较深的部分是皮质，深层染色较浅的部分是髓质。

（2）低倍镜观察 皮质内红色圆形结构是肾小体，其周围有近曲小管和远曲小管。髓质内有近端小管直部、细段、远端小管直部和集合管。

（3）高倍镜观察 ①肾小体，毛细血管球染成红色，管壁难辨认；肾小囊脏层与毛细血管壁紧贴不易分清，壁层为单层扁平上皮，两层间的透明腔隙为肾小囊腔；②近曲小管，染成红色，上皮细胞为锥体形，相邻细胞间的界限不清晰，游离面有红色刷状缘，管腔较小不规则；③远曲小管，染成浅红色，上皮细胞为立方形，细胞界限清晰，管腔较大而规则。④细段，染成淡红色，管壁为单层扁平上皮，管腔小；⑤集合管，管腔较大，上皮细胞因部位不同可呈立方形或低柱状，界限清楚。

（牟　敏）

生殖系统

◎ **学习要点**

掌握男、女性生殖系统的组成，睾丸和卵巢的形态、位置和结构，男性尿道的分部和弯曲，女性输送管道组成、各组成部分的形态、位置和结构；熟悉男性输精管道各组成部分的形态和结构，女性乳房的形态、位置和会阴的分区；了解男性附属腺、男女性外生殖器的组成、形态和位置。

◎ **技能要点**

学会观察男、女性生殖系统各组成器官的形态、位置和结构。

生殖系统包括男性生殖系统和女性生殖系统，男、女性生殖系统按器官所在的部位都可分为内生殖器和外生殖器两部分。内生殖器多位于盆腔内，包括生殖腺、生殖管道和附属腺；外生殖器露于体表。生殖系统的功能是产生生殖细胞，分泌性激素，繁殖新个体和维持第二性征。

第一节 男性生殖系统

男性生殖系统包括内生殖器和外生殖器两部分。内生殖器包括生殖腺（睾丸）、输精管道（附睾、输精管、射精管、尿道）和附属腺（前列腺、精囊腺和尿道球腺）。外生殖器包括阴囊和阴茎（图6－1）。

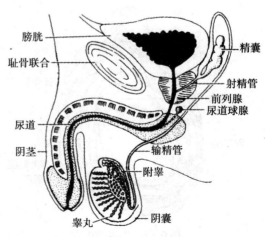

图6－1 男性生殖系统概观

123

一、内生殖器

（一）睾丸

睾丸是男性生殖腺，其功能是产生精子和分泌雄激素。

1. 睾丸的位置和形态　睾丸位于阴囊内，左、右各一，呈扁椭圆形，表面光滑，活体可触摸到。睾丸可分为前、后两缘，上、下两端和内、外侧两面。其前缘和下端游离，后缘连有出入睾丸的神经、血管及淋巴管，并与附睾和输精管的起始部相邻，上端被附睾头遮盖。

睾丸除后缘外，大部分被有浆膜，称睾丸鞘膜。鞘膜分脏、壁两层，贴附于睾丸表面的为脏层；贴附于阴囊内表面的为壁层。脏、壁两层在睾丸后缘处移行形成一个封闭的囊腔，称鞘膜腔。腔内含有少量的浆液，有润滑作用（图6-1，图6-2，图6-3）。

2. 睾丸的结构　睾丸的表面包有一层坚韧的结缔组织膜，称白膜。白膜在睾丸的后缘增厚，并形成许多小隔，呈放射状伸入睾丸实质，将其分为约100~200个锥形的睾丸小叶。每个睾丸小叶内含有1~4条细长而弯曲的精曲小管，精曲小管在睾丸的后上部变直、汇合，形成精直小管；精直小管在睾丸的后缘处吻合成睾丸网；睾丸网发出12~15条睾丸输出小管，进入附睾头，并移行为附睾管。精曲小管之间的疏松结缔组织，称睾丸间质（图6-3）。

（1）精曲小管　也称生精小管，是产生精子的场所，管壁由生精上皮构成，其上皮由支持细胞和各级生精细胞组成（图6-4）。

①支持细胞　细胞高柱状，较大，各级生精细胞就镶嵌在支持细胞上，具有支持、保护和营养生精细胞的作用。

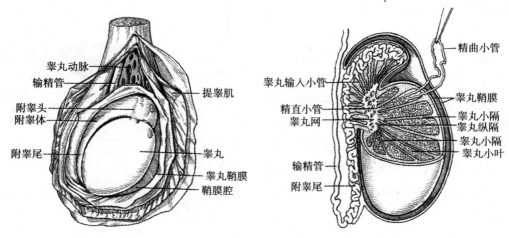

图6-2　睾丸和附睾　　　　　图6-3　睾丸的内部结构

②生精细胞　是精子形成过程中处于不同发育阶段的细胞，包括精原细胞、初级精母细胞、次级精母细胞、精子细胞和精子。

生精细胞多呈圆形，从支持细胞的底部到顶部，生精细胞的成熟程度越来越高。儿童时期，全部是精原细胞。自青春期开始，在垂体促性腺激素的作用下，精原细胞不断分裂增生，经初级精母细胞、次级精母细胞等发育阶段，发育成体积较小的精子细胞。精子细胞经过一系列变化，最后形成精子，排入精曲小管腔内。

精子形似蝌蚪，分为头、尾两部。头部参与受精，尾部细长，能摆动，可使精子向前定向游动（图6-5）。

（2）睾丸间质　内含有圆形或多边形的间质细胞，单个或成群分布。间质细胞分泌的雄激素可促进生殖器官发育、精子形成以及维持男性第二性征和性功能等（图6-4）。

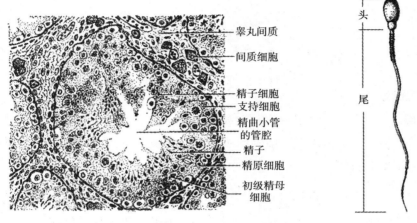

图6-4　精曲小管的微细结构　　　　图6-5　精子的形态

（二）输精管道

1. 附睾　附睾呈新月形，紧贴在睾丸的上端和后缘，分头、体、尾3部分，在活体可触摸到。上部膨大部分为附睾头，头部由12~15条睾丸输出小管构成，睾丸输出小管末端汇合形成一条附睾管，附睾管迂回盘曲，沿睾丸后缘下降，逐渐变细，形成附睾体和附睾尾，狭细的附睾尾向上移行为输精管。附睾为结核的好发部位（图6-2，图6-3）。

2. 输精管和射精管　输精管是附睾尾的直接延续，长约50cm，管壁较厚，在活体触摸呈条索状。输精管在附睾的内侧向上经阴囊根部和腹股沟管进入腹腔，继而弯向内下，进入小骨盆腔，至膀胱底的后方变膨大，称输精管壶腹，输精管的末端变细，与精囊腺的排泄管汇合成射精管（图6-6）。

射精管很短，长约2cm，管壁较厚，管腔细小，大部分被前列腺所包围，开口于尿道前列腺部（图6-6，图6-7）。

精索为腹股沟管腹环至睾丸上端的一段柔软的圆索状结构。内有输精管、睾丸动脉、蔓状静脉丛、神经和淋巴管等，外包被膜（图6-8）。

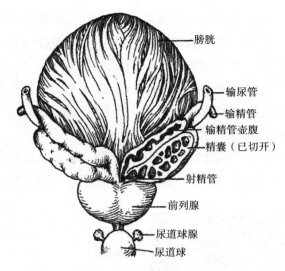

膀胱
输尿管
输精管
输精管壶腹
精囊（已切开）
射精管
前列腺
尿道球腺
尿道球

图6-6 睾丸的附属腺

（三）附属腺

1. 前列腺 前列腺位于膀胱颈和尿生殖膈之间，其中有尿道和射精管穿过。前列腺是一个实质性器官，形似栗子。前列腺主要由腺组织和平滑肌构成，分泌物直接排入尿道，参与精液的组成（图6-6，图6-7）。

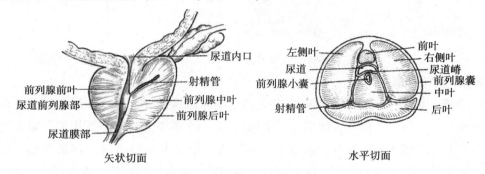

尿道内口
射精管
前列腺前叶
前列腺中叶
尿道前列腺部
前列腺后叶
尿道膜部

矢状切面

左侧叶　前叶
右侧叶
尿道　尿道嵴
前列腺小囊　前列腺囊
中叶
射精管　后叶

水平切面

图6-7 前列腺剖面结构

2. 精囊腺 精囊腺又称精囊，为一对表面凹凸不平的长椭圆形囊状结构。左右各一，位于膀胱底的后方和输精管壶腹的外侧，其排泄管与输精管末端合成射精管。精囊腺的分泌物参与精液的组成（图6-6，图6-7）。

3. 尿道球腺 尿道球腺为一对豌豆大小的球形腺体，位于尿生殖膈内。分泌物经排泄管排入尿道球部，参与精液的组成。

精液为乳白色弱碱性的液体，由输精管道和附属腺的分泌物和大量精子共同组成。正常成年男性每次射精排出的精液约2~5ml，其中含有精子3亿~5亿个。

二、外生殖器

（一）阴囊

阴囊为一囊袋状结构，位于阴茎的后下方。阴囊壁主要由皮肤和肉膜构成。皮肤薄而柔软，色素沉着明显，生有少量的阴毛。肉膜是阴囊的浅筋膜，内含平滑肌纤维。肉膜在中线上向阴囊深入，形成阴囊中隔，将阴囊分隔为左、右两腔，分别容纳两侧的睾丸、附睾和部分精索。阴囊肉膜内平滑肌的舒缩可升降睾丸，以调节阴囊内的温度，保证精子生存和发育的正常（图6-8）。

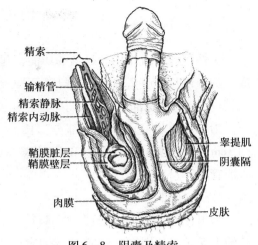

图6-8 阴囊及精索

（二）阴茎

阴茎悬垂于耻骨联合的前下方，可分头、体、根3部分。阴茎的前端膨大，称阴茎头，其尖端有呈矢状位的尿道外口；后端称阴茎根，固定于耻骨下支和坐骨支；阴茎头、根之间的圆柱状部分称阴茎体。

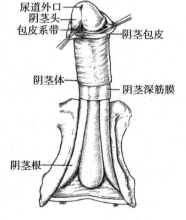

图6-9 阴茎的腹侧面

阴茎由两条阴茎海绵体和一条尿道海绵体外包筋膜和皮肤组成。

阴茎海绵体位于阴茎的背侧，左右各一，二者之间借结缔组织相连，其后端分开称阴茎脚，分别附着于两侧的坐骨支和耻骨下支；尿道海绵体位于阴茎海绵体的腹侧，内有尿道穿过。尿道海绵体前端的膨大即阴茎头，后端的膨大称尿道球。

阴茎的皮肤薄而柔软，有较大的伸展性。其在阴茎体的前端、阴茎头的近侧，形成游离的双层皱襞包绕阴茎头，称阴茎包皮。阴茎包皮与阴茎头的腹侧中线处有一皮肤皱襞，称包皮系带（图6-9，图6-10，图6-11）。

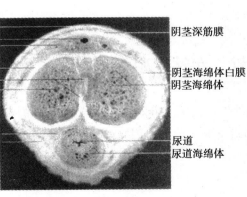

图6-10 阴茎体横断面

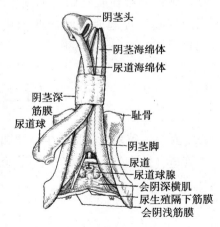

图6-11 阴茎的海绵体

三、男性尿道

男性尿道兼有排尿和排精的功能，起于膀胱的尿道内口，止于阴茎头的尿道外口。成人的尿道长16～22cm，根据其行程可分为前列腺部、膜部和海绵体部3部分。

（一）前列腺部

为男尿道贯穿前列腺的部分，长约3cm，其后壁上有射精管和前列腺排泄管的开口。

（二）膜部

为男尿道穿过尿生殖膈的部分，长约1.5cm，其周围有尿道括约肌环绕，尿道括约肌可控制排尿。

（三）海绵体部

为男尿道穿过尿道海绵体的部分，约12～17cm。其后端位于尿道球内的部分最宽，称尿道球部，有尿道球腺的开口。在近尿道外口处，尿道的管径稍大，称尿道舟状窝。

男性尿道全长粗细不均，有3个狭窄和两个弯曲。

3个狭窄分别位于尿道内口、膜部和尿道外口，最狭窄处是尿道外口，是尿道结石最易嵌顿的部位。两个弯曲为耻骨下弯和耻骨前弯，耻骨下弯在耻骨联合的下方，凹向前上方，此弯曲恒定无变化，耻骨前弯在耻骨联合的前下方，凹向后下方，当阴茎向上提起时，此弯曲消失（图6-1，6-12）。

> **护理应用**
>
> 男性导尿术　由于男性尿道存在两个弯曲，因此在导尿时应将阴茎向上提起，使尿道的耻骨前弯消失，然后再轻柔缓慢地使导尿管顺着耻骨下弯的方向进入。

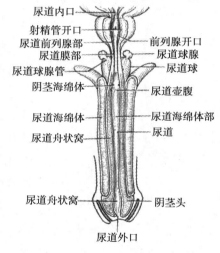

图6-12　男性尿道

尿道内口
射精管开口
尿道前列腺部
尿道膜部
尿道球腺管
阴茎海绵体
尿道海绵体
尿道舟状窝

前列腺开口
尿道球腺
尿道球
尿道壶腹
尿道海绵体部
尿道

尿道舟状窝
阴茎头
尿道外口

第二节　女性生殖系统

女性生殖系统包括内生殖器和外生殖器两部分。内生殖器包括生殖腺（卵巢）、输送管道（输卵管、子宫、阴道）和附属腺（前庭大腺）。外生殖器即女阴（图6-13）。

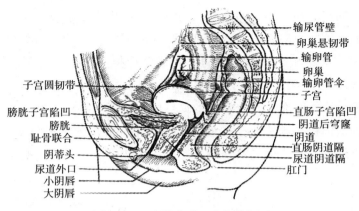

图 6－13　女性盆腔正中矢状切面

一、内生殖器

（一）卵巢

卵巢是女性的生殖腺，其功能是产生卵细胞、分泌女性激素。

1. 卵巢的位置和形态　卵巢位于盆腔侧壁，髂总动脉分叉处的卵巢窝内，为一对扁椭圆形的实质性器官，分为上下两端、前后两缘和内外侧两面。卵巢前缘是卵巢的神经、血管和淋巴管等出入卵巢的部位。

卵巢的大小和形态因年龄而异，幼年的卵巢较小，表面光滑，青春期后逐渐增大，并随着多次排卵而出现斑痕，绝经期前后逐渐变小、萎缩（图 6－13）。

2. 卵巢的微细结构　卵巢表面覆盖单层立方或单层扁平上皮，上皮深面为致密结缔组织构成的白膜。卵巢实质可分为浅层的皮质和中央的髓质，二者无明显的界限，皮质内含有不同发育阶段的卵泡，髓质由疏松结缔组织、神经、血管和淋巴管等构成（图 6－14）。

（1）卵泡的发育　女性出生时两侧卵巢大约有 30 万～40 万个原始卵泡。青春期开始，在垂体促性腺激素作用下，每月有 15～20 个原始卵泡开始发育，一般只有一个卵泡发育成熟并排卵，其余的都退化。因此，女性一生中仅有 400～500 个卵泡发育成熟。卵泡的发育是个连续不断的过程，一般可分为原始卵泡、生长卵泡和成熟卵泡 3 个阶段。

①原始卵泡　原始卵泡位于皮质的浅层，由一个初级卵母细胞及其周围的一层扁平的卵泡细胞组成。卵泡细胞对卵母细胞起支持和营养作用。

②生长卵泡　自青春期开始，部分原始卵泡开始生长发育，初级卵母细胞逐渐增大，并在其表面出现一层厚薄均匀的嗜酸性膜，称透明带。周围的卵泡细胞分裂增生，由一层变为多层，并分泌卵泡液，继而卵泡细胞之间出现一些的小腔隙，这些小腔相互融合，成为一个较大的卵泡腔。初级卵母细胞及其周围的卵泡细胞被卵泡液挤向卵泡的一侧，称卵丘。紧贴卵母细胞的一层高柱状卵泡细胞围绕透明带呈放射状排列，

称放射冠；其余的卵泡细胞构成卵泡壁。同时，卵泡周围的结缔组织也逐渐形成卵泡膜，内含较多的血管和卵泡膜细胞。卵泡细胞在卵泡膜细胞的参与下合成并分泌雌激素。雌激素能促进女性生殖器官的发育、刺激并维持女性第二性征、促使子宫内膜增生。

③成熟卵泡　成熟卵泡是卵泡发育的最后阶段，此时卵泡细胞不再增大，但卵泡液继续增多，卵泡体积剧增，直径可达 1～2cm 左右，并向卵巢表面突出（图 6–14）。排卵前初级卵母细胞完成一次成熟分裂，产生一个次级卵母细胞，受精时方完成第二次成熟分裂。

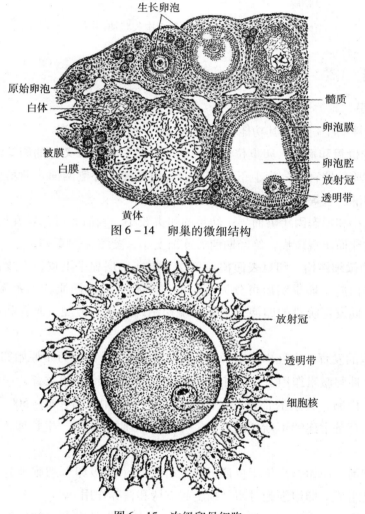

图 6–14　卵巢的微细结构

图 6–15　次级卵母细胞

（2）排卵　成熟卵泡内的卵泡液剧增，使卵泡壁、白膜及其表面的卵泡上皮逐渐变薄，最后破裂，次级卵母细胞连同放射冠、透明带和卵泡液一起从卵巢表面排出进入腹膜腔，这一过程称排卵（图 6–15）。

两侧卵巢每隔 28 天左右交替排卵一次，排卵一般发生在两次月经之间，即每次月经周期的第 14 天左右，每次仅排出一个次级卵母细胞。

（3）黄体 排卵后，残留的卵泡壁和卵泡膜连同血管向卵泡腔内塌陷，在黄体生成素的作用下，逐渐发育成一个富含血管的内分泌细胞团，新鲜时呈黄色，故称黄体。黄体能分泌孕酮（黄体酮）及少量雌激素。孕酮可促进子宫内膜增生、子宫腺分泌、乳腺发育和抑制子宫平滑肌收缩。

黄体的发育及存在的时间长短，取决于排出的卵是否受精，如排出的卵受精，则黄体继续发育，大约维持到妊娠 6 个月以后才开始退化，称妊娠黄体；若排出的卵未受精，则黄体在排卵两周后即开始退化，称月经黄体。黄体退化后逐渐被结缔组织取代，称白体。

（二）输送管道

1. 输卵管 输卵管长约 10～12cm，是一对输送卵细胞的肌性管道。位于子宫底的两侧，子宫阔韧带的上缘内，内侧端以输卵管子宫口与子宫腔相通，外侧端以输卵管腹腔口开口于腹膜腔。输卵管由外侧向内侧依次分为 4 部分。

输卵管漏斗：是输卵管外侧端的膨大部分，呈漏斗状。漏斗的底部有输卵管腹腔口，漏斗的游离缘有许多指状突起，称输卵管伞，是手术时识别输卵管的标志。

输卵管壶腹：约占输卵管全长的 2/3，管径粗而弯曲，是受精的部位，也是宫外孕的好发部位。

输卵管峡：紧邻子宫部，细、短而直，是进行输卵管结扎术的理想部位。

输卵管子宫部：为穿过子宫壁的部分，以输卵管子宫口与子宫腔相通（图 6－13，6－16）。

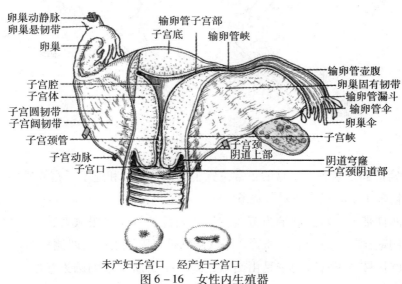

图 6－16 女性内生殖器

输卵管平滑肌的节律性收缩和上皮细胞纤毛向子宫腔方向的定向摆动，均有利于将卵细胞推向子宫腔。

2. 子宫　子宫为一腔小、壁厚的肌性器官，是孕育胎儿、产生月经的场所。

（1）子宫的形态和分部　成人子宫呈倒置的梨形，前后略扁，大小似拳头。子宫可分为底、体、颈3部分：两输卵管子宫口连线以上的圆凸部分，称子宫底；子宫底向下缩细，移行为子宫体；子宫体下接圆柱形的子宫颈，子宫颈是癌肿的好发部位。子宫颈分为两部，其上2/3位于阴道上方，称子宫颈阴道上部；下1/3深入阴道内称子宫颈阴道部。子宫体和子宫颈相接的部分稍窄细，称子宫峡，在非妊娠期，此部不明显，仅长1cm，在妊娠期间，子宫峡逐渐被拉长，妊娠末期可达7～11cm，且子宫壁逐渐变薄，产科常在此处实施剖腹取胎术，可避免进入腹膜腔，减少感染的机会（图6－16）。

子宫的内腔狭窄，可分为上、下两部。上部在子宫体内，称子宫腔，为一前后略扁的倒三角形，底向上，两端通输卵管，尖向下，通子宫颈管；下部在子宫颈内，称子宫颈管，呈梭形，上口通子宫腔，下口通阴道，称子宫口（图6－16）。未产妇的子宫口为圆形，边缘光滑整齐，经产妇的子宫口呈横裂状。

（2）子宫的位置　成年女性子宫的位置位于盆腔的中央，膀胱和直肠之间，呈轻度的前倾、前屈位。前倾是指子宫的长轴与阴道长轴之间形成一个向前开放的钝角，使整个子宫向前倾斜；前屈则为子宫体长轴和子宫颈长轴之间形成一个向前开放的钝角，使得子宫体在前倾的基础上又略向前弯（图6－17）。

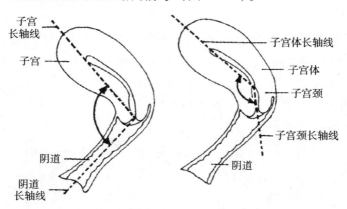

图6－17　子宫前倾前屈位示意图

（3）子宫的固定装置　子宫的正常位置主要是盆底肌和连于子宫周围的韧带固定。固定子宫的韧带主要有以下4对（图6－18）。

①子宫阔韧带　子宫阔韧带为覆盖在子宫表面的双层腹膜皱襞，自子宫的两侧缘延伸至骨盆侧壁，其上缘内有输卵管。子宫阔韧带可限制子宫向两侧移动。

②子宫圆韧带　子宫圆韧带是由结缔组织和平滑肌构成的圆索状结构。起于子宫底与输卵管连接处的稍下方，在子宫阔韧带的两层之间穿行，至骨盆的前外侧壁，穿经腹股沟管，止于阴阜和大阴唇的皮下。此韧带主要维持子宫的前倾位。

③骶子宫韧带 骶子宫韧带由结缔组织和平滑肌构成，起于子宫颈阴道上部的后面，向后绕过直肠的两侧，附着于骶骨的前面。骶子宫韧带可向后上方牵引子宫颈，维持子宫前屈位。

④子宫主韧带 子宫主韧带位于子宫阔韧带的下方，由结缔组织和平滑肌构成。自子宫颈呈扇形连于骨盆侧壁，起固定子宫颈、防止子宫下垂的作用。

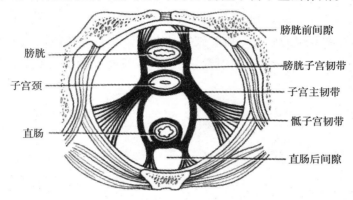

膀胱
子宫颈
直肠

膀胱前间隙
膀胱子宫韧带
子宫主韧带
骶子宫韧带
直肠后间隙

图6-18 子宫固定装置

（4）子宫壁的微细结构 子宫壁很厚，由内向外可分为内膜、肌层和外膜3层（图6-19）。

①内膜 由单层柱状上皮和固有层构成。固有层较厚，内含子宫腺和丰富的血管，其中的动脉呈螺旋状，称螺旋动脉。子宫内膜分浅、深两层，浅层较厚，称功能层，在育龄期可发生周期性脱落出血形成月经；深层较薄，称基底层，不发生周期性脱落，对功能层具有增生、修复的作用。

②肌层 由分层排列的平滑肌构成，各层之间有较大的血管穿行。

③外膜 绝大部分为浆膜，只有子宫颈处为纤维膜。

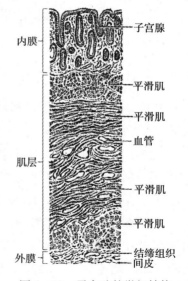

内膜

子宫腺

平滑肌
平滑肌
血管

肌层

平滑肌

平滑肌

外膜
结缔组织
间皮

图6-19 子宫壁的微细结构

（5）子宫内膜的周期性变化与卵巢周期性变化的关系 自青春期开始至绝经期，在卵巢分泌的激素作用下，子宫内膜功能层发生周期性变化，即每28天发生一次子宫内膜功能层的脱落、出血、增生和修复，称月经周期。在月经周期中，子宫内膜的形态变化通常分为3个阶段（图6-20）。

①增生期 为月经周期的第5～14天。此期卵巢内卵泡正处于生长发育阶段，并分泌雌激素。在雌激素的作用下，子宫内膜修复、增厚，子宫腺和螺旋动脉逐渐伸长、弯曲，此期末，卵泡发育趋于成熟并排卵。

②分泌期 为月经周期的第 15~28 天。此时卵巢排卵、黄体形成。在黄体分泌的孕酮和雌激素的作用下，子宫内膜进一步增生变厚，子宫腺开始分泌，腺腔内充满分泌物；螺旋动脉充血、弯曲；固有层内组织液增多，呈生理性水肿状态。此期变化适于胚泡的植入和发育。如卵细胞受精，子宫内膜会进一步发育、增厚。

③月经期 为月经周期的第 1~4 天。由于卵巢内黄体退化，孕酮和雌激素水平骤然下降，螺旋动脉持续收缩，导致子宫内膜缺血，功能层萎缩、坏死；随后螺旋动脉又突然扩张，使得功能层的血管充血、破裂、出血，坏死的功能层与血液一起经阴道排出，成为月经。此期末，残存的内膜基底层组织又开始增生、修复，进入下一个月经周期。

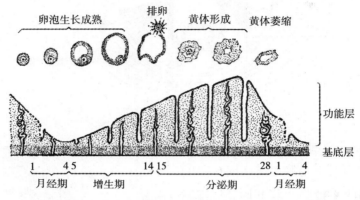

图 6-20 子宫内膜周期性变化与卵巢周期性变化的关系

3. 阴道 阴道为连接子宫和外生殖器的肌性管道，是导入精液、排出月经和娩出胎儿的通道。

阴道位于盆腔的中央，前邻膀胱底和尿道，后邻直肠。阴道上部较宽，包绕子宫颈的阴道部，形成环状凹陷，称阴道穹窿。阴道穹分前、后和两侧部。后部最深，与直肠子宫陷凹之间仅隔以阴道后壁和腹膜。当直肠子宫陷凹有积液时，可经此处穿刺或引流。阴道下部较窄，以阴道口开口于阴道前庭。处女的阴道口周围附着有处女膜（图 6-13，图 6-16）。

护理应用

阴道黏膜的上皮为复层扁平上皮，上皮细胞可随着卵巢内雌激素水平变化而出现脱落和再生。脱落细胞内的糖原在阴道内杆菌的作用下转变为乳酸，使阴道内保持酸性，可防止细菌的侵入。老年或其他原因导致雌激素水平下降时，糖原和乳酸均减少，阴道液的酸性降低，可发生阴道感染。

临床上做阴道涂片观察，可根据阴道脱落上皮细胞的变化来判断卵巢的功能状态。

二、外生殖器

女性外生殖器又称女阴，由阴阜、阴蒂、大阴唇、小阴唇、阴道前庭组成（图6-21）。
阴阜为耻骨联合前方的皮肤隆起，由皮肤和脂肪组织构成，青春期后生有阴毛。

大阴唇是一对纵行隆起的皮肤皱襞，生有阴毛，色素较多。两侧大阴唇的前后端相互连合，分别形成唇前连合和唇后连合。

小阴唇是位于大阴唇内侧的一对较薄的皮肤皱襞，表面光滑无阴毛。其后端相互连合形成阴唇系带，分娩时此处常被撕裂。

阴蒂位于尿道外口和唇前连合之间。阴蒂的头部裸露，神经末梢丰富，感觉敏锐。

阴道前庭是位于两侧小阴唇之间的裂隙，前部有尿道外口，后部阴道口。

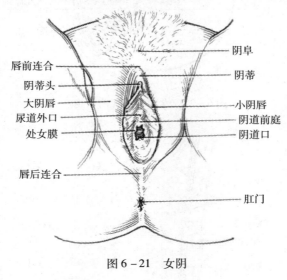

图6-21 女阴

第三节 乳房和会阴

一、乳房

乳房为哺乳动物特有的结构，男性乳房不发育，女性乳房是哺乳器官。

（一）乳房的位置和形态

乳房位于胸大肌和胸肌筋膜的前方，成年女性（未产妇）的乳房呈半球形，紧张而有弹性，乳房中央的突起称乳头，其顶端有多个输乳管的开口。乳头周围皮肤有一环形的色素沉着区称乳晕。乳头和乳晕的皮肤较薄弱，易受损伤，故哺乳期应注意，以防感染（图6-22）。

（二）乳房的内部结构

乳房由皮肤、乳腺和脂肪组织构成（图6-23）。每侧乳腺含有15~20个乳腺叶，每个乳腺叶都有一条排泄乳汁的输乳管，开口于乳头。输乳管均以乳头为中心呈放射状排列，因此乳房手术时应尽量采取放射状切口，以减少对乳腺的损伤。

乳房表面的皮肤与深部胸肌筋膜之间连有许多结缔组织束，称乳房悬韧带，对乳腺起支持作用。乳腺癌早期，乳房悬韧带缩短，牵拉皮肤，使皮肤形成许多小凹类似橘皮，临床称橘皮样变，是乳腺癌早期的征象之一。

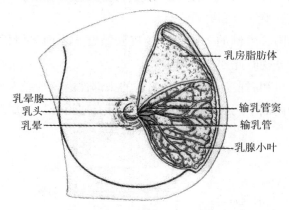

图 6 - 22　女性乳房（前面观）

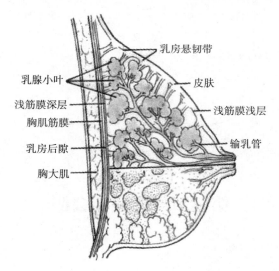

图 6 - 23　女性乳房（矢状切面）

二、会阴

会阴有广义和狭义之分。广义会阴是指封闭小骨盆下口的所有软组织的总称。呈菱形，其境界基本与小骨盆下口一致。以两侧坐骨结节的连线为界，可将会阴分为前、后两个三角区域，前方的三角区称尿生殖区，又称尿生殖三角，男性有尿道穿过，女性有尿道和阴道穿过；后方的三角区称肛区，又称肛门三角，有肛管通过（图 6 - 24）。

狭义会阴是指肛门与外生殖器间的软组织，也称产科会阴。产科会阴在分娩时伸展扩张较大，结构变薄，应注意保护，避免造成会阴撕裂。

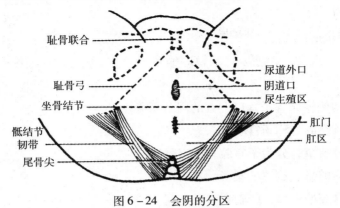

图 6-24 会阴的分区

一、选择题

（一）A₁ 型题

1. 前尿道是指：

    A. 海绵体部   B. 前列腺部   C. 尿道球部

    D. 尿道舟状窝   E. 尿道膜部

2. 产生精子的部位是：

    A. 精曲小管   B. 精囊腺   C. 输精管   D. 前列腺   E. 附睾

3. 输卵管结扎的常选部位是：

    A. 输卵管子宫部   B. 输卵管峡   C. 输卵管壶腹

    D. 输卵管漏斗   E. 输卵管伞

4. 男性尿道最狭窄的部位是：

    A. 尿道外口   B. 尿道内口   C. 尿道膜部

    D. 尿道前列腺部   E. 尿道舟状窝

5. 女性生殖腺是：

    A. 输卵管   B. 子宫   C. 阴道   D. 卵巢   E. 前庭大腺

（二）A₂ 型题

6. 患者，女，28 岁，哺乳 3 个月，左乳房肿痛 3 天，诊断为左侧化脓性乳腺炎。现医生决定做乳腺放射状切口引流，是因为：

    A. 便于延长切口   B. 可避免切断乳房悬韧带   C. 可减少输乳管损伤

D. 容易找到发病部位　E. 便于愈合

（二）X 型题

7. 输精管道包括：

A. 附睾　　　　B. 射精管　　　　C. 输精管　　　　D. 男性尿道　　　　E. 精囊

8. 子宫：

A. 底为两侧输卵管子宫口上方的圆凸部分

B. 体与颈交界处称子宫峡

C. 内腔较狭窄，分为子宫腔和子宫颈管

D. 呈前后略扁、倒置的梨形

E. 位于盆腔的中央，膀胱和直肠之间

9. 男性内生殖器包括：

A. 阴茎海绵体　　B. 尿道海绵体　　C. 睾丸　　D. 输精管　　E. 前列腺

二、简答题

1. 简述男性尿道的分部、狭窄和弯曲。

3. 简述子宫的形态位置和分部。

实验十一 男、女性生殖系统主要器官形态位置的观察及睾丸卵巢微细结构的观察

【实验目的】

学会：观察男、女生殖系统的组成，男、女生殖系统各器官的形态、位置和结构，女性乳房的形态、位置和结构，会阴境界和分部。

掌握：观察睾丸和卵巢的微细结构。

【实验材料】

（1）男性生殖系统概观标本；男、女性盆腔正中矢状切标本；男、女内生殖系统各器官的游离标本；男、女外生殖器标本；女性乳房标本；男、女会阴肌标本；男女性生殖系统各器官的模型。

（2）睾丸切片；卵巢切片；精液涂片。

【实验内容和方法】

实验教师带领学生先分组示教，然后学生自己观察标本，教师巡回指导并答疑。

（1）取男性生殖系统概观标本、模型，观察：睾丸及附睾的形态和位置；睾丸鞘膜的分层及鞘膜腔的形成；输精管的起止、行程；检查精索的位置和构成。

（2）取男性盆腔正中矢状切面标本，观察：前列腺的位置及毗邻关系；精囊的形态及其与输精管末端的关系；尿道的分部、两个弯曲及3个狭窄。

（3）取男性外生殖器标本，观察：阴茎的形态、分部及结构；尿道外口的位置；阴茎包皮的构成；阴囊的构造及内容。

（4）取女性盆腔正中矢状切面标本，观察：卵巢的位置和形态，输卵管的分部及形态；子宫的正常位置；子宫与阴道的关系；阴道穹与直肠子宫陷凹的关系。

（5）取女性内生殖器标本，观察：子宫的形态和分部；子宫的主要韧带。

（6）取女阴标本，观察外生殖器诸结构，注意尿道口与阴道口的位置关系。

（7）取乳房标本，观察乳房的形态位置和结构。

（8）结合盆部标本，观察广义会阴的范围，划分尿生殖区和肛区，认定狭义会阴的位置。

（9）睾丸切片（HE 染色）

①低倍镜观察　睾丸实质内的精曲小管被切成许多断面，各断面之间的结缔组织为睾丸间质。

②高倍镜观察　精曲小管壁厚腔小，管壁主要由各级生精细胞和支持细胞构成。由内向外，依次为精原细胞、初级精母细胞、次级精母细胞、精子细胞和精子。在各级生精细胞之间，可见较大呈锥形的支持细胞，细胞质染色较浅、轮廓不清，核呈卵圆形，核仁明显。在睾丸间质内，可见单个或成群分布的间质细胞，此细胞体积较大，呈圆形或多边形，细胞质染成淡红色，细胞核大而圆，着色较浅。

（10）卵巢切片（HE 染色）

①低倍镜观察　卵巢皮质位于卵巢的浅层，可见许多不同发育阶段的卵泡。卵巢髓质在卵巢的中央，由疏松结缔组织构成。

②高倍镜观察　①原始卵泡，位于皮质浅层。其中央有一个大而圆的初级卵母细胞，围绕在周围的是一层扁平的卵泡细胞；②生长卵泡，中央的初级卵母较大，表面有均匀的红色透明带，卵泡细胞呈立方形或柱状，多层，之间出现卵泡腔，卵泡周围的结缔组织形成卵泡膜；③成熟卵泡，体积更大，并向卵巢表面突出。

（11）精液涂片（HE 染色）　低倍镜观察可见蝌蚪形的精子，精子头部椭圆形，染色深，呈紫蓝色，尾部呈细线状，呈浅红色，各段不易区分。

（危云宏）

内分泌系统 /// 第七单元

要点导航

◎**学习要点**

掌握甲状腺的形态和位置；熟悉肾上腺和垂体的形态和位置；了解甲状腺、肾上腺和垂体的微细结构，甲状旁腺的形态、位置和微细结构，松果体的位置。

◎**技能要点**

学会观察甲状腺、肾上腺、垂体的形态、位置和结构。

内分泌系统是机体的重要调节系统，它与神经系统密切联系相互影响，共同调节机体的生长发育和各种代谢，维持内环境的稳定，并影响行为和控制生殖等。内分泌系统包括 3 部分：内分泌腺，如垂体、松果体、甲状腺、甲状旁腺、胸腺和肾上腺等，其结构独立肉眼可见（图 7 - 1）；内分泌组织，如胰腺内的胰岛等，为分散于其他器官组织中的内分泌细胞团；内分泌细胞，为散在分布于胃肠道、呼吸道、心、肝、肺、肾等处具有内分泌功能的细胞。另外，某些神经元具有分泌激素的功能，如下丘脑的视上核及室旁核中的神经元等。

内分泌细胞的分泌物称激素。各种激素所作用的特定器官或细胞，称该激素的靶器官或靶细胞。内分泌系统的任何器官、组织的功能亢进或低下，均可引起机

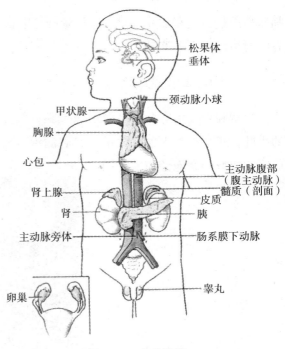

图 7 - 1 内分泌腺

体功能的紊乱，甚至导致疾病。

第一节 甲 状 腺

一、甲状腺的形态和位置

甲状腺是不成对的腺体，为棕红色，呈"H"形，由左、右两侧叶和连接两叶的甲状腺峡组成。有时从甲状腺峡向上伸出一细长的锥状叶（图7-2）。

甲状腺位于颈前部，侧叶贴附在喉下部和气管上部的侧面，上达甲状软骨中部，下达第6气管软骨环；其峡部多位于第2~4气管软骨环前面。甲状腺左、右侧叶的后外方与颈血管相邻，内侧面因与喉、气管、咽、食管等相邻，故当甲状腺肿大时，可压迫以上结构，出现呼吸困难、吞咽困难等症状。

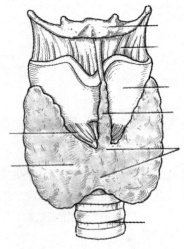

图7-2 甲状腺

临床急救进行气管切开术时，应尽量避开甲状腺峡。甲状腺借结缔组织固定于喉软骨，吞咽时可随喉上下移动。

二、甲状腺的微细结构

甲状腺表面包有一层结缔组织被膜，其伸入腺实质内，将实质分为许多大小不等的小叶，每个小叶内含有大量甲状腺滤泡。滤泡之间有少量的结缔组织、丰富的毛细血管和成群的滤泡旁细胞（图7-3）。

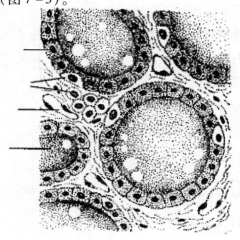

图7-3 甲状腺的微细结构

（一）甲状腺滤泡

甲状腺滤泡是由单层排列的滤泡上皮细胞构成，其内充满胶状物质。滤泡上皮细胞能合成和分泌甲状腺素。甲状腺素的主要功能是促进机体的新陈代谢，提高神经系统的兴奋性，促进机体的生长发育，尤其对婴幼儿的骨骼和中枢神经系统的发育有较大的影响。

护理应用

在婴幼儿时期，若甲状腺功能低下，会出现生长发育缓慢，身体矮小、智力低下、怕冷迟钝，称为呆小症；在成人若甲状腺功能低下，可引起黏液性水肿，若甲状腺功能亢进，会出现相应的甲状腺激素过多的的症状。

（二）滤泡旁细胞

成团积聚在滤泡之间，少量镶嵌在滤泡上皮细胞之间，滤泡旁细胞能分泌降钙素，使血钙降低。

第二节　甲状旁腺

一、甲状旁腺的形态和位置

甲状旁腺为两对扁椭圆形棕黄色小体，大小似黄豆。分上、下2对，通常贴附于甲状腺侧叶的后面，有的甲状旁腺可埋入甲状腺的实质内，而使手术时寻找困难（图7-4）。

二、甲状旁腺的微细结构

甲状旁腺表面包有薄层结缔组织被膜，腺细胞排列成团状或索状，其间含有少量的结缔组织和丰富的毛细血管。腺细胞主要有主细胞和嗜酸性细胞（图7-5）。

（一）主细胞

主细胞体积较小，数量较多，可合成和分泌甲状旁腺素。甲状旁腺素可使血钙增高。血钙在甲状旁腺素和降钙素协同作用下，在体内得以维持相对稳定。

（二）嗜酸性细胞

嗜酸性细胞单个或成群分布于主细胞之间。其生理意义尚不清楚。

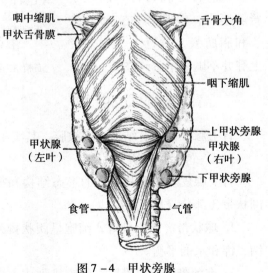

图7-4　甲状旁腺

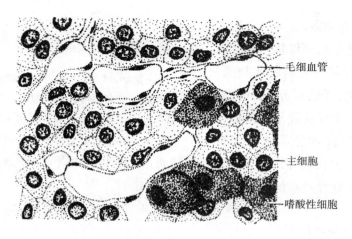

图 7-5 甲状旁腺的微细结构

第三节 肾 上 腺

一、肾上腺的形态和位置

肾上腺呈淡黄色，左、右各一，位于腹膜后，肾的内上方。右侧为三角形，左侧近似半月形。肾上腺与肾共同包于肾筋膜内，但肾有独立的纤维囊和脂肪囊，故肾下垂时，肾上腺并不随之下垂（图 7-6）。

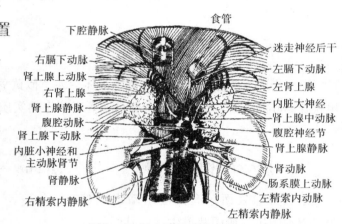

图 7-6 肾上腺的形态和位置

二、肾上腺的微细结构

肾上腺表面包有结缔组织被膜，其实质由周围的皮质和中央的髓质构成。

（一）肾上腺皮质

肾上腺皮质根据其细胞的形态结构和排列方式，由表向里分为球状带、束状带和网状带 3 部分（图 7-7）。

1. 球状带 此层较薄，细胞呈团状排列，分泌盐皮质激素如醛固酮等，调节体内钠、钾和水的平衡。

2. 束状带 此层最厚，细胞排列成条索状，分泌糖皮质激素，调节糖和蛋白质的代谢，另外，糖皮质激素对机体免疫系统有较强的抑制作用。

3. 网状带 此层最薄，细胞排列成索并互相连接成网。网状带细胞主要分泌雄激素和少量雌激素。

（二）肾上腺髓质

肾上腺髓质位于肾上腺的中央部，主要由排列成索状或团状的髓质细胞组成，髓质细胞体积较大，呈多边形，细胞质内有许多易被铬盐染成棕黄色的嗜铬颗粒，所以髓质细胞又称嗜铬细胞。根据细胞质内颗粒的不同，髓质细胞分为两种。

1. 肾上腺素细胞　数量较多，分泌肾上腺素，可使心肌收缩力增强，心率加快，心和骨骼肌的血管扩张，皮肤的血管收缩。

2. 去甲肾上腺素细胞　数量较少，分泌去甲肾上腺素，可使血压升高，心、脑和骨骼肌内的血流加速。

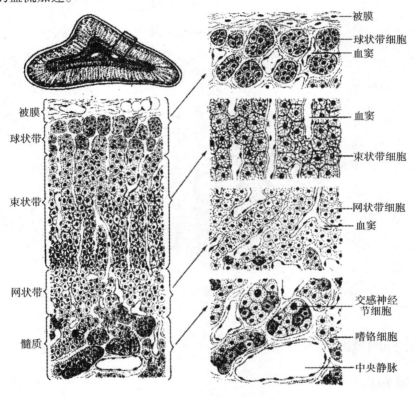

图 7-7　肾上腺的微细结构

第四节　垂　体

一、垂体的形态和位置

垂体色灰红，呈椭圆形，重约 0.5g，位于蝶骨体上面的垂体窝内。上端借漏斗连于下丘脑，前上方与视交叉相邻，故当垂体肿瘤时可压迫视交叉，致双眼视野偏盲（图 7-8）。

垂体由腺垂体和神经垂体两部分组成（图 7-9）。

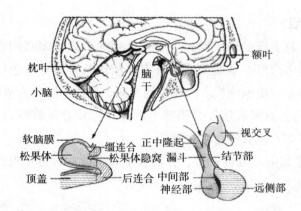

图 7 - 8 垂体和松果体

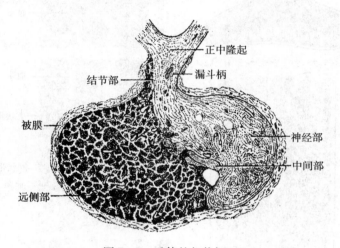

图 7 - 9 垂体的矢状切面

二、垂体的微细结构

(一)腺垂体

腺垂体的细胞排列成团索状。根据其细胞的嗜色性不同可将其分为嗜酸性细胞、嗜碱性细胞和嫌色细胞 3 种（图 7 - 10）。

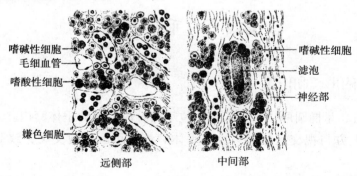

图 7 - 10 垂体的远侧部和中间部

1. 嗜酸性细胞 数量较多,细胞质内含有许多粗大的嗜酸性颗粒。嗜酸性细胞可分泌两种激素:①生长激素,能促进生长和代谢,特别是刺激骺软骨增殖使骨骼增长,若分泌过盛,在幼年引起巨人症,在成人发生肢端肥大症,若儿童时期生长激素分泌不足,则引起侏儒症。②催乳激素,可促进乳腺发育和乳汁分泌。

2. 嗜碱性细胞 数量较少,细胞质中含有嗜碱性颗粒。嗜碱性细胞可分泌 3 种激素:①促甲状腺激素,能促进甲状腺滤泡的增生和甲状腺激素的合成与释放;②卵泡刺激素和黄体生成素,卵泡刺激素可促进卵泡的发育,在男性则促进精子的发育;黄体生成素可促进排卵和黄体形成,在男性则刺激睾丸间质细胞分泌雄激素,所以又称间质细胞刺激素;③促肾上腺皮质激素,可促进肾上腺皮质束状带分泌糖皮质激素。

3. 嫌色细胞 数量最多,体积小,目前认为其可能是嗜酸性细胞和嗜碱性细胞的前体或脱颗粒状态。

(二)神经垂体

神经垂体主要由大量的无髓神经纤维和神经胶质细胞组成,含有丰富的毛细血管,其无髓神经纤维由下丘脑的视上核和室旁核内神经元的轴突经漏斗到达神经垂体构成。下丘脑的视上核和室旁核内神经元能合成血管加压素(抗利尿激素)和催产素,经轴突输送到神经垂体贮存(图 7-11)。血管加压素可增强肾小管对水的重吸收,使尿量减少;催产素使妊娠子宫壁平滑肌收缩,促进分娩及乳汁分泌。

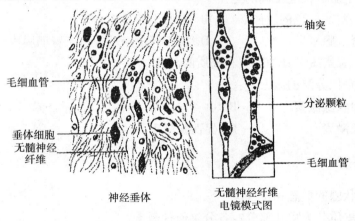

图 7-11　神经垂体的微细结构

第五节　松　果　体

松果体为一椭圆形小体,形似松果,呈灰红色。位于丘脑的后上方,以细柄连于第三脑室顶的后部(图 11-8)。松果体在儿童时期较发达,一般在 7 岁以后开始退化。成年后部分钙化形成钙斑,可在 X 线片上看到,临床可作为颅 X 线片定位的一个标志。松果体能分泌褪黑激素,有抑制性成熟的作用。

一、选择题

（一）A₁型题

1. 内分泌腺不包括：

    A. 甲状腺   B. 松果体   C. 胰腺   D. 垂体   E. 肾上腺

2. 儿童时期，哪种内分泌腺功能低下时，会导致呆小症：

    A. 松果体   B. 甲状腺   C. 垂体   D. 肾上腺   E. 甲状旁腺

3. 关于肾上腺皮质的描述，错误的是：

    A. 球状带分泌盐皮质激素   B. 束状带分泌糖皮质激素

    C. 网状带也分泌少量雌激素   D. 网状带主要分泌雄激素

    E. 以上均不正确

（二）X型题

4. 关于肾上腺的描述正确的是：

    A. 为一对灰白色的腺体   B. 右肾上腺呈三角形

    C. 左肾上腺呈半月形   D. 位于肾的上端被包于肾筋膜内

    E. 肾上腺实质可分为皮质和髓质两部分

5. 不是腺垂体分泌的激素是：

    A. 促甲状腺激素   B. 血管加压素   C. 催产素

    D. 生长激素   E. 促性腺激素

二、简答题

1. 简述甲状腺的形态和位置。

2. 肾上腺皮质分为哪几部分？各分泌何种激素？

（张维烨）

脉管系统　　///　第八单元

◎ **要点导航**

◎ **学习要点**
　　掌握心的位置和外形、心的体表投影、体循环的动脉和静脉；熟悉心腔的结构、心壁的结构、心的传导系统、淋巴器官；了解心的血管、心包、肺循环的血管、淋巴管道。

◎ **技能要点**
　　通过观察熟练掌握心的形态位置、体循环的血管和淋巴系统；学会观察脉管系统的微细结构。

第一节　概　　述

脉管系统包括心血管系统和淋巴系统两部分。心血管系统由心和血管组成，血管又分动脉、毛细血管和静脉；淋巴系统由淋巴管道、淋巴器官和淋巴组织组成。

在心血管系统中，心是动力器官；动脉是输送血液离心的血管；毛细血管是连于动脉和静脉之间的微细血管，是血液与组织进行物质交换的场所；静脉是输送血液回心的血管。

血液在心血管系统内沿一定方向周而复始的流动，称血液循环。

根据血液循环的途径不同，将血液循环分为体循环和肺循环（图 8－1）。

体循环又称大循环，血液由左心室射出，经主动脉及其分支到达全身毛细血管，在此与组织、细胞进行物质和气体交换，动脉血变成静脉血，再经各级静脉回流，最后经上、下腔静脉与心的静脉返回右心房。

肺循环又称小循环，血液由右心室射出，经肺动脉干及其分支到达肺泡毛细血管，在此与肺泡内气体进行气体交换，静脉血变成动脉血，再经肺静脉返回左心房。

大、小循环途径，可归纳为：

体循环：左心室→主动脉及其分支→全身毛细血管→各级静脉→上腔静脉、下腔静脉、心的静脉→右心房

肺循环：左心房 ← 肺静脉 ← 肺静脉各级属支 ← 肺泡毛细血管 ← 肺动脉干及其分支 ← 右心室

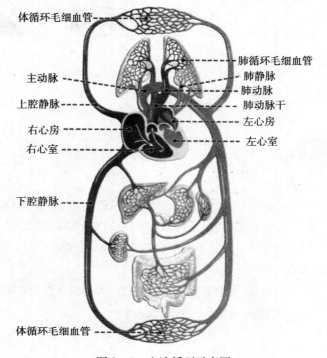

图 8-1　血液循环示意图

第二节　心血管系统

一、心

(一) 心的位置和外形

1. 心的位置　心位于胸腔的中纵隔内，约 2/3 位于正中线的左侧，1/3 位于正中线的右侧。心的上方连有出入心的大血管；下方是膈；两侧借纵隔胸膜与肺相邻；前方大部分被肺和胸膜覆盖，小部分隔心包与胸骨体下部和左侧第 4~6 肋软骨相邻，故临床上行心内注射时常在左侧第 4~5 肋间隙靠近胸骨左缘处进针，一般不会伤及肺和胸膜；后方平对第 5~8 胸椎 (图 8-2)。

2. 心的外形　心的外形似前后略扁的倒置圆锥体，分一尖、一底、两面、三缘和三沟 (图 8-3，图 8-4)。

心尖钝圆，朝向左前下方，与左胸前壁贴近，在左侧第 5 肋间隙锁骨中线内侧 1~2cm 处，可摸到心尖的搏动。心底朝向右后上方，与出入心的大血管相连。下面又称

膈面，较平坦，隔心包与膈相邻。前面又称胸肋面，与胸骨及肋软骨相邻。右缘主要由右心房构成。左缘主要由左心室构成。下缘由右心室和心尖构成。冠状沟是靠近心底处的一条近似环行的沟，是心房与心室在心表面的分界；前室间沟和后室间沟均起自于冠状沟，分别在胸肋面和膈面向心尖的稍右侧走行，它们是左、右心室在心表面的分界。三条沟均被营养心壁的血管和脂肪组织填充。

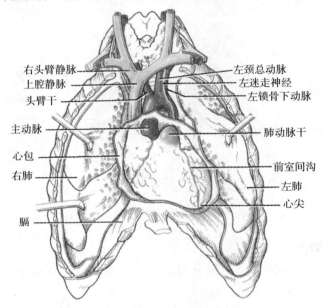

图 8－2　心的位置

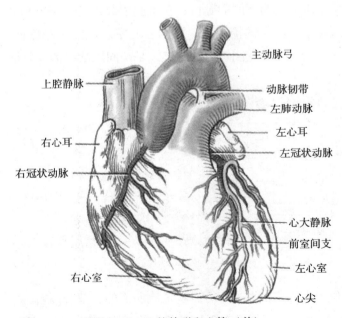

图 8－3　心的外形和血管（前）

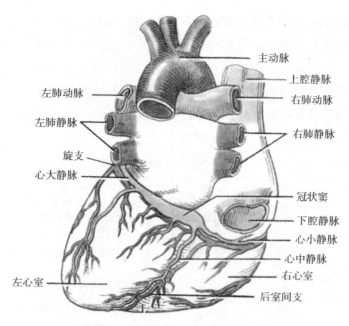

图 8 - 4　心的外形和血管（后）

（二）心腔的结构

心有 4 个腔，借房间隔和室间隔分为左心和右心，每侧心又分为心房和心室两部分，同侧的心房和心室借房室口相通。

1. 右心房　位于心的右后上部，有 3 个入口和 1 个出口。3 个入口中，位于上方的为上腔静脉口；位于下方的为下腔静脉口；在下腔静脉口与右房室口之间为冠状窦口。出口为右房室口，位于右心房的前下方，通向右心室。房间隔右侧面中下部有一卵圆形浅窝称卵圆窝，为胎儿卵圆孔闭锁后的遗迹，是房间隔缺损的好发部位（图 8 - 5）。

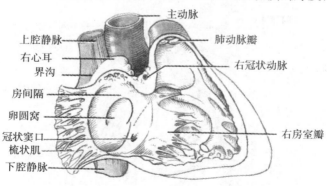

图 8 - 5　右心房的结构

2. 右心室　位于右心房的左前下方，构成胸肋面的大部分。右心室有 1 个入口和 1 个出口。入口即右房室口，其周缘有 3 片三角形的瓣膜，称右房室瓣（三尖瓣），瓣膜的游离缘借数条细丝状的腱索与右心室内的乳头肌相连。腱索由结缔组织构成，乳头肌是心肌形成的乳头状隆起。当心室收缩时，血液推动三尖瓣相互对合，关闭房室口，由于有乳头肌的收缩和腱索的牵拉，瓣膜不会向心房内翻转，从而防止血液由右心室逆流回右心房。出口为肺动脉口，位于该室腔的左上部，通向肺动脉干。该口周缘附有3个游离缘向上的半月形瓣膜，称肺动脉瓣。当心室舒张时，肺动脉瓣被回冲血液充满后，可相互贴紧而封闭肺动脉口，防止血液逆流（图8-6）。

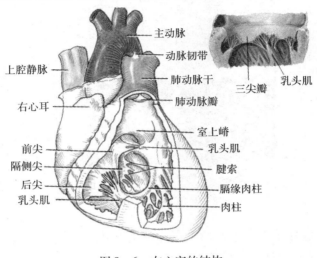

图8-6 右心室的结构

3. 左心房 位于右心房的左后方，构成心底的大部分，有4个入口和1个出口。入口为肺静脉口，位于左心房后部两侧，左右各1对。出口是左房室口，通向左心室（图8-7）。

4. 左心室 大部分位于右心室的左后下方，构成心尖及心的左缘，有1个入口和1个出口。入口即左房室口，其周缘有2片三角形瓣膜，称左房室瓣（二尖瓣），瓣的游离缘借数条腱索与心室壁上的乳头肌相连；出口为主动脉口，通向主动脉。主动脉口周围附有3个游离缘向上的半月形瓣膜，称主动脉瓣（图8-7）。

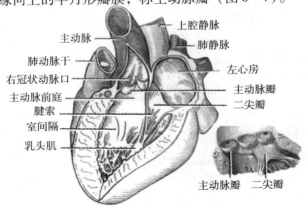

图8-7 左心房和左心室

（三）心壁的结构与心的传导系统

1. 心壁的结构　心壁由内向外依次分为心内膜、心肌膜和心外膜3层（图8－8）。

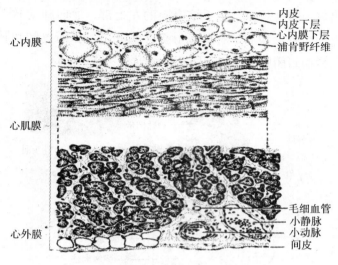

图8－8　心壁的微细结构

（1）心内膜　是衬在心腔内面的一层光滑的薄膜，其内皮与血管的内皮相连续。心内膜在房室口和动脉口处折叠形成心瓣膜。心内膜内有浦肯野纤维（Purkinje fiber）。浦肯野纤维体积较普通的心肌纤维大，染色较浅。

（2）心肌膜　最厚，主要由心肌构成。其中心房肌较薄，心室肌较厚，左心室肌最厚。在各房室口和动脉口周围，有致密结缔组织形成的纤维环，构成了心壁的支架。心房肌和心室肌分别附着于纤维环上，互不连续。因此心房肌的兴奋不能直接传给心室肌（图8－9）。

室间隔的大部分由心肌构成，称肌部，其上部靠近心房处，有一缺乏心肌的卵圆形区域，称膜部，是室间隔缺损的好发部位（图8－10）。

（3）心外膜　为心壁外面的一层浆膜，即浆膜心包的脏层。

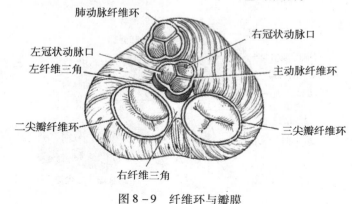

图8－9　纤维环与瓣膜

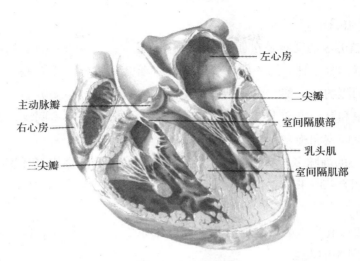

图 8 – 10　室间隔

2. 心的传导系统

心的传导系统由特殊的心肌纤维构成，主要功能是产生和传导兴奋，维持心正常的节律性活动。心的传导系统包括窦房结、房室结、房室束及其分支（图 8 – 11）。

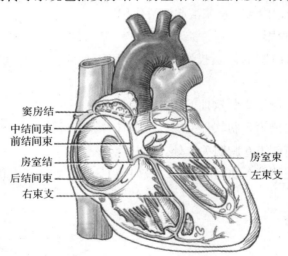

图 8 – 11　心的传导系统

（1）窦房结　位于上腔静脉与右心耳之间的心外膜深面，呈长椭圆形。窦房结可自律性的发生兴奋，是心的正常起搏点。

（2）房室结　位于冠状窦口与右房室口之间的心内膜深面，呈扁椭圆形。房室结的功能是将窦房结传来的兴奋传向心室。

（3）房室束及其分支　房室束起于房室结，在室间隔上部分为左、右束支。左、右束支分别沿室间隔两侧心内膜深面下行，逐渐分为许多细小的浦肯野纤维，浦肯野纤维交织成网并与心室肌纤维相连。

（四）心的血管

1. 动脉　营养心的动脉是左、右冠状动脉（图8-3，图8-4）。均起自升主动脉的根部，经冠状沟分布到心的各部。其中右冠状动脉主要分布于右心房、右心室、左心室后壁、室间隔的后下部和窦房结及房室结。左冠状动脉主要分布于左心房、左心室、右心室前壁和室间隔前上部。右冠状动脉的主要分支是后室间支；左冠状动脉的主要分支是前室间支和旋支。

2. 静脉　心的静脉多与动脉伴行，最终在冠状沟后部汇合成冠状窦，经冠状窦口注入右心房（图8-3，图8-4）。

（五）心包

心包是包裹心和出入心的大血管根部的纤维浆膜囊，分纤维心包和浆膜心包两部分（图8-2，图8-12）。

1. 纤维心包　是坚韧的纤维性结缔组织囊，上方与大血管的外膜相续，下方附着于膈的中心腱。

2. 浆膜心包　为纤维心包内密闭的浆膜性囊，分脏、壁两层。脏层即心外膜。壁层衬于纤维心包内面。浆膜心包的脏、壁两层在出入心的大血管根部相互移行，两层之间的腔隙称心包腔，内含少量浆液起润滑作用。

（六）心的体表投影

在成人，心在胸前壁的体表投影，一般可用下列4点及其间的弧线连接来表示（图8-13）。

1. 左上点　在左侧第2肋软骨下缘，距胸骨左缘1.2cm处。

2. 右上点　在右侧第3肋软骨上缘，距胸骨右缘1cm处。

3. 右下点　在右侧第6胸肋关节处。

4. 左下点　在左侧第5肋间隙锁骨中线内侧1~2cm处（或左侧第5肋间隙，距前正中线7~9cm处）。

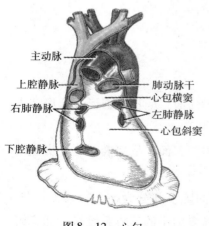

图8-12　心包

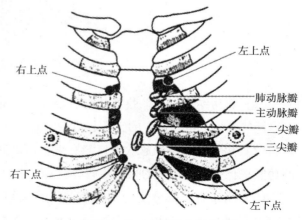

图8-13　心的体表投影

护理应用

抢救心脏骤停病人时经常使用胸外心脏按压术，以代偿心功能。胸外心脏按压术是临床医护人员甚至可以说是人人均应掌握的一项抢救技能。

(1) 部位和姿势　正确的挤压部位应是胸骨中、下1/3交界处。具体方法是让病人仰卧抢救者站或跪在一侧，用一手的掌根贴在病人胸骨中1/3与下1/3交界处，另一手叠在这只手背上（图8-14）。

(2) 用力　胸外按压是利用杠杆原理，身体尽量往前倾，利用身体的力量下压用力，使胸骨下陷约3～4cm。而且在按压的过程中手臂始终是垂直的；手掌鱼际始终是紧贴患者胸部。

(3) 幅度及频率　幅度：3～4cm；频率：100次/min（所有患者）。

(4) 胸外按压/人工呼吸比率（按压/通气比率）　做30次胸外按压，接着做2次人工呼吸，即30∶2。循环交替进行，5个循环(5min左右)为一回合，检查一次患者的呼吸、脉搏和反应，如仍没反应，则继续做，尽量保持不间断。直到复苏或医务人员赶到现场为止。

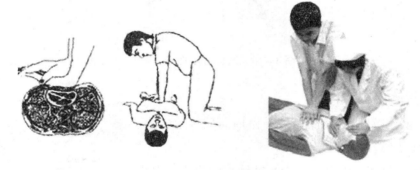

图 8 – 14　胸外心脏按压术

二、血管

（一）血管的分类及结构特点

1. 血管的分类和血管吻合　血管分为动脉、静脉和毛细血管 3 类。动脉和静脉均可分为大、中、小 3 级。

大动脉是指由心室发出的动脉主干，其管径大、管壁厚，如主动脉和肺动脉等；管径小于 1.0mm 的动脉称小动脉，其中接近毛细血管的部分称微动脉；介于大、小动脉之间的动脉均为中动脉，如肱动脉和桡动脉等。

大静脉是指注入心房的静脉主干，如上、下腔静脉和肺静脉等；管径小于 2.0mm 的称小静脉，其中与毛细血管相连的部分称微静脉；介于大、小静脉之间的静脉均属于中静脉。

人体内的血管吻合现象十分普遍。动脉之间有动脉弓、交通支、动脉网等吻合形式；静脉之间有静脉网、静脉丛等吻合形式；在小动脉和小静脉之间还有动静脉吻合等。血管吻合对缩短血液循环、增加局部血流量、调节体温等都起着重要作用。

此外，有些较大的血管，在其主干的近端发出与主干平行的侧支，侧支与主干远端发出的返支或其他血管干的侧支形成吻合，称侧支吻合（图8-15）。在正常情况下，侧支的管径都较细小。当某一主干血流受阻时，侧支管径则逐渐增大以代替主干输送血液。侧支吻合对保证器官在缺血情况下的有效供血，起到了至关重要的作用，故临床意义较大。

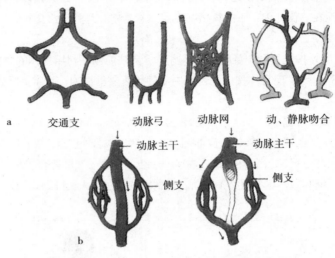

交通支　　　动脉弓　　动脉网　　动、静脉吻合

a. 血管吻合形式　　　b. 侧支吻合和侧支循环

图8-15　侧支吻合及侧支循环

2. 血管壁的结构

（1）动脉　动脉的管壁较厚，由内向外分为内膜、中膜和外膜3层。

①内膜　最薄，由内皮及少量结缔组织构成，内膜游离面光滑，可减少血液流动的阻力，内膜与中膜交界处有一层内弹性膜。

②中膜　最厚，由平滑肌和弹性纤维构成，大动脉的中膜以弹性纤维为主，故又称弹性动脉（图8-16），中动脉和小动脉的中膜以平滑肌为主，故又称肌性动脉（图8-17），小动脉管壁平滑肌的舒缩，不但可改变其口径，影响器官组织的血流量，还可改变血流的外周阻力，影响血压（图8-18）。

③外膜　较薄，由疏松结缔组织构成，含有小血管、淋巴管和神经等。

动脉的管壁较厚，弹性较大，管壁可随心跳而有较明显的搏动，管腔横断面呈圆形。

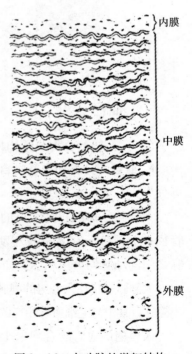

图8-16　大动脉的微细结构

（2）静脉 静脉管壁较薄，也分为内膜、中膜和外膜，但 3 层之间的界限不明显（图 8 - 19，图 8 - 20）。

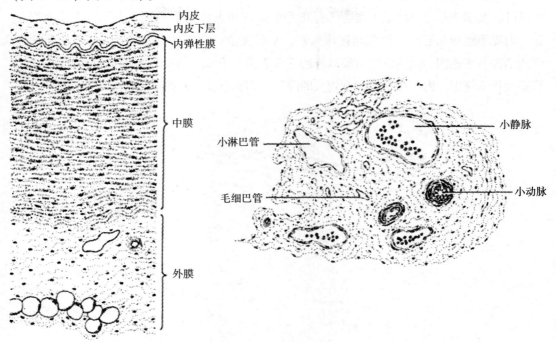

图 8 - 17 中动脉的微细结构　　　　图 8 - 18 小动脉和小静脉的微细结构

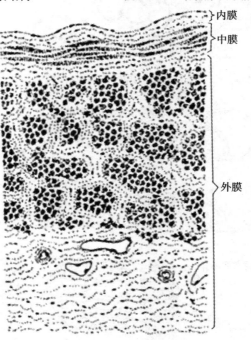

图 8 - 19 大静脉的微细结构

与同名的伴行动脉相比，静脉管壁较薄，弹性较小，管腔较大，横断面不规则，腔内多有静脉瓣。

（3）毛细血管 毛细血管的管径一般为6～8μm，管壁仅由一层内皮和基膜构成（图8-21）。毛细血管分连续毛细血管、有孔毛细血管和窦性毛细血管3类。①连续毛细血管，内皮细胞相互连续，细胞间连接紧密，基膜完整；②有孔毛细血管，与连续毛细血管的结构基本相同，但内皮细胞核以外的部分极薄且有孔；③窦性毛细血管，简称血窦，管腔大且不规则，内皮细胞之间有较大的间隙，细胞有孔，基膜不完整或无基膜。

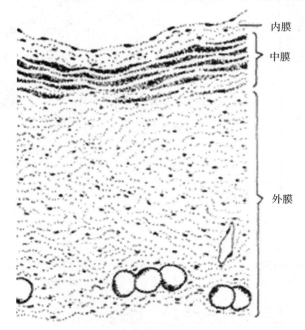

图8-20 中静脉的微细结构

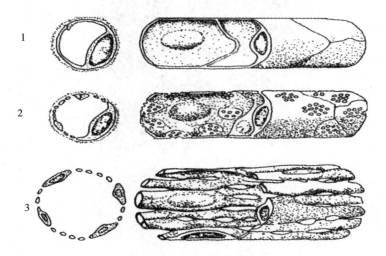

图8-21 毛细血管结构

1. 连续毛细血管　2. 有孔毛细血管　3. 血窦

3. 微循环 微循环是指微动脉和微静脉之间的血液循环。它具有调节局部血流的功能，对组织和细胞的新陈代谢有很大影响。微循环一般包括微动脉、后微动脉、真毛细血管、直捷通路、动静脉吻合和微静脉等（图8-22）。

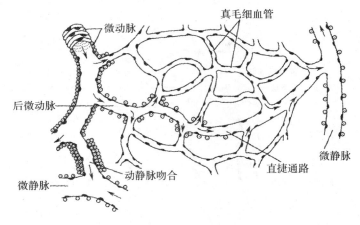

图8-22 微循环

（二）肺循环的血管

1. 肺循环的动脉 肺动脉干短而粗，起于右心室，在升主动脉的前方向左后上方斜行，至主动脉弓的下方分为左、右肺动脉。左、右肺动脉分别经左、右肺门入肺，入肺后与支气管伴行，经多次分支后形成肺泡毛细血管，并吻合成网。在肺动脉干分叉处稍左侧与主动脉弓下缘之间有一条结缔组织索，称动脉韧带，是胎儿时期动脉导管闭锁后的遗迹。若动脉导管在出生后6个月尚未闭锁，则称动脉导管未闭，是常见的先天性心脏病之一。

2. 肺循环的静脉 肺静脉起自肺泡周围的毛细血管网，在肺内逐级吻合，至两侧肺门处，各自形成两条肺静脉出肺，注入左心房（图8-4）。

（三）体循环的动脉

体循环的动脉主干是主动脉。主动脉由左心室发出，向右前上方斜行，再弯向左后，沿脊柱左前方下行，穿膈的主动脉裂孔入腹腔，至第4腰椎体下缘处分为左、右髂总动脉。以胸骨角平面为界将主动脉分为升主动脉、主动脉弓和降主动脉3部分（图8-23，图8-24）。

升主动脉：在其起始处，有左、右冠状动脉发出。

主动脉弓：在主动脉弓的凸侧，自右前向左后依次发出头臂干、左颈总动脉和左锁骨下动脉3个分支。头臂干向右上方行至右胸锁关节后方，分为右颈总动脉和右锁骨下动脉。主动脉弓壁内有压力感受器，具有调节血压的作用。主动脉弓下方，靠近动脉韧带处有2~3个粟粒状小体，称主动脉小球，是化学感受器，参与调节呼吸。

降主动脉：以膈为界，又将其分为胸主动脉和腹主动脉。

1. 头颈部的动脉 头颈部的动脉主干是颈总动脉。两侧颈总动脉均在胸锁关节的后方沿气管、喉和食管的外侧上行，至甲状软骨上缘分为颈内动脉和颈外动脉（图 8 – 25，图 8 – 26）。

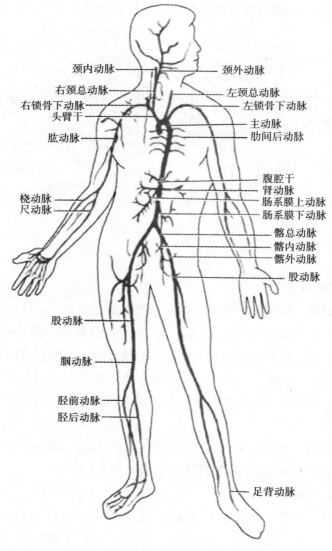

颈内动脉
颈外动脉
右颈总动脉
左颈总动脉
右锁骨下动脉
左锁骨下动脉
头臂干
主动脉
肱动脉
肋间后动脉
腹腔干
肾动脉
肠系膜上动脉
桡动脉
肠系膜下动脉
尺动脉
髂总动脉
髂内动脉
髂外动脉
股动脉
股动脉
腘动脉
胫前动脉
胫后动脉
足背动脉

图 8 – 23　全身的动脉

在颈总动脉分叉处有颈动脉窦和颈动脉小球。颈动脉窦是颈总动脉末端和颈内动脉起始部的膨大部分，壁内有压力感受器，具有调节血压的作用。颈动脉小球是位于颈内、外动脉分叉处后方的扁椭圆形小体，属化学感受器，参与调节呼吸。

（1）颈外动脉　沿胸锁乳突肌的深面上行，在腮腺实质内分为上颌动脉和颞浅动脉两个终支。其主要分支有：①面动脉，在平下颌角处自颈外动脉发出，向前经下颌下腺深面，至咬肌前缘绕过下颌骨下缘，到达面部，再经口角的外侧和鼻翼的外侧上行至眼的内侧，改称内眦动脉，面动脉沿途分布于面部、下颌下腺和腭扁桃体等处；②颞浅动脉，经外耳门前方上行，越过颧弓根上行至颅顶，分布于腮腺、颞部和颅顶；

③上颌动脉，在腮腺内发出后，经下颌支的深面行向前内，分布于鼻腔、口腔和硬脑膜等处，其中分布于硬脑膜的分支，称脑膜中动脉，自上颌动脉发出后穿棘孔入颅腔，紧贴翼点内面走行。当颞部骨折时，易损伤该血管，引起硬膜外血肿。

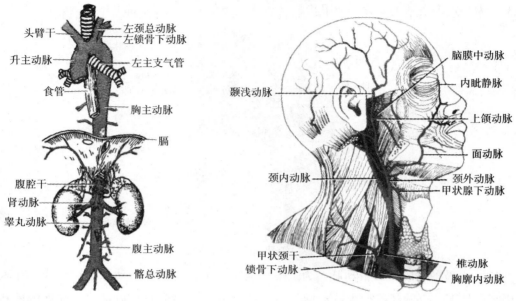

图 8 - 24 主动脉及其分支

图 8 - 25 颈外动脉及其分支

（2）颈内动脉 由颈总动脉发出后，在咽的外侧垂直上升穿颈动脉管进入颅腔，分布于脑和视器（图 8 - 26）。

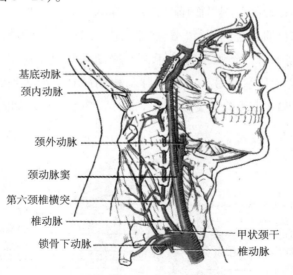

图 8 - 26 颈内动脉和椎动脉

2. 锁骨下动脉和上肢的动脉

（1）锁骨下动脉 左侧起自主动脉弓，右侧起自头臂干，经胸廓上口到颈根部，继而行向外侧，至第 1 肋的外侧缘，移行为腋动脉。锁骨下动脉的主要分支有（图 8 -

25，图8-26，图8-27）：①椎动脉，由锁骨下动脉上壁发出，向上穿第6~1颈椎横突孔，经枕骨大孔入颅腔，分布于脑和脊髓；②胸廓内动脉，由锁骨下动脉向下发出，进入胸腔，沿肋软骨的后面下行，最后进入腹直肌鞘内，移行为腹壁上动脉；③甲状颈干，为一短干，其主要分支为甲状腺下动脉，分布于甲状腺下部和喉等处。

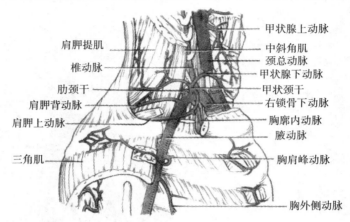

肩胛提肌
椎动脉
肋颈干
肩胛背动脉
肩胛上动脉
三角肌

甲状腺上动脉
中斜角肌
颈总动脉
甲状腺下动脉
甲状颈干
右锁骨下动脉
胸廓内动脉
腋动脉
胸肩峰动脉
胸外侧动脉

图8-27 锁骨下动脉及其分支

（2）上肢的动脉 ①腋动脉，为上肢的动脉主干，由锁骨下动脉延续而成，在腋窝内行向外下，至臂部移行为肱动脉，腋动脉的分支主要分布于肩部、胸前外侧壁和乳房等处（图8-28）；②肱动脉，为腋动脉的直接延续，沿肱二头肌内侧缘下行至肘窝深部，分为桡动脉和尺动脉，肱动脉沿途分支分布于臂部及肘关节，在肘窝内上方，可触到肱动脉的搏动，此处是测量血压时听诊的部位（图8-29）；③桡动脉，由肱动脉分出后，沿前臂前群肌的桡侧下行，经腕部到达手掌；④尺动脉，由肱动脉分出后，在前臂前群肌的尺侧下行，经腕部到达手掌，桡动脉与尺动脉沿途分布于前臂和手（图8-30）；⑤掌浅弓和掌深弓，由尺动脉与桡动脉在手掌的终末支相互吻合而成（图8-31），掌浅弓和掌深弓除分支分布于手掌外，还发出指掌侧固有动脉，沿手指掌面的两侧缘行向指尖。

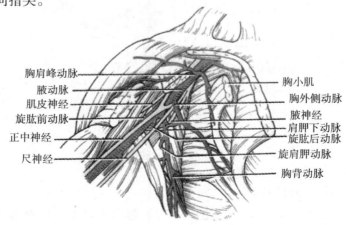

胸肩峰动脉
腋动脉
肌皮神经
旋肱前动脉
正中神经
尺神经

胸小肌
胸外侧动脉
腋神经
肩胛下动脉
旋肱后动脉
旋肩胛动脉
胸背动脉

图8-28 腋动脉及其分支

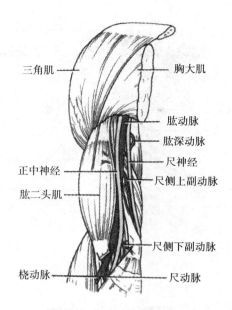

图 8 - 29　肱动脉及其分支

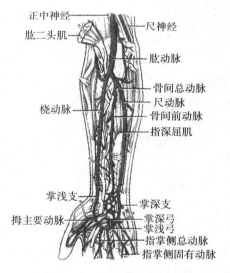

图 8 - 30　桡动脉和尺动脉

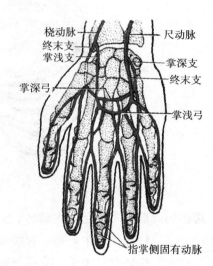

图 8 - 31　手的动脉（右侧）

3. 胸部的动脉　主干是胸主动脉，其分支有壁支和脏支（图 8 - 32，图 8 - 33）。

壁支包括肋间后动脉和肋下动脉，沿肋沟走行，分布于胸壁和腹壁上部和脊髓等处。

脏支细小，主要有支气管支、食管支和心包支，分布于各级支气管、食管和心包等处。

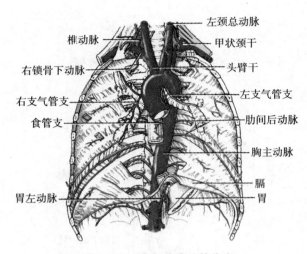

图 8-32 胸主动脉及其分支

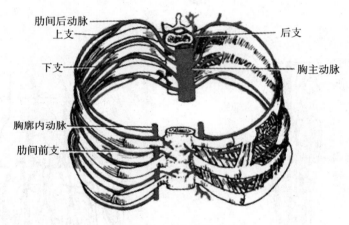

图 8-33 胸壁的动脉

4. 腹部的动脉　主干是腹主动脉，其分支也分壁支和脏支（图 8-34）。

（1）壁支　较细小，主要是 4 对腰动脉，分布于脊髓、腹后壁等处。

（2）脏支　数量多且粗大，分成对脏支和不成对脏支两种。

成对的脏支主要有：①肾上腺中动脉，在平对第 1 腰椎平面处发出，横行向外，分布于肾上腺；②肾动脉，较粗，约在平对第 2 腰椎体平面处发出，横行向外经肾门入肾；③睾丸动脉，细长，在肾动脉的稍下方发出，沿腹后壁斜向外下，继而经腹股沟管入阴囊，分布于睾丸。在女性则称卵巢动脉，分布于卵巢。

不成对的脏支主要有：①腹腔干，粗而短，在主动脉裂孔稍下方由腹主动脉前壁发出，立即分为胃左动脉、肝总动脉和脾动脉（图 8-35）。胃左动脉分支分布于胃小弯侧的胃壁和食管的腹段。肝总动脉行向右前方，于十二指肠上部的上方，分为肝固有动脉和胃十二指肠动脉。肝固有动脉在起始处发出胃右动脉，本干在肝十二指肠韧带内上行达肝门处分左、右支入肝，右支入肝前发出胆囊动脉。胃十二指肠动脉在十二指肠上部的后方下行，分为数支，其中主要是胃网膜右动脉。脾动脉沿胰的上缘左行至脾门入脾，沿途发出胰支分布于胰，在脾门附近，还发出胃短动脉和胃网膜左动脉。②肠系膜上动脉，在腹腔干的稍下方由腹主动脉前壁发出，在胰头后方下行，进入肠系膜，分支分布于空肠、回肠、盲肠、阑尾、升结肠、横结肠（图 8 - 36）。③肠系膜下动脉，约平第 3 腰椎高度发自腹主动脉分支分布于降结肠、乙状结肠和直肠上部（图 8 - 37）。

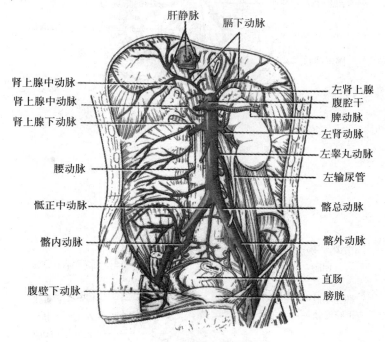

图 8 - 34　腹部的动脉

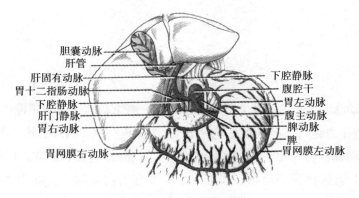

图 8 - 35　腹腔干及其分支

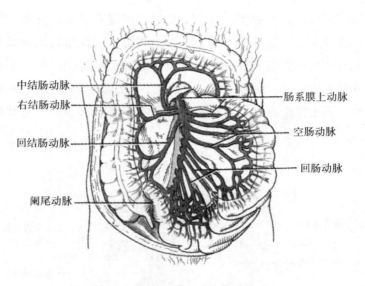

中结肠动脉
右结肠动脉
回结肠动脉
阑尾动脉

肠系膜上动脉
空肠动脉
回肠动脉

图 8 – 36　肠系膜上动脉及其分支

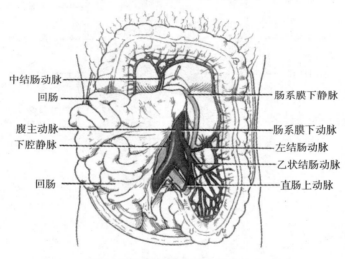

中结肠动脉
回肠
腹主动脉
下腔静脉
回肠

肠系膜下静脉
肠系膜下动脉
左结肠动脉
乙状结肠动脉
直肠上动脉

图 8 – 37　肠系膜下动脉及其分支

5. 盆部的动脉　盆部的动脉主干是髂总动脉。髂总动脉在第 4 腰椎体下缘由腹主动脉发出，斜向外下方走行，至骶髂关节前方，分为髂内动脉和髂外动脉（图 8 – 38）。

（1）髂内动脉　为一短干，沿盆腔侧壁下行，也分壁支和脏支。①壁支，主要有闭孔动脉、臀上动脉和臀下动脉；②脏支，主要有子宫动脉、阴部内动脉。子宫动脉走行于子宫阔韧带内，在子宫颈外侧 2 cm 处越过输尿管的前上方，沿子宫颈上行，分布于阴道、子宫、输卵管和卵巢等处（图 8 – 39）。阴部内动脉自梨状肌下孔出盆腔，进入会阴深部，分支布于肛区和外生殖器。

（2）髂外动脉　沿腰大肌内侧缘下行，经腹股沟韧带中点深面至股前部，移行为股动脉（图 8 – 38）。主要分支为腹壁下动脉。

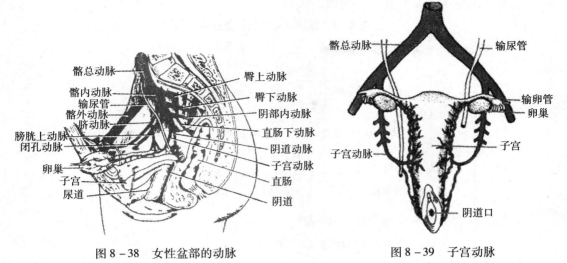

图 8-38 女性盆部的动脉

图 8-39 子宫动脉

6. 下肢的动脉 ①股动脉，为髂外动脉的延续，在股三角内下行，并逐渐转向背侧，进入腘窝，移行为腘动脉，分支分布于大腿肌和髋关节（图8-40），在腹股沟韧带中点下方可触及股动脉的搏动，此处是临床上抽取动脉血和介入插管常选用的部位；②腘动脉，行于腘窝深部，至腘窝下缘处分为胫前动脉和胫后动脉（图8-41）。③胫后动脉，沿小腿后面的浅、深层肌之间下行，分布于小腿肌后群和外侧群，胫后动脉经内踝的后方进入足底，分为足底内侧动脉和足底外侧动脉；④胫前动脉，自腘动脉发出后，向前至小腿前面，在小腿前群肌之间下行至踝关节前方，移行为足背动脉，胫前动脉分支分布于小腿前群肌。

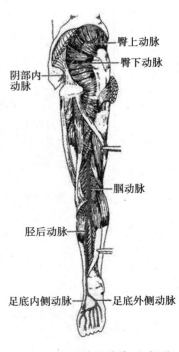

图 8-40 下肢的动脉（前面）

图 8-41 下肢的动脉（后面）

体循环动脉的主要分支可归纳如表8－1。

表8－1 体循环动脉的主要分支

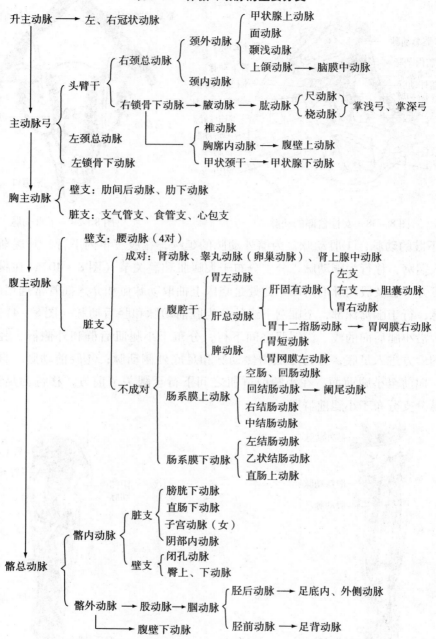

护理应用

1. 血压测量技术

血压是流动着的血液对单位面积血管壁所施的侧压力。

肱动脉是臂部的动脉干，沿肱二头肌的内侧缘下降，位置表浅，尤其在肘窝及稍上方仅覆以皮肤和浅筋膜，是测量血压时听诊的部位。

2. 压迫止血应用的血管

(1) 颈总动脉　颈总动脉在胸锁乳突肌前缘中份，位置表浅可触及搏动(图8-42)，头颈部外伤出血时，可在此向后内方压至第6颈椎横突以达止血目的。注意不能同时压迫两侧的颈总动脉，以免造成大脑缺血；压迫时间也不能太长，以免引起颈部化学和压力感受器反应而危及生命。

(2) 面动脉　面动脉在咬肌前缘与下颌骨下缘交界处(下颌角前方约3cm处)位置表浅可触及搏动（图8-42)，当面部出血时，此处可作压迫止血点。

(3) 颞浅动脉　颞浅动脉穿腮腺上行于外耳门前方及颧弓根部浅面，耳屏前方可触及该动脉搏动(图8-43)，当颞部和颅顶部出血时此处可作压迫止血点。

(4) 锁骨下动脉　当上肢外伤出血时，可于锁骨中点上方向后下方将锁骨下动脉压向第1肋进行止血(图8-43)。

(5) 肱动脉　肱动脉走行位置表浅，易触及搏动(图8-44)，当前臂、手外伤出血时，可在臂中部将该动脉压向肱骨止血。

(6) 桡动脉、尺动脉及手的动脉　手外伤出血时，可在腕掌侧面的上方压迫桡动脉和尺动脉进行止血。手指的动脉行于手指的两侧缘，手指出血时可在手指两侧压迫止血。桡动脉在桡骨茎突掌侧，位置表浅，为常用摸脉点(图8-44)。

(7) 股动脉　在腹股沟韧带中点稍下方可触及股动脉的搏动(图8-45)。当下肢外伤出血时，可于此处将股动脉压向耻骨进行止血。股动脉的内侧为股静脉，亦可作为静脉穿刺的标志。

(8) 足背动脉和胫后动脉　足背动脉在内、外踝连线中点稍下方位置表浅，可触及搏动(图8-45)，足背部出血时可在此处压迫止血。胫后动脉经内踝后方进入足底，足底肌和足趾出血时可在内踝后下方压迫止血。

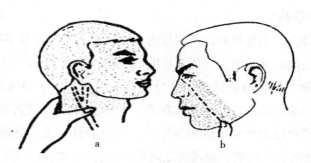

图8-42　颈总动脉和面动脉压迫止血点

a. 颈总动脉压迫止血点　b. 面动脉压迫止血点

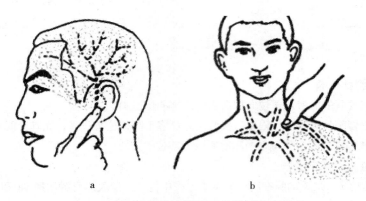

图 8-43　颞浅动脉和锁骨下动脉压迫止血点

a. 颞浅动脉压迫止血点　b. 锁骨下动脉压迫止血点

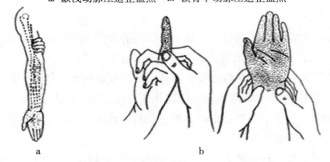

图 8-44　上肢的动脉压迫止血点

a. 肱动脉压迫止血点　b. 桡动脉、尺动脉和手的动脉压迫止血点

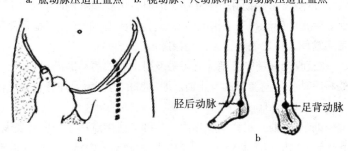

胫后动脉　　足背动脉

图 8-45　下肢的动脉压迫止血点

a. 股动脉压迫止血点　b. 胫后动脉和足背动脉压迫止血点

（四）体循环的静脉

体循环静脉的特点　①数量多，管腔较大，管壁薄，吻合比较丰富；②有静脉瓣，静脉瓣是防止血液逆流的重要结构（图 8-46），四肢的静脉瓣较多，但大静脉、肝门静脉及头颈部的静脉一般没有静脉瓣；③分为浅、深两类，浅静脉位于皮下组织内，又称皮下静脉，不与动脉伴行，最后注入深静脉，深静脉多与同名动脉伴行；④特殊结构的静脉，板障静脉位于颅顶扁骨的板障内，借导静脉与头皮静脉和硬脑膜窦相通（图 8-47）；硬脑膜窦为颅内硬脑膜两层之间形成的管腔，没有平滑肌和静脉瓣，故外伤时止血困难。

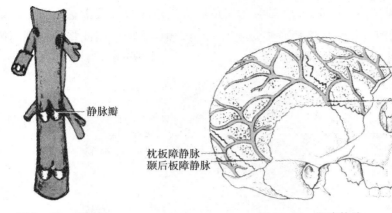

图 8 - 46　静脉瓣　　　　　　图 8 - 47　板障静脉

体循环的静脉包括上腔静脉系、下腔静脉系和心静脉系（图 8 - 48）。

1. 上腔静脉系　由上腔静脉及其属支构成，收集头颈部、上肢、胸部（心除外）等上半身的静脉血，其主干为上腔静脉。

上腔静脉由左、右头臂静脉合成，沿升主动脉的右侧下行，注入右心房（图 8 - 49）。

头臂静脉由同侧的颈内静脉和锁骨下静脉合成，汇合处的夹角称静脉角，为淋巴导管的注入部位。

（1）头颈部的静脉

①头皮静脉　头皮静脉分布于颅顶软组织内，表浅易见，为婴幼儿静脉输液常用的血管。主要有：a. 颞浅静脉，起于颅顶及颞区的静脉网，伴随颞浅动脉走行；b. 滑车上静脉（额静脉），始于冠状缝处，在额骨正中可合成一条，此静脉粗而直，穿刺成功率高；c. 耳后静脉，在耳廓后方与同名动脉伴行；d. 眶上静脉，在额结节的表面行向眶上孔（图 8 - 50）。

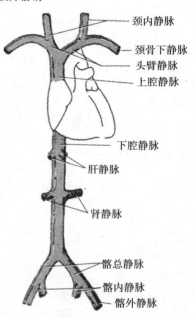

图 8 - 48　体循环的大静脉

②颈外静脉　是颈部最大的浅静脉（图 8 - 50），沿胸锁乳突肌的表面下行，注入锁骨下静脉，颈外静脉常用于静脉穿刺和插管，右心衰竭的病人，因静脉回流不畅，在锁骨上方可见颈外静脉膨隆，临床上称颈静脉怒张。

③颈内静脉　在颈静脉孔处续于颅内的乙状窦，下行至胸锁关节的后方与锁骨下静脉汇合成头臂静脉。颈内静脉的属支有颅内支和颅外支两种。颅内支通过颅内静脉和硬脑膜窦收集脑膜、脑、视器等处的静脉血。颅外支主要汇集面部、颈部等处的静脉血，其主要属支为面静脉，其起自内眦静脉，与面动脉伴行斜向外下，到舌骨平面注入颈内静脉。面静脉借内眦静脉、眼静脉与颅内的海绵窦交通，而且面静脉在口角

平面以上缺乏静脉瓣（图8－51）。当面部尤其是危险三角区域内发生感染时，若处理不当（如挤压），病菌可经上述途径逆流入颅内，引起颅内感染。因此将鼻根到两侧口角之间的三角形区域称"危险三角"。

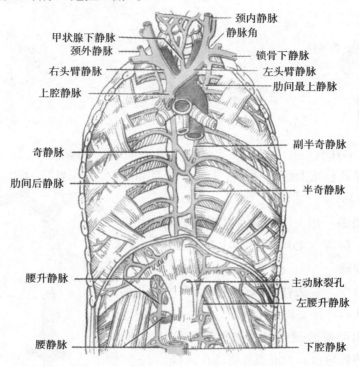

图8－49　上腔静脉及其属支

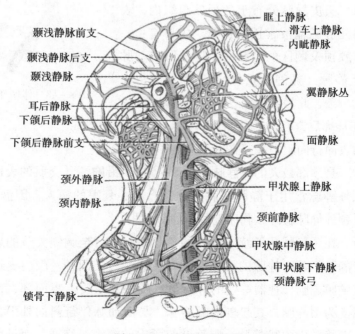

图8－50　头面部的静脉

④锁骨下静脉　是腋静脉的直接延续，位于颈根部，在胸锁关节的后方与颈内静脉汇合成头臂静脉。由于该静脉管腔大、位置恒定，临床上常选取锁骨下静脉作为静脉穿刺插管、心血管造影等的穿刺静脉。锁骨下静脉的主要属支是颈外静脉和腋静脉。

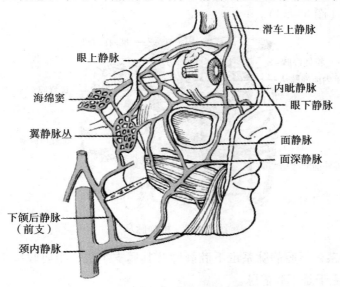

图 8-51　面静脉及其交通

（2）上肢的静脉　上肢的静脉富有瓣膜，分深、浅两种。

①上肢的深静脉　与同名动脉伴行，收集同名动脉分布区域的静脉血，经腋静脉续于锁骨下静脉。

②上肢的浅静脉　位于皮下，有3条较为恒定，肉眼容易辨认，即头静脉、贵要静脉和肘正中静脉（图8-52）。a. 头静脉，起于手背静脉网的桡侧，转至前臂前面，沿肱二头肌外侧缘上行至肩部，穿深筋膜注入腋静脉或锁骨下静脉；b. 贵要静脉，起于手背静脉网的尺侧，转至前臂前面尺侧，沿肱二头肌内侧缘上行至臂中部，穿深筋膜注入肱静脉；c. 肘正中静脉，斜行于肘窝皮下，为一短粗的静脉干，连于头静脉和贵要静脉之间。

（3）胸部的静脉　主要有胸后壁的奇静脉及其属支和椎静脉丛。

①奇静脉　起自右腰升静脉，穿

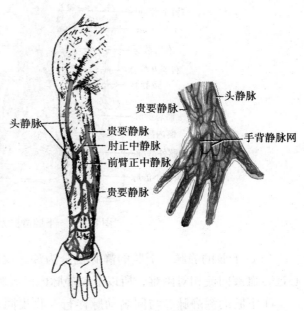

图 8-52　上肢的浅静脉

膈沿脊柱右侧上行，在平第 4 胸椎高度呈弓形向前跨过右肺根上方，注入上腔静脉（图 8 - 49）。奇静脉沿途收集肋间后静脉、支气管静脉、食管静脉等的血液。

②椎静脉丛 位于椎管内、外，椎静脉丛是沟通上、下腔静脉系和颅内、外静脉的重要通道之一（图 8 - 53）。

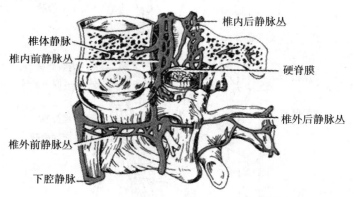

图 8 - 53 椎静脉丛

2. 下腔静脉系 下腔静脉系由下腔静脉及其属支组成，主要收集下肢、盆部和腹部的静脉血，其主干是下腔静脉。

下腔静脉在第 5 腰椎右前方由左、右髂总静脉汇合而成，沿腹主动脉右侧上行，穿膈的腔静脉孔入胸腔，注入右心房（图 8 - 48，图 8 - 54）。

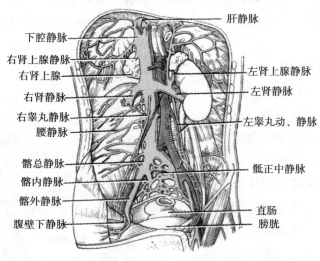

图 8 - 54 下腔静脉及其属支

（1）下肢的静脉 下肢的静脉也分为深、浅静脉两种。由于下肢静脉位置低、离心远，血液回流相对困难，所以下肢静脉内的瓣膜也较上肢多。

①下肢的深静脉 与同名动脉伴行，收集同名动脉分布区域的静脉血，经股静脉续于髂外静脉。

②下肢的浅静脉 主要有大隐静脉和小隐静脉（图 8 - 55）。①大隐静脉，起自

足背静脉弓的内侧，经内踝前方沿小腿内侧、大腿前内侧上升，在腹股沟韧带稍下方注入股静脉，大隐静脉在内踝前方位置恒定且表浅，是临床上静脉穿刺、注射的常选部位，此外，大隐静脉表浅，且行程较长，故为静脉曲张的好发部位；②小隐静脉，起自足背静脉弓的外侧，经外踝后方沿小腿后面上行至腘窝，穿深筋膜注入腘静脉。

（2）盆部的静脉

①髂内静脉　短而粗，与髂内动脉伴行，在骶髂关节前方与髂外静脉汇合成髂总静脉。髂内静脉的属支有壁支和脏支两种，收集同名动脉分布区的静脉血。盆内脏器的静脉在器官壁内或表面形成丰富的静脉丛，男性有膀胱静脉丛和直肠静脉丛，女性除有这些静脉丛外，还有子宫静脉丛和阴道静脉丛等（图8-56）。

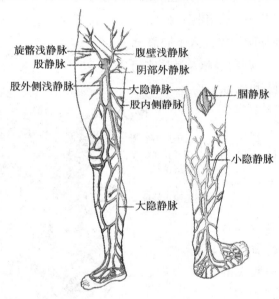

图8-55　下肢的浅静脉

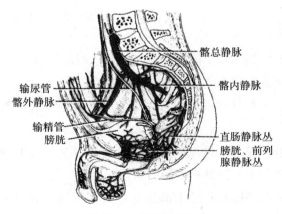

图8-56　盆部的静脉

②髂外静脉　是股静脉的延续，与同名动脉伴行，收集下肢及腹前壁下部的静脉血。

③髂总静脉　由髂内静脉和髂外静脉在骶髂关节的前方汇合而成。

（3）腹部的静脉　腹部的静脉直接或间接地注入下腔静脉，分壁支和脏支（图8-54）。

①壁支　主要是腰静脉，与同名动脉伴行，直接注入下腔静脉。

②脏支　主要有肾静脉、睾丸静脉和肝静脉等。a. 肾静脉，在肾门处由3~5条静脉汇合而成，在肾动脉前方行向内侧注入下腔静脉；b. 睾丸静脉，起自睾丸和附睾，在精索内形成蔓状静脉丛，逐渐汇合成睾丸静脉，左睾丸静脉以直角汇入左肾静脉，右睾丸静脉直接汇入下腔静脉，故睾丸静脉曲张多见于左侧，该静脉在女性为卵巢静脉，起自卵巢，汇入部位与男性相同；c. 肝静脉，位于肝内，2~3条，收集肝血窦回流的静脉血，在肝的腔静脉沟处注入下腔静脉。

（4）肝门静脉系　由肝门静脉及其属支组成。

肝门静脉由脾静脉和肠系膜上静脉在胰头和胰体交界处的后方汇合而成，进入肝十二指肠韧带内，向右上行达肝门处分左、右两支进入肝，在肝内反复分支最后汇入肝血窦，与来自肝固有动脉的血液混合后逐级汇入肝静脉，最后注入下腔静脉。肝门静脉一般无静脉瓣，当肝门静脉压力过高时，血液可以发生逆流（图8-57）。

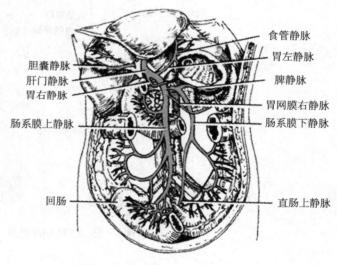

图8-57　肝门静脉及其属支

肝门静脉的主要属支有：脾静脉、肠系膜上静脉、肠系膜下静脉、胃左静脉、附脐静脉、胃右静脉和胆囊静脉。肝门静脉收集腹腔内不成对脏器（除肝外）的静脉血。

肝门静脉系与上、下腔静脉系之间有丰富的吻合。主要有以下3个吻合途径（图8-58）。

①食管静脉丛　肝门静脉经胃左静脉通过食管静脉丛与上腔静脉的属支奇静脉交通，构成了肝门静脉系与上腔静脉系之间的吻合。

②直肠静脉丛　肝门静脉经直肠上静脉通过直肠静脉丛与髂内静脉的属支直肠下静脉和肛静脉交通，构成了肝门静脉系与下腔静脉系之间的吻合。

③脐周静脉网　肝门静脉经附脐静脉通过脐周静脉网向上与上腔静脉系的腹壁上

静脉、胸腹壁静脉交通，向下与下腔静脉系的腹壁下静脉、腹壁浅静脉交通，构成了肝门静脉系与上、下腔静脉系之间的吻合。

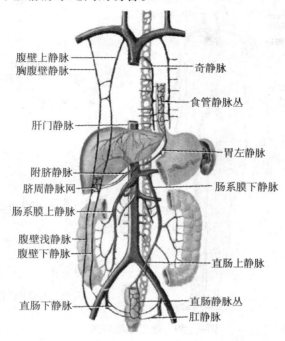

图 8－58　肝门静脉系与上、下腔静脉系之间的吻合（模式图）

护理应用

浅静脉位于浅筋膜内，位置表浅，易于触摸和寻找，较大的浅静脉，透过皮肤可以看到，是临床上进行静脉穿刺、切开、抽血、输液等常用的血管。与临床密切有关的浅静脉主要有：头皮的浅静脉、颈外静脉、手背静脉网、头静脉、贵要静脉、肘正中静脉、大隐静脉、股静脉。

1. **头皮静脉穿刺术**　头皮静脉没有静脉瓣，穿刺既不影响病儿保暖，又不影响肢体活动，婴幼儿治疗多选头皮静脉。

穿刺方法：操作者需用一手固定静脉两端，另一手持针柄，沿向心方向平行刺入静脉，由于头皮静脉管壁回缩能力差，穿刺完毕后要压迫局部片刻，以免出血形成皮下血肿。

2. **四肢浅静脉穿刺术**　常选用手背静脉。如需长期静脉给药者，穿刺部位应先从小静脉开始，逐渐向近侧选择穿刺部位，以增加血管的使用次数。如为一次性抽血检查，可以选择易穿刺的肘正中静脉。穿刺部位尽可能避开关节，以利于针头固定，穿刺时应避开静脉瓣膜部位。

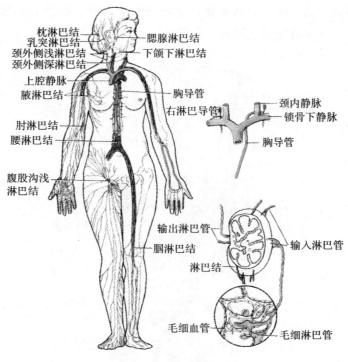

图 8 – 59　淋巴系统概观

第三节　淋 巴 系 统

淋巴系统由淋巴管道、淋巴组织和淋巴器官组成。淋巴系统内流动着无色透明液体，称淋巴（液）（图 8 – 59）。淋巴组织是含有大量淋巴细胞的网状组织。淋巴组织除分布于淋巴器官外，还广泛分布于消化管、呼吸道和泌尿生殖管道的黏膜内。

当血液流经毛细血管的动脉端时，部分血浆从毛细血管滤出到组织间隙，形成组织液。组织液与细胞进行物质交换后，大部分在毛细血管静脉端重新吸收入血液，小部分进入毛细淋巴管成为淋巴。淋巴沿各级淋巴管向心流动，途中经过若干淋巴结的过滤，最后汇入静脉。因此，淋巴系统是心血管系统的辅助系统。

淋巴系统不仅能协助静脉进行体液回流，而且淋巴器官和淋巴组织还具有产生淋巴细胞、过滤淋巴液和进行免疫应答的功能。

一、淋巴管道

淋巴管道包括毛细淋巴管、淋巴管、淋巴干和淋巴导管。

（一）毛细淋巴管

毛细淋巴管以盲端起始于组织间隙，彼此吻合成网，管径粗细不均，比毛细血管略粗。管壁由内皮构成，无基膜，其通透性大于毛细血管，一些大分子物质如蛋白质、细菌、癌细胞等较易进入毛细淋巴管。毛细淋巴管除脑、脊髓、角膜、晶状体、牙釉质、上皮、软骨等处外，几乎遍布全身。

（二）淋巴管

淋巴管由毛细淋巴管汇合而成。淋巴管在向心行程中，通常要经过一个或多个淋巴结。淋巴管分浅、深两种。浅淋巴管位于皮下，多与浅静脉伴行，深淋巴管多与深部血管伴行。淋巴管之间有丰富的吻合。

（三）淋巴干

淋巴干由淋巴管汇合而成，共有 9 条，每条淋巴干收集一定范围内的淋巴。左、右颈干收集左、右侧头颈部的淋巴；左、右锁骨下干收集左、右侧上肢和脐以上胸腹壁浅层的淋巴；左、右支气管纵隔干收集胸腔器官和脐以上胸、腹壁深层的淋巴；左、右腰干收集下肢、盆部、腹后壁及腹腔成对脏器的淋巴；单一的肠干收集腹腔内不成对脏器的淋巴（图 8 - 60）。

（四）淋巴导管

全身 9 条淋巴干最后汇合成两条淋巴导管，即胸导管和右淋巴导管（图 8 - 60）。

1. 胸导管 是全身最粗大的淋巴管道，由左、右腰干和肠干在第 1 腰椎体前方汇合而成，汇合处膨大称乳糜池。胸导管向上穿膈的主动脉裂孔进入胸腔，沿脊柱前方上行出胸廓上口至左颈根部，接收左颈干、左锁骨下干和左支气管纵隔干后注入左静脉角。胸导管收集两下肢、盆部、腹部、左胸部、左上肢和左头颈部近人体 3/4 的淋巴回流。

2. 右淋巴导管 位于右颈根部，为一短干，由右颈干、右锁骨下干和右支气管纵隔干汇合而成，注入右静脉角。右淋巴导管收集右头颈部、右上肢、右胸部近人体 1/4 的淋巴回流。

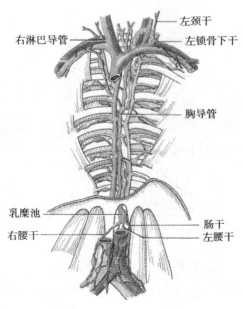

图 8 - 60 淋巴干和淋巴导管

二、淋巴器官

淋巴器官是以淋巴组织为主要成分构成的器官，具有免疫功能，又称免疫器官，包括淋巴结、脾、胸腺和扁桃体等。

（一）淋巴结

1. 淋巴结的形态 淋巴结为大小不等的圆形或椭圆形小体，质软，色灰红。一侧隆凸，有多条输入淋巴管进入；另一侧凹陷，称淋巴结门，有 1～2 条输出淋巴管、神经和血管出入（图 8 - 61）。

2. 淋巴结的功能 淋巴结具有过滤淋巴、产生淋巴细胞和参与免疫反应等功能。

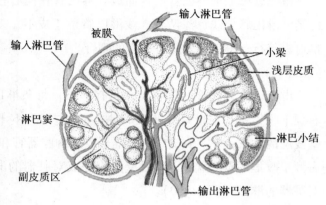

图 8 - 61 淋巴结模式图

3. 人体各部主要的淋巴结

（1）头部的淋巴结 多位于头颈交界处，主要有下颌下淋巴结和颏下淋巴结。它们收纳头面部浅层和口腔器官的淋巴，直接或间接注入颈外侧深淋巴结（图 8 - 62）。

（2）颈部的淋巴结 主要有颈外侧浅淋巴结和颈外侧深淋巴结。颈外侧浅淋巴结沿颈外静脉排列，收纳头部和颈浅部的淋巴管，其输出管注入颈外侧深淋巴结。颈外侧深淋巴结沿颈内静脉排列，收纳头颈部和胸壁上部的淋巴管，其输出管合成颈干（图 8 - 63）。

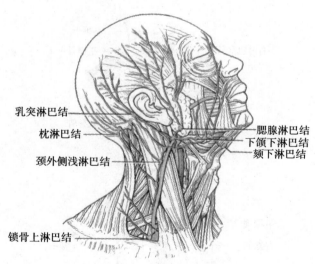

图 8 - 62 头颈部浅层淋巴结

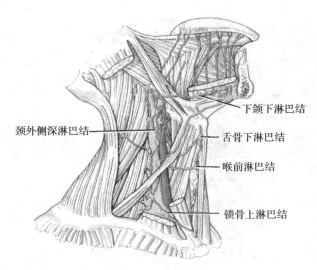

图 8 - 63　颈深部的淋巴结

（3）上肢的淋巴结　主要为腋淋巴结。腋淋巴结位于腋窝内，收纳上肢、乳房、胸壁和腹壁上部等处的淋巴管，其输出管合成锁骨下干（图 8 - 64）。

（4）胸部的淋巴结　包括胸壁的淋巴结和胸腔脏器的淋巴结两部分。胸壁的淋巴结主要有胸骨旁淋巴结，其收纳胸腹前壁和乳房内侧部的淋巴；胸腔脏器的淋巴结主要有位于肺门处的支气管肺淋巴结（肺门淋巴结），收纳肺的淋巴，其输出管汇入支气管纵隔干（图 8 - 64，8 - 65），临床上，肺癌和肺结核病人，常出现肺门淋巴结肿大。

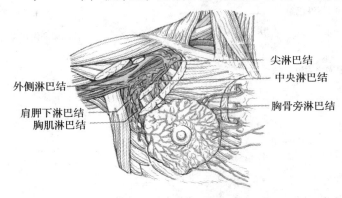

图 8 - 64　腋淋巴结与乳房淋巴管

（5）腹部的淋巴结　位于腹后壁和腹腔脏器周围，沿血管排列，腹后壁的淋巴结主要有位于腹主动脉和下腔静脉周围的腰淋巴结，收纳腹后壁、腹腔成对脏器和盆部、下肢的淋巴，其输出管合成左、右腰干，注入乳糜池；腹腔脏器的淋巴结主要有腹腔淋巴结、肠系膜上淋巴结和肠系膜下淋巴结，它们均位于同名动脉周围，收纳同名动脉分布区的淋巴管，它们的输出管汇合成肠干，注入乳糜池（图 8 - 66，图 8 - 67）。

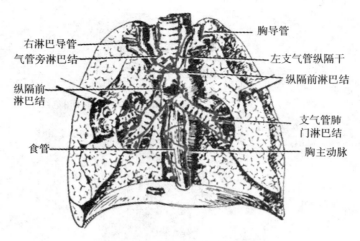

右淋巴导管
气管旁淋巴结
纵隔前淋巴结
食管

胸导管
左支气管纵隔干
纵隔前淋巴结
支气管肺门淋巴结
胸主动脉

图 8 - 65　胸腔脏器的淋巴结

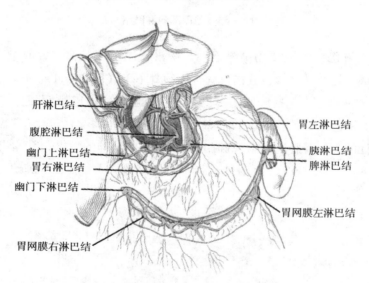

肝淋巴结
腹腔淋巴结
幽门上淋巴结
胃右淋巴结
幽门下淋巴结
胃网膜右淋巴结

胃左淋巴结
胰淋巴结
脾淋巴结
胃网膜左淋巴结

图 8 - 66　胃的淋巴结

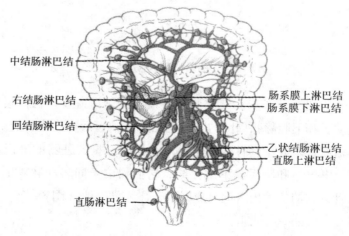

中结肠淋巴结
右结肠淋巴结
回结肠淋巴结
直肠淋巴结

肠系膜上淋巴结
肠系膜下淋巴结
乙状结肠淋巴结
直肠上淋巴结

图 8 - 67　大肠的淋巴结

（6）盆部的淋巴结　沿髂血管排列，包括髂内淋巴结、髂外淋巴结和髂总淋巴结。髂总淋巴结的输出管注入腰淋巴结（图8－68）。

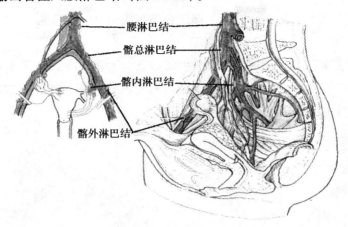

图8－68　盆部的淋巴结

（7）下肢的淋巴结　主要有腹股沟浅淋巴结和腹股沟深淋巴结。腹股沟浅淋巴结位于腹股沟韧带及大隐静脉末端周围，收纳腹前壁下部、臀部、会阴部、外生殖器和下肢大部分的浅淋巴管，其输出管大部分注入腹股沟深淋巴结；腹股沟深淋巴结位于股静脉上部周围，收纳腹股沟浅淋巴结的输出管及下肢的深淋巴管，其输出管注入髂外淋巴结（图8－69）。

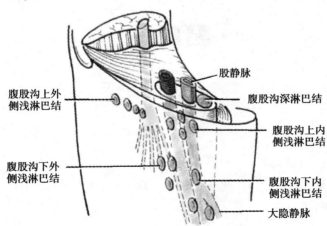

图8－69　腹股沟淋巴结

（二）脾

1. 脾的位置和形态　脾是人体最大的淋巴器官，位于左季肋区，第9～11肋的深面，其长轴与第10肋一致。正常情况下在左侧肋弓下不能触及脾（图8－70）。

脾呈扁椭圆形，暗红色，质软而脆，受暴力打击时易破裂。脾分内、外侧两面，上、下两缘和前、后两端。内侧面又称脏面，脏面近中央处有脾门，是血管、神经等出入之处。外侧面又称膈面，与膈相贴。下缘钝圆，伸向后下方。上缘较锐，有 2 ~ 3 个切迹，称脾切迹，是临床上触诊脾的重要标志（图 8 - 70）。

2. 脾的功能　脾具有造血、滤血、储血和参与免疫反应等功能。

（三）胸腺

1. 胸腺的位置和形态　胸腺位于胸骨柄的后方，上纵隔的前部（图 8 - 71）。胸腺为锥体形，分左、右两叶，色灰红，质柔软。儿童时期胸腺发达，青春期以后，胸腺开始退化萎缩，成人胸腺多被结缔组织代替。

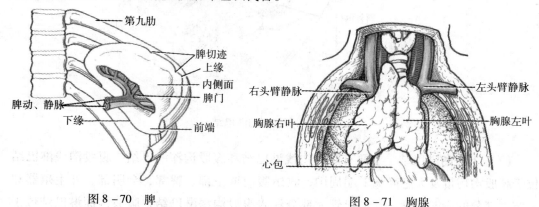

图 8 - 70　脾　　　　　　　　　　　　　图 8 - 71　胸腺

2. 胸腺的功能　胸腺的主要功能是分泌胸腺素和产生 T 淋巴细胞。

练习题

一、选择题

（一）A₁ 型题

1. 心血管系统不包括：

　　A. 心　　B. 静脉　　C. 毛细血管　　D. 淋巴管　　E. 动脉

2. 体循环终于：

　　A. 左心房　　　B. 左心室　　　C. 右心房　　　D. 右心室　　　E. 冠状窦

3. 二尖瓣位于：

　　A. 主动脉口　　　　B. 肺动脉口　　　　C. 左房室口

　　D. 右房室口　　　　E. 冠状窦口

4. 在活体上不易触及搏动的动脉是：

　　A. 桡动脉　　B. 颞浅动脉　　C. 足背动脉　　D. 子宫动脉　　E. 股动脉

5. 肝门静脉：

A. 由肠系膜上、下静脉合成　　　　B. 有丰富的静脉瓣

C. 直接注入下腔静脉　　　　　　D. 与上、下腔静脉系之间有多处吻合

E. 收集腹腔内所有不成对脏器的静脉血

6. 从主动脉升部发出的分支是：

A. 食管动脉　　　B. 支气管动脉　　　C. 肋间后动脉

D. 冠状动脉　　　E. 胸廓内动脉

7. 直接注入下腔静脉的静脉是：

A. 肾静脉　　　　　　　B. 肝门静脉　　　　　　C. 左侧睾丸静脉

D. 肠系膜上静脉　　　　E. 脾静脉

8. 心的正常起搏点是：

A. 心房肌　　　B. 心室肌　　　C. 窦房结　　　D. 房室结　　　E. 房室束

9. 胸导管的收集范围：

A. 上半身的淋巴　　　　　B. 下半身的淋巴

C. 左半身的淋巴　　　　　D. 下半身与左侧上半身的淋巴

E. 下半身与右侧上半身的淋巴

10. 脾：

A. 位于右季肋区　　　　　B. 长轴与肋弓一致

C. 上缘有 2～3 个脾切迹　　　D. 质软不易破裂

E. 正常情况下在肋弓下可触及

（二）A$_2$ 型题

11. 患者男性，65 岁，2 个月来消瘦、咳嗽、痰中带血。有吸烟史。查体发现在左锁骨上窝处有一直径 3cm×4cm 的肿块，肿块硬、表面不光滑、无压痛、不活动。首先应考虑：

A. 甲状腺癌转移　　　B. 胃癌转移　　　C. 肝癌转移

D. 肺癌转移　　　　　E. 淋巴结炎性肿大

12. 患者男性，44 岁。患有乙肝 20 年，肝硬化 5 年。近日发现柏油样黑便，首先应考虑：

A. 胃溃疡出血　　　　　B. 直肠静脉丛破裂出血

C. 食管静脉丛破裂出血　　　D. 肠癌出血

E. 痔疮出血

13. 患者男性，50 岁，因胸前区疼痛、休息和服硝酸甘油不能缓解而就诊，诊断为心绞痛。发生心绞痛的主要病因是：

A. 主动脉瓣狭窄　　　B. 主动脉瓣关闭不全　　　C. 心动过速

D. 心动过缓　　　　　E. 冠状动脉管腔狭窄或痉挛

14. 患者女性，60 岁，风心病伴二尖瓣狭窄 10 年，伴心房颤动 5 年，无明显原因

突然出现意识障碍，最可能的原因是：

  A. 发生室颤   B. 心排出量减少，脑供血不足

  C. 心腔内血栓脱落，脑栓塞   D. 血液呈高凝状态，脑血栓形成

  E. 发生房颤

（三）X 型题

15. 心：

  A. 位于中纵隔内   B. 约 2/3 在正中线的左侧

  C. 两侧借纵隔胸膜与肺相邻   D. 下方是膈

  E. 前面全部被肺和胸膜所遮盖

16. 右心房的入口有：

  A. 下腔静脉口   B. 上腔静脉口   C. 冠状窦口

  D. 肺动脉口   E. 肺静脉口

17. 在活体上可触及搏动的动脉是：

  A. 颞浅动脉   B. 桡动脉   C. 股动脉   D. 足背动脉   E. 肱动脉

18. 上肢浅静脉包括：

  A. 肱静脉   B. 腋静脉   C. 头静脉   D. 贵要静脉   E. 肘正中静脉

19. 肝门静脉收集：

  A. 胃的静脉血   B. 肾的静脉血   C. 肝的静脉血

  D. 脾的静脉血   E. 空肠的静脉血

二、简答题

1. 简述心的位置、外形和腔内结构。

2. 由头静脉输液治疗阑尾炎，试简述药物到达病灶的路径。

3. 在活体上容易摸到哪些动脉的搏动？

4. 简述全身主要浅静脉的名称及其临床意义。

5. 简述肝门静脉高压症有可能出现哪些主要临床症状，为什么？

实验十二 心的形态位置的观察

【实验目的】

通过观察熟练掌握：心的位置、外形、心腔的结构、心包和心包腔；确定心的体表投影及心尖搏动的部位。

【实验材料】

1. 标本 系统解剖尸体标本、离体心标本、新鲜猪心标本、牛心或羊心标本。

2. 模型 半身模型、放大心模型。

【实验内容与方法】

1. 心 在胸腔纵隔标本上观察心的位置、外形及与周围器官的毗邻关系。结合标本描述心的体表投影。在心标本和心模型上观察心的外形。在心的模型和切开心房、心室的离体标本上观察各心腔内的结构。在牛心或羊心标本上观察心传导系统。在标本上辨认心包的分层和心包腔。

2. 猪心 辨认心的瓣膜、腱索、卵圆窝、乳头肌、各心腔的出口和入口。

3. 在活体上确定心的体表投影及心尖搏动的部位。

实验十三 体循环的血管和淋巴系统的观察

【实验目的】

通过观察熟练掌握：肺循环的动脉和静脉，动脉韧带；主动脉的起始、行程和分部；升主动脉和主动脉弓的分支；人体各部的动脉主干名称、行程及主要分支。上腔静脉、下腔静脉的位置、组成和主要属支；全身主要浅静脉位置、行程和注入部位；

全身主要淋巴结群；脾和胸腺的位置与形态。

通过在活体上触摸熟练辨认临床上常用压迫止血、测量血压和诊脉的动脉；熟练辨认临床穿刺常用的浅静脉，确定浅表淋巴结的位置。

【实验材料】

1. 标本 系统解剖尸体标本、头颈部和上肢的动脉标本、腹部的动脉标本、盆部和下肢的动脉标本、掌浅弓与掌深弓标本、淋巴结标本、静脉瓣标本、胸导管与右淋巴导管标本、肝门静脉和脾标本、小儿胸腺标本。

2. 模型 心与大血管模型，全身浅静脉和浅淋巴结模型，肝门静脉与上、下腔静脉的吻合模型。

【实验内容与方法】

在标本、模型上观察肺循环的肺动脉干和左、右肺动脉，动脉韧带；主动脉的起始、行程和分部；升主动脉和主动脉弓的分支；人体各部的动脉主干名称、行程及主要分支。

在标本或模型上观察肺静脉；上腔静脉、下腔静脉的位置、组成和主要属支；肝门静脉的组成、位置。全身主要浅静脉（眶上静脉、滑车上静脉、颞浅静脉、耳后静脉、颈外静脉、头静脉、贵要静脉、肘正中静脉、大隐静脉、小隐静脉）位置、行程和注入部位。

在标本或模型上观察全身主要淋巴结群（下颌下淋巴结、颈外侧浅淋巴结、锁骨上淋巴结、腋淋巴结、腹股沟淋巴结、肺门淋巴结）、胸导管和右淋巴导管的位置、行程、注入部位、脾和胸腺的位置与形态。

在活体上触摸、辨认临床上常用压迫止血、测量血压和诊脉的动脉；观察临床穿刺常用的静脉。

实验十四 心及血管微细结构的观察

【实验目的】

学会：观察心壁、动脉、静脉的微细结构。

【实验材料】

（1）显微镜。

（2）心壁、动脉、静脉的组织切片。

【实验内容与方法】

镜下观察心壁、动脉、静脉的组织切片

1. 心壁切片 在低倍下观察：心壁分心内膜、心肌膜、心外膜。在高倍镜下观察：心内膜较薄，表层为内皮；心内膜下层中可见到浦肯野纤维，体积较普通的心肌纤维大，染色较浅。心肌膜最厚，心肌纤维呈不同方向的切面，肌纤维之间有丰富的毛细血管；心外膜为浆膜。

2. 大动脉切片 可见内膜、中膜和外膜的分层明显，中膜最厚，主要是大量的弹性纤维，呈波浪状。在内膜和中膜的交界处，有较明显的内弹性膜，染成淡粉红色。

3. 中等动、静脉切片 肉眼观察，壁厚、腔圆而小的是中动脉，壁薄、腔大而不规则的是中静脉。

（1）低倍镜观察中动脉 由管腔面向外依次是内膜、中膜和外膜，3层分层明显。内膜很薄，内弹性膜因管壁收缩而呈波浪状，染成淡粉红色，明显地界于内膜和中膜的交界处。中膜最厚，主要是大量的平滑肌。外膜较中膜稍薄，主要由结缔组织构成，含有小血管和神经。

（2）低倍镜观察中静脉 内膜、中膜和外膜的分层不明显，外膜最厚，中膜很薄，内有数层平滑肌，且分布稀疏。

（安月勇）

要点导航

◎ **学习要点**

　　掌握眼球壁和眼球内容物的构成及各构成部分的结构特点、眼屈光系统的构成，外耳道和鼓膜的位置、形态，婴儿外耳道的特点；熟悉眼副器的构成及各构成部分的形态结构，中耳的构成，皮肤的组织结构；了解内耳的形态结构、声波的传导和皮肤附属器的结构。

◎ **技能要点**

　　学会观察眼和耳的构成及各构成部分的形态、位置和结构。

　　感受器是机体接受内、外环境各种刺激的特殊结构，广泛分布于人体各部，形态结构多样。感受器的功能是接受刺激并将其转变为神经冲动，由感觉神经传入中枢，经中枢整合后产生感觉。

　　感觉器是感受器及其附属结构的总称，如眼、耳等。

　　皮肤具有多种功能，因其与感觉功能有关，所以在本单元一并叙述。

第一节　眼

　　眼是视觉器官，由眼球和眼副器构成。眼球能够接受光波的刺激，并将刺激转化为神经冲动，经视觉传导通路传至大脑视觉中枢，产生视觉。眼副器位于眼球的周围，对眼球起支持、保护和运动作用。

一、眼球

　　眼球近似球形，位于眶的前部，后方借视神经连于间脑。眼球由眼球壁和眼球内容物构成。

（一）眼球壁

眼球壁由外向内依次分为眼球纤维膜、眼球血管膜和视网膜3层（图9-1）。

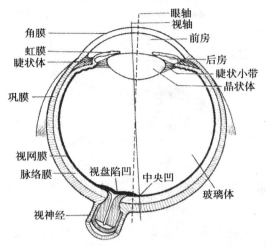

图9-1 右眼球水平切面

1. 眼球纤维膜 主要由致密结缔组织构成，厚而坚韧，位于眼球壁的最外层，自前向后分为角膜和巩膜两部分，对眼球具有支持和保护作用。

（1）角膜 占眼球纤维膜的前1/6，无色透明，外凸内凹，富有弹性，具有屈光作用。角膜内无血管但感觉神经末梢丰富，故感觉敏锐。

（2）巩膜 占眼球纤维膜的后5/6，为乳白色不透明的纤维组织，厚而坚韧。在巩膜与角膜交界处的深面有一环形的巩膜静脉窦，是房水流归静脉的通道（图9-2，图9-3）。

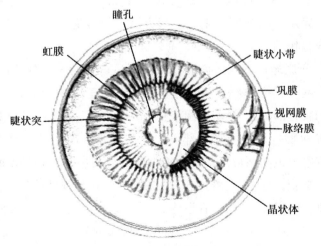

图9-2 眼球前部内面观

2. 眼球血管膜 位于眼球纤维膜的内面，富含血管和色素细胞，呈棕黑色，具有营养眼球内组织和遮光的作用。眼球血管膜由前向后分为虹膜、睫状体和脉络膜3

部分。

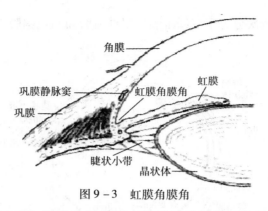

图9-3 虹膜角膜角

（1）虹膜 位于眼球血管膜的最前部，为呈冠状位的圆盘状薄膜，中央有圆形的瞳孔。虹膜内有两种不同排列方向的平滑肌纤维，环绕瞳孔周缘呈环形排列的称瞳孔括约肌，可缩小瞳孔；在瞳孔周围呈放射状排列的称瞳孔开大肌，可开大瞳孔。正常瞳孔的大小因光线强度的变化而改变。

角膜和晶状体之间的间隙称眼房。虹膜将眼房分为较大的前房和较小的后房，前、后房之间借瞳孔相通。在前房周边，虹膜与角膜交界处的环形区域，称虹膜角膜角（也称前房角）。房水由此回流入巩膜静脉窦。

（2）睫状体 位于角膜和巩膜移行部的内面，是眼球血管膜最肥厚的部分。在眼球水平切面上，睫状体呈三角形。其前部有向内突出呈放射状排列的皱襞，称睫状突。睫状突发出睫状小带连于晶状体。睫状体内的平滑肌称睫状肌。睫状体有调节晶状体的曲度和产生房水的作用。

（3）脉络膜 占眼球血管膜的后2/3，是一层富含血管和色素的薄膜。其外面与巩膜疏松相连，内面紧贴视网膜的色素层，后方有视神经通过。脉络膜具有营养眼球和吸收眼内散射光线的作用。

3. 视网膜 位于眼球血管膜的内面，从前向后可分为3部分：视网膜虹膜部、视网膜睫状体部和视网膜脉络膜部。前两部分分别贴附于虹膜和睫状体内面，薄而无感光作用，故称视网膜盲部；脉络膜部贴附于脉络膜内面，有感光作用，故称视网膜视部。通常所说的视网膜是指视网膜视部而言。视网膜视部的后部最厚，愈向前愈薄，在视神经起始处有一白色的圆形隆起，称视神经盘，其中央有视神经和视网膜中央动、静脉穿过，无感光细胞，称生理性盲点。在视神经盘的颞侧稍偏下方约3.5mm处有一黄色小区，称黄斑，由密集的视锥细胞构成。其中央凹陷，称中央凹，此区无血管，是视觉最敏锐的部位。这些结构在活体上可用眼底镜窥见（图9-4）。

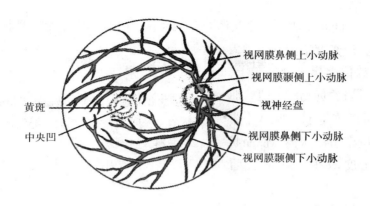

图 9-4　右侧眼底示意图

视网膜视部的组织结构分内、外两层。外层为色素上皮层，由单层色素上皮细胞构成；内层为神经层。两层之间连接疏松，视网膜脱离常发生于此。神经层主要由 3 层细胞组成，由外向内依次为视细胞、双极细胞和节细胞。视细胞是感光细胞，紧邻色素上皮层，分视杆细胞和视锥细胞两种。视杆细胞主要分布于视网膜的周边部，对弱光敏感，不具有辨色的能力；视锥细胞主要分布于视网膜中央部，有感受强光和辨色的功能。双极细胞可将来自感光细胞的神经冲动传至节细胞。节细胞的轴突向视神经盘处集中，形成视神经（图 9-5）。

（二）眼球内容物

眼球内容物包括房水、晶状体和玻璃体。这些结构和角膜一样均无色透明，具有屈光作用，它们和角膜共同构成眼的屈光系统。

1. 房水　房水是充满于眼房内的无色透明液体，其生理功能是为角膜和晶状体提供营养并维持正常的眼内压。房水由睫状体产生，进入眼后房，经瞳孔到达眼前房，再经虹膜角膜角进入巩膜静脉窦，最后汇入眼静脉，此过程为房水循环。若房水回流受阻，可引起眼内压升高，导致视网膜受压而出现视力减退甚至失明，临床上称青光眼。

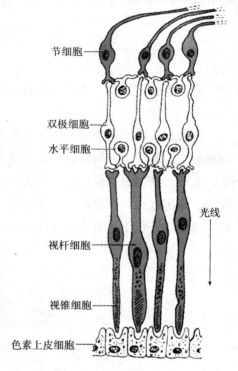

图 9-5　视网膜神经细胞

2. 晶状体　晶状体位于虹膜和玻璃体之间，呈双凸透镜状，无色透明，富有弹性，不含血管和神经。

晶状体周缘借睫状小带与睫状突相连（图 9-2，图 9-3），其曲度可随睫状肌的舒缩而变化。

当看近物时，睫状肌收缩，睫状体向前内移位，睫状小带松弛，晶状体因其本身的弹性而变凸，屈光度增大，使进入眼内的光线恰好能聚焦于视网膜上，以适应看近物。当看远物时，睫状肌舒张，睫状体向后外移位，睫状小带被拉紧，向周围牵引晶状体，使晶状体变薄，屈光度减少，以适应看远物。

护理应用

老年人晶状体弹性减退，看近物时晶状体的屈光度不能相应增大，导致视物不清，称老视，俗称老花眼。

晶状体若因疾病或创伤而混浊，临床称为白内障。

3. 玻璃体 玻璃体为填充于晶状体和视网膜之间的无色透明的胶状物质。玻璃体除具有屈光作用外，还有维持眼球形状和支撑视网膜的作用。若支撑作用减弱，易导致视网膜脱离；若玻璃体混浊，可影响视力。

二、眼副器

眼副器包括眼睑、结膜、泪器、眼球外肌等结构。

（一）眼睑

眼睑位于眼球的前方，分为上睑和下睑，对眼球起保护作用。上、下睑之间的裂隙称睑裂，其内、外侧角分别称内眦和外眦。眼睑的游离缘称睑缘，睑缘上生长有睫毛，有防止灰尘进入眼内和减弱强光照射的作用。在上、下睑缘近内侧端各有一个小隆起，称泪乳头，其顶部有一个小孔，称泪点，是泪小管的开口。睑缘处的皮脂腺，称睑缘腺，开口于睫毛毛囊（图9-1，图9-7）。

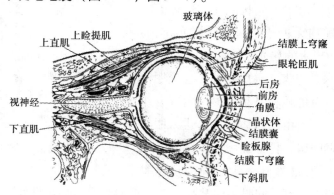

图9-6 眼眶矢状断面

眼睑的组织结构可分为5层，由外向内依次为皮肤、皮下组织、肌层、睑板和睑结膜（图9-7）。眼睑的皮肤较薄，皮下组织疏松，缺乏脂肪组织，易发生水肿。肌层主要为眼轮匝肌，该肌收缩使眼睑闭合。睑板由致密结缔组织构成，睑板内有许多与睑缘垂直排列的睑板腺，开口于睑缘，分泌油脂样液体，具有润滑睑缘和防止泪液外溢的作用。

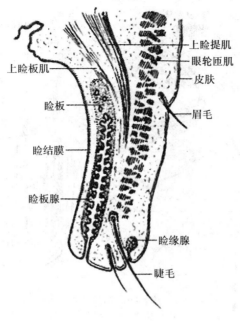

图9-7　眼睑的结构

（二）结膜

结膜是一层富有血管、薄而光滑透明的黏膜，覆盖在眼球的前面和眼睑的内面。按其所在部位可分为睑结膜、球结膜和结膜穹窿3部分。睑结膜衬覆于上、下睑内面；球结膜覆盖在巩膜前面；结膜穹窿为睑结膜与球结膜相互移行的部分，分别形成结膜上穹窿和结膜下穹窿。当上、下睑闭合时，整个结膜形成囊状间隙，称结膜囊，此囊通过睑裂与外界相通（图9-8）。结膜炎是结膜常见疾病。

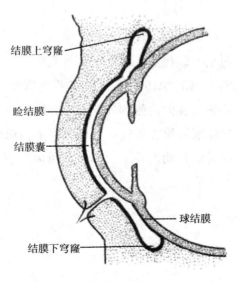

图9-8　结膜

（三）泪器

泪器由泪腺和泪道构成（图9－9）。

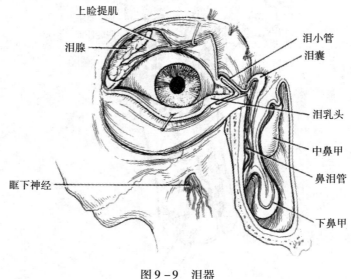

图9－9　泪器

1. 泪腺　位于泪腺窝内，分泌泪液，借排泄管开口于结膜上穹的外侧部。泪腺不断分泌泪液，借眨眼活动涂布于眼球的表面，以湿润和清洁角膜，此外泪液中还含有溶菌酶，有杀菌作用。

2. 泪道　包括泪点、泪小管、泪囊和鼻泪管。泪点分上泪点和下泪点。泪小管为连接泪点和泪囊的小管，分上泪小管和下泪小管。它们分别垂直于睑缘向上、下走行，继而几乎成直角转向内侧汇合在一起，开口于泪囊上部。泪囊位于泪囊窝内，为一膜性囊，上端为盲端，下端移行为鼻泪管。鼻泪管为连接鼻腔与泪囊的膜性管道，开口于下鼻道。

（四）眼球外肌

眼球外肌共有七块，包括上睑提肌、内直肌、外直肌、上直肌、下直肌、上斜肌和下斜肌，均为骨骼肌（图9－10，图9－11）。上睑提肌收缩可提起上睑，开大睑裂；内直肌、外直肌收缩分别使瞳孔转向内侧和外侧；上直肌、下直肌收缩分别使瞳孔转向上内方和下内方；上斜肌收缩可使瞳孔转向下外方；下斜肌收缩可使瞳孔转向上外方。平时眼球能向各个方向灵活转动，并非依靠单一肌肉的收缩，而是两眼数条肌共同参与、协同作用的结果。

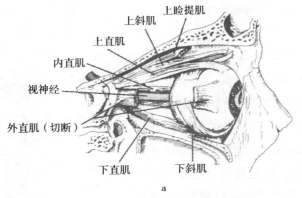

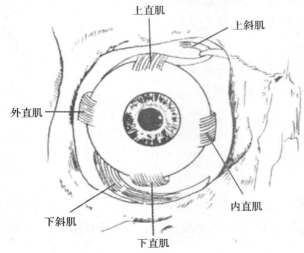

图 9 - 10　眼球外肌

a. 外侧面，b. 前面

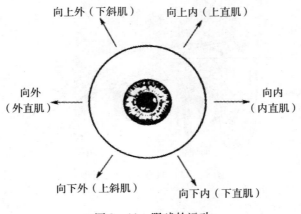

图 9 - 11　眼球的运动

三、眼的血管

（一）眼的动脉

眼的动脉供应主要来自眼动脉。眼动脉在颅腔内起自颈内动脉，经视神经管入眶，分支供应眼球和眼副器等。其中最重要的分支是视网膜中央动脉，是供应视网膜的唯一动脉。该动脉在眼球后方穿入视神经鞘内，行至视神经盘处穿出分布于视网膜各部。临床常用眼底镜观察此动脉，以助诊断某些疾病（图9-4，图9-12）。

（二）眼的静脉

眼球内的静脉主要包括视网膜中央静脉等，收集视网膜的静脉血，伴同名动脉，注入眼上静脉。

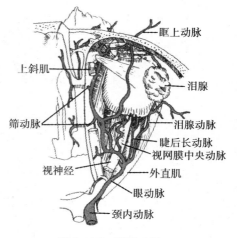

图9-12　眼的动脉

第二节　耳

耳又称前庭蜗器，是位觉和听觉感受器，包括外耳、中耳和内耳3部分（图9-13）。外耳和中耳是收集和传导声波的装置，内耳是听觉感受器和位觉感受器所在的部位。

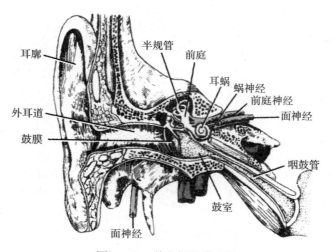

图9-13　前庭蜗器模式图

一、外耳

外耳包括耳廓、外耳道和鼓膜3部分。

（一）耳廓

耳廓位于头部两侧，大部分以弹性软骨为支架，表面覆盖着皮肤，皮下组织少但血管神经丰富；耳廓下 1/3 部无软骨，仅由结缔组织和脂肪组织构成，称耳垂，是临床常用的采血部位。耳廓外侧面中部有一孔，称外耳门，外耳门前方有一突起，称耳屏（图 9 - 14）。

（二）外耳道

外耳道是外耳门与鼓膜间的弯曲管道，成人长约 2.0 ~ 2.5cm，其方向从外向内先向前上，再稍向后，然后向前下。外耳道外侧 1/3 与耳廓的软骨相延续，为软骨部，内侧 2/3 由颞骨围成，为骨性部。外耳道软骨部有可动性，将耳廓向后上方牵拉，即可使外耳道变直，便于观察鼓膜。婴儿因颞骨未完全骨化，其外耳道短而直，鼓膜近似水平位，检查时须将耳廓拉向后下方。

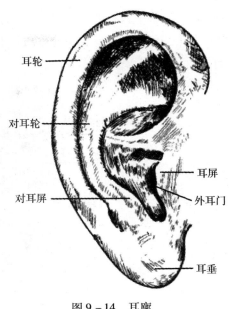

图 9 - 14　耳廓

外耳道表面覆以皮肤，皮肤内含有丰富的感觉神经末梢、毛囊、皮脂腺及耵聍腺。耵聍腺分泌耵聍。外耳道皮肤与软骨膜和骨膜结合紧密，故发生皮肤疖肿时疼痛剧烈。

（三）鼓膜

鼓膜位于外耳道与鼓室之间，为椭圆形半透明薄膜，与外耳道底形成约 45° ~ 50° 的倾斜角。鼓膜的中心向内凹陷，称鼓膜脐，其前下方有一三角形反光区，称光锥。鼓膜上方小部薄而松弛，活体呈淡红色，称松弛部；鼓膜下方大部坚实而紧张，活体呈灰白色，称紧张部（图 9 - 15）。

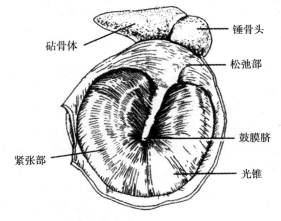

图 9 - 15　鼓膜（右侧）

二、中耳

中耳主要位于颞骨岩部内，包括鼓室、咽鼓管、乳突窦和乳突小房。

（一）鼓室

鼓室是颞骨岩部内的一个不规则含气小腔，位于鼓膜与内耳之间。其向前内借咽鼓管与鼻咽部相通，向后借乳突窦与乳突小房相通。鼓室有不规则的 6 个壁，分别是上壁、下壁、前壁、后壁、外侧壁和内侧壁（图 9 - 16，图 9 - 17）。上壁分隔鼓室与颅中窝。前壁下方有咽鼓管鼓室口。内侧壁即内耳的外侧壁，内侧壁的后上方有一卵圆形小孔，称前庭窗，由镫骨底封闭，后下方有一圆形小孔，称蜗窗，由第二鼓膜封闭。

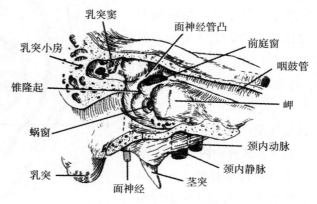

图 9 - 16　鼓室内侧壁

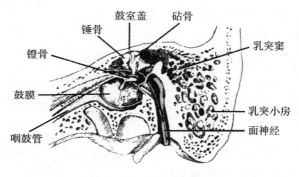

图 9 - 17　鼓室外侧壁

每侧鼓室内有 3 块听小骨，由外向内依次为锤骨、砧骨和镫骨（图 9-18）。锤骨柄与鼓膜相连，镫骨底封闭前庭窗，砧骨连接锤骨和镫骨。3 块听小骨形成听小骨链，将声波的振动传入内耳。当炎症引起听小骨链粘连、韧带硬化时，听小骨链的活动受到限制，可使听力减弱。

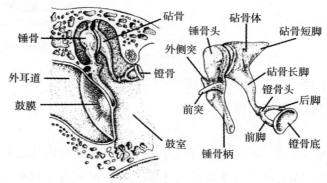

图 9 - 18　听小骨

（二）咽鼓管

咽鼓管是连通鼻咽部与鼓室的管道，其功能是使鼓室的气压与外界的大气压相等，保持鼓膜内、外压力平衡。平时该管鼻咽部的开口处于关闭状态，仅在吞咽或开口时暂时开放。咽鼓管内面衬有黏膜，并与鼓室黏膜和咽部黏膜相延续。小儿咽鼓管短而宽，接近水平位，故咽部感染可经咽鼓管侵入鼓室，引起中耳炎（图 9 – 16，图 9 – 17）。

（三）乳突窦和乳突小房

乳突窦是介于乳突小房和鼓室之间的腔隙，其向后下与乳突小房相通连。乳突小房为颞骨乳突部内的蜂窝状含气小腔隙，彼此通连，腔内覆盖着黏膜，并与乳突窦和鼓室内的黏膜相延续，故中耳炎症可经乳突窦侵犯乳突小房引起乳突炎。

三、内耳

内耳位于颞骨岩部的骨质内，鼓室与内耳道底之间，形状不规则，构造复杂，又称迷路（图 9 – 19）。迷路分为骨迷路和膜迷路。骨迷路是由颞骨岩部的骨密质围成的骨性隧道，膜迷路套在骨迷路内，由相互通连的密闭的膜性小管和小囊构成。膜迷路内充满内淋巴，膜迷路和骨迷路之间充满外淋巴，内、外淋巴互不交通。

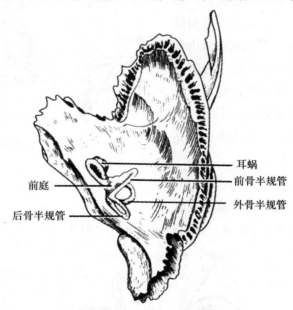

耳蜗
前骨半规管
外骨半规管
前庭
后骨半规管

图 9 – 19　内耳在颞骨岩部的投影

（一）骨迷路

骨迷路从前内侧向后外侧沿颞骨岩部的长轴排列，依次分为耳蜗、前庭和骨半规管，3 者彼此相通（图 9 – 20）。

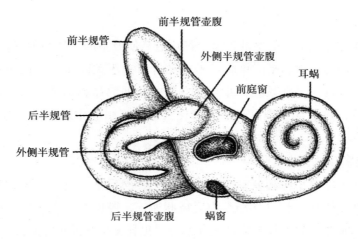

图9-20　骨迷路

1. 前庭　前庭是骨迷路的中间部分，为一近似椭圆形的腔隙。其前部较窄，有一孔通耳蜗；后部较宽与3个骨半规管相通；外侧壁上有前庭窗和蜗窗。

2. 骨半规管　骨半规管为3个半环形的骨性小管，彼此几乎成直角排列。每个骨半规管均有两脚连于前庭，其中一个脚形成膨大称骨壶腹。

3. 耳蜗　耳蜗位于前庭的前方，形似蜗牛壳，由骨性的蜗螺旋管环绕蜗轴构成（图9-21）。蜗轴向蜗螺旋管内伸出一螺旋状骨板，称骨螺旋板，与膜迷路的蜗管相连。因此蜗螺旋管的管腔可分为3部分：上部的前庭阶，中间的蜗管和下部的鼓阶。前庭阶和鼓阶内均充满外淋巴。

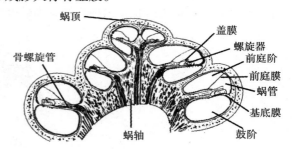

图9-21　耳蜗轴切面

（二）膜迷路

膜迷路由椭圆囊和球囊、膜半规管和蜗管组成，它们之间相互连通，其内充满内淋巴（图9-22）。

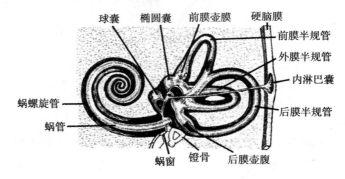

图9-22　膜迷路

1. 椭圆囊和球囊

（1）椭圆囊 位于前庭后上方，椭圆囊的后壁与 3 个膜半规管相通。在椭圆囊壁内有一斑块状隆起，称椭圆囊斑，是位觉感受器，能感受头部静止时的位置觉和直线变速运动引起的刺激。

（2）球囊 位于椭圆囊的前下方。在球囊的囊壁内，也有一斑块状隆起，称球囊斑。也能感受头部静止时的位置觉及直线变速运动引起的刺激。

2. 膜半规管 形态与骨半规管相似，套于同名骨半规管内，各膜半规管有相应膨大的膜壶腹。壶腹壁上有隆起的壶腹嵴，3 个膜半规管内的壶腹嵴相互垂直，它们是位觉感受器，能感受头部旋转变速运动的刺激。

3. 蜗管 蜗管位于蜗螺旋管内，在横断面上呈三角形，其上壁为蜗管前庭壁（前庭膜），将前庭阶与蜗管分开；下壁即蜗管鼓壁（螺旋膜），与鼓阶相隔。在螺旋膜上有螺旋器，又称 Corti 器，为听觉感受器，能感受到声波的刺激（图 9 - 23）。

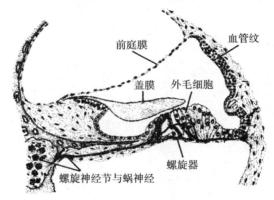

图 9 - 23 膜蜗管与螺旋器

声波传入内耳的感受器有两条途径：空气传导和骨传导。正常情况下以空气传导为主（图 9 - 24）。

图 9 - 24 声波传导途径示意图

（1）空气传导 耳廓将收集到的声波经外耳道传到鼓膜，引起鼓膜振动，中耳内的听小骨链随之运动，经镫骨传到前庭窗，引起前庭阶内的外淋巴波动。外淋巴的波动可通过前庭膜引起内淋巴波动，也可直接使螺旋膜振动，刺激螺旋器使其产生神经冲动，经蜗神经传入中枢，产生听觉。

（2）骨传导　声波直接引起颅骨的振动，继而引起颞骨内的内淋巴振动。正常情况下骨传导意义不大，但临床上可通过检查患者空气传导和骨传导受损的情况，来判断听觉异常产生的部位和原因。

第三节　皮　　肤

皮肤被覆于身体表面，成人总面积约 $1.2 \sim 2.0 m^2$。身体各处皮肤厚薄不一，借皮下组织与深部组织相连，具有保护、吸收、排泄、调节体温、感受刺激及参与物质代谢等多种功能。

一、皮肤的结构

皮肤由表皮和真皮构成（图 9 – 25）。

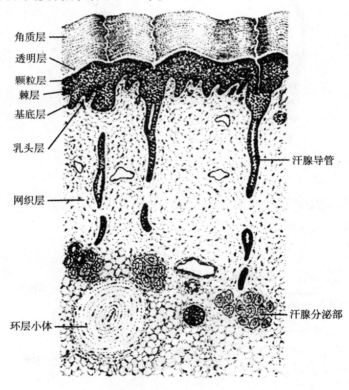

图 9 – 25　手指皮肤

（一）表皮

表皮位于皮肤的浅层，由角化的复层扁平上皮组成。表皮的厚度因部位不同而差别很大。厚表皮从基底到表面可分为基底层、棘层、颗粒层、透明层和角质层 5 层结构。

基底层位于表皮的最深层，是一层低柱状或立方形细胞，分裂增殖能力活跃，新生的细胞不断向浅层推移，分化为其他各层细胞。基底层细胞之间还散在有黑素细胞，其胞质内充满黑素颗粒。黑素能吸收紫外线，对深部组织起保护作用，同时它也是决定皮肤颜色的重要因素之一。角质层位于表皮最浅层，由多层扁平的角质细胞组成。角质层对酸、碱、机械摩擦等有较强的抵抗力，并能防止病原体的入侵和体内物质的丢失，是人体体表的一道重要的天然屏障。

（二）真皮

真皮位于表皮下，由致密结缔组织组成，可分为乳头层和网织层。

乳头层位于真皮浅层，紧邻表皮基底层，并向表皮基底部突出，形成乳头状隆起，称真皮乳头。网织层位于乳头层下方，其内的胶原纤维粗大并交织成网，并有许多弹性纤维穿行其中，从而使皮肤具有较大的韧性和弹性，此层内还有较大的血管、淋巴管、神经、汗腺、皮脂腺、毛囊及环层小体等。

皮下组织，也叫浅筋膜，虽不属于皮肤，但借此将皮肤与深部组织连接在一起，使皮肤具有一定的可动性。皮下组织由疏松结缔组织和脂肪组织构成，脂肪组织的含量随年龄、性别和部位不同而异。皮下组织有保持体温和缓冲机械压力的作用。临床上行皮下注射时，即将药物注入此层，而皮内注射则是将药物注入真皮内。

二、皮肤的附属器

皮肤的附属器包括毛、皮脂腺、汗腺和指（趾）甲，是胚胎发生时由表皮衍生的附属结构（图9-26）。

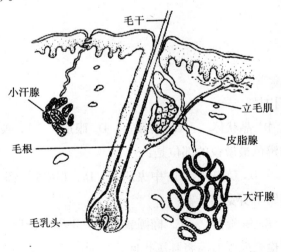

图9-26 皮肤附属器

（一）毛

人体皮肤除手掌、足底外，均有毛分布。毛由毛干和毛根组成。露于体表的部分称毛干，包埋于皮肤内的部分称毛根。毛根周围有毛囊包裹。毛根和毛囊末端形成的膨大称毛球。毛球底面内凹，由富含毛细血管和神经的结缔组织陷入，称毛乳头。毛乳头对毛的生长起诱导作用。毛的一侧附有一束斜行的平滑肌，称立毛肌，收缩时可使毛竖起。

（二）皮脂腺

皮脂腺位于毛囊与立毛肌之间，导管短，开口于毛囊。皮脂腺分泌皮脂，有保护毛发、润滑皮肤和抑菌作用。

（三）汗腺

汗腺为末端盘曲成团的单管状腺，开口于皮肤表面，遍布全身大部分皮肤，手掌、足底和腋窝等处最多，其分泌汗液，有湿润皮肤、调节体温及水盐代谢等作用。

此外在腋窝、会阴等处还含有一种大汗腺，其分泌物较黏稠，经细菌分解后产生特殊气味，称狐臭。大汗腺在青春期比较发达，分泌旺盛，随年龄的增长而逐渐退化。

（四）指（趾）甲

指（趾）甲是由表皮角质层增厚而成的扁平板状结构，位于手指和足趾远端的背面。甲外露的部分为甲体，甲体深面的皮肤为甲床。甲体近侧埋于皮肤内的部分为甲根。甲根附着处的甲床特别厚，是甲的生长点，称甲母质。甲体两侧和近侧的皮肤称甲襞，甲体与甲襞之间的沟称甲沟。甲对指（趾）末节起保护作用。

一、选择题

（一）A₁ 型题

1. 产生房水的结构是：

    A. 睫状体　　B. 晶状体　　C. 泪腺　　D. 眼房　　E. 玻璃体

2. 视网膜感光和辨色最敏锐的部位是：

    A. 视神经盘　　B. 黄斑　　C. 中央凹　　D. 视网膜视部　　E. 玻璃体

3. 下列哪个结构属于听觉感受器：

    A. 壶腹嵴　　B. 螺旋器　　C. 椭圆囊斑　　D. 球囊斑　　E. 鼓膜

4. 在成人，临床检查鼓膜时需将耳廓拉向：

    A. 后下方　　B. 下方　　C. 后上方　　D. 上方　　E. 前上方

5. 关于鼓室的描述，错误的是：

    A. 内含空气　　　B. 内有听小骨　　　C. 内含外淋巴

D. 内衬黏膜　　　　E. 有 6 个壁

（二）X 型题

6. 眼球内容物包括：

　　A. 房水　　　　B. 晶状体　　　　C. 虹膜　　　　　D. 玻璃体　　　　E. 视网膜

7. 眼的屈光装置包括：

　　A. 虹膜　　　　B. 玻璃体　　　　C. 晶状体　　　　D. 角膜　　　　　E. 房水

8. 位置觉感受器包括：

　　A. 壶腹嵴　　　B. 螺旋器　　　C. 骨壶腹　　　D. 椭圆囊斑　　　E. 球囊斑

二、简答题

1. 简述房水的产生和循环途径。

2. 光线从外界进入眼球到达视网膜需经过哪些结构？

3. 小儿为何易患中耳炎？

实验指导

实验十五 感觉器的观察

【实验目的】

学会：观察眼球和眼副器的构成及各构成部分的形态、位置和结构；观察耳的构成及各构成部分的形态、位置和结构。

【实验材料】

1. 标本 牛眼球标本，人眼球切面标本，内耳标本，眼球外肌标本，泪器标本，听小骨标本，切开的颞骨标本。

2. 模型 眼球模型，耳放大模型，骨迷路模型，膜迷路模型。

【实验内容与方法】

1. 眼球 观察角膜、虹膜、瞳孔、睫状体、晶状体、玻璃体、视网膜及其血管、视神经盘、黄斑、视神经、虹膜角膜角等。

2. 眼副器 观察上睑、下睑、上直肌、下直肌、上斜肌、下斜肌、内直肌、外直肌、泪腺、泪道（泪点、泪小管、泪囊、鼻泪管）等。

3. 耳

（1）外耳　观察耳廓、外耳道、鼓膜。

（2）中耳　观察鼓室、咽鼓管、乳突窦、乳突小房、听小骨（锤骨、镫骨、砧骨）。

（3）内耳　观察骨迷路（骨半规管、骨壶腹、前庭、前庭窗、蜗窗、耳蜗）和膜迷路（膜半规管、椭圆囊、球囊、蜗管）。

（周　燕）

神经系统 /// 第十单元

要点导航

◎ **学习要点**

掌握神经系统的组成和分部、脊髓的形态、位置、脑脊液的循环途径；熟悉神经系统的常用术语、脊髓的内部结构、脑干、间脑和端脑的形态结构、脑和脊髓的被膜、脊神经前支所形成的神经丛及其分支分布；了解脑和脊髓的血管、脑神经的名称、内脏神经分类及神经系统的传导通路。

◎ **技能要点**

学会观察脊髓和脑的形态位置、脊神经和脑神经的分布及神经系统的传导通路。

第一节 概 述

神经系统是人体结构和功能最复杂的系统。神经系统在人体功能调节中起主导作用，它既可以控制和调节体内各系统的功能，使之互相联系、互相配合，又可以对体内、外各种环境变化做出反应，从而维持机体内环境的相对稳定。

一、神经系统的分部

神经系统按其所在位置分为中枢神经系统和周围神经系统（图10-1）。中枢神经系统包括脑和脊髓，分别位于颅腔和椎管内；周围神经系统包括脑神经、脊神经和内脏神经，脑神经与脑相连，脊神经与脊髓相连，内脏神经通过脑神经和脊神经附于脑和脊髓。

周围神经系统根据所分布的对象不同，又可分为躯体神经和内脏神经。躯体神经分布于体表、骨、关节和骨骼肌；内脏神经分布于内脏、心血管和腺体。

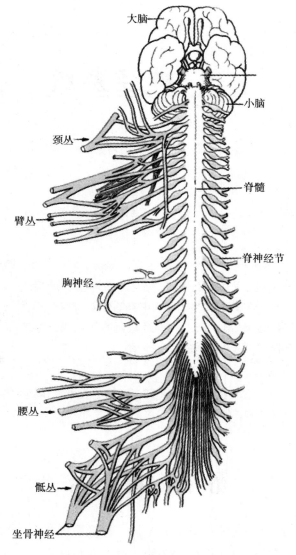

大脑

小脑

颈丛

臂丛

脊髓

脊神经节

胸神经

腰丛

骶丛

坐骨神经

图 10 - 1　神经系统的分部

二、神经系统的活动方式

神经系统的基本活动方式是反射。神经系统在调节机体活动时，对内、外环境的刺激做出的反应，称反射。反射活动的结构基础是反射弧，包括感受器、传入（感觉）神经、中枢、传出（运动）神经和效应器（图 10 - 2）。临床上常用检查反射的方法来诊断神经系统的疾病。

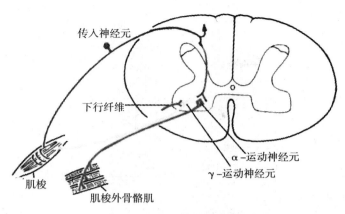

图 10 - 2　反射弧示意图

（图中标注：传入神经元、下行纤维、α-运动神经元、γ-运动神经元、肌梭、肌梭外骨骼肌）

三、神经系统的常用术语

在神经系统中，不同部位的神经元胞体和突起有不同的集聚方式。

在中枢神经系统内，神经元胞体和树突聚集处，在新鲜标本上色泽灰暗，称灰质，大脑和小脑表面的灰质，称皮质。

在中枢神经系统内，神经纤维集聚处，色泽白亮，称白质，大脑和小脑内部的白质，称髓质。

形态和功能相同的神经元胞体聚集形成的团块，在中枢神经系统内，称神经核；在周围神经系统内，称神经节。

在中枢神经系统内，起止、行程和功能相同的神经纤维聚集成束，称纤维束。

在周围神经系统内，由不同功能的神经纤维聚集成束，并被结缔组织包裹形成圆索状的结构，称神经。

在中枢神经系统内，由灰质和白质混杂而形成的结构，称网状结构，即神经纤维交织成网，灰质团块散在其中。

第二节　中枢神经系统

一、脊髓

（一）脊髓的位置和外形

脊髓位于椎管内，上端在枕骨大孔处与延髓相连，下端在成人平第 1 腰椎下缘，新生儿约平第 3 腰椎下缘。

脊髓呈前后略扁的圆柱形，全长粗细不等，有两处膨大，即颈膨大和腰骶膨大。脊髓末端变细呈圆锥状，称脊髓圆锥，其向下延续为一条无神经组织的细丝，称终丝，向下止于尾骨的背面。在脊髓圆锥下方，腰、骶、尾神经根围绕终丝形成马尾（图

10－3）。

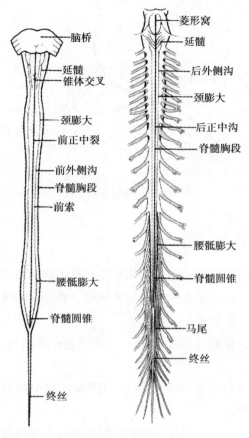

图 10 - 3 脊髓的外形

脊髓表面有 6 条纵行的沟裂。前面正中的深沟为前正中裂；后面正中的浅沟为后正中沟。在脊髓的两侧，还有左右对称的前外侧沟和后外侧沟。

脊髓两侧连有神经根，经前外侧沟穿出的为前根，由运动神经纤维组成；经后外侧沟进入的为后根，由感觉神经纤维组成（图 10 - 4）。脊神经共有 31 对。与每 1 对脊神经相连的一段脊髓，称一个脊髓节段。因此，脊髓有 31 个节段，即颈段 8 节、胸段 12 节、腰段 5 节、骶段 5 节和尾段 1 节。

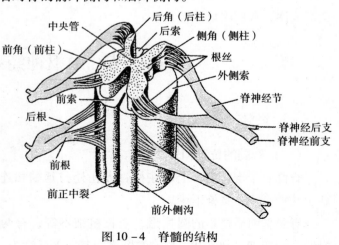

图 10 - 4 脊髓的结构

（二）脊髓的内部结构

脊髓各节段的内部结构大

致相似，脊髓中央有一管，称中央管，在横切面上，可见到中央管周围有呈蝶形或 H 形的灰质，灰质的周围为白质（图 10 - 4，图 10 - 5）。此外，在灰质和白质交界处，还有网状结构。

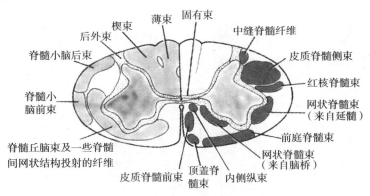

图 10 - 5　脊髓横切面模式图

1. 灰质　灰质纵贯脊髓全长，每侧灰质分别向前方和后方伸出前角（柱）和后角（柱），在脊髓的第 1 胸节至第 3 腰节的前、后角之间还有向外侧突出的侧角（柱）。

（1）前角　前角主要由运动神经元的胞体构成，其轴突组成前根，支配躯干和四肢的骨骼肌。

（2）后角　后角主要由联络神经元胞体构成，接受由后根传入的感觉冲动。

（3）侧角　侧角内含有交感神经元胞体，它发出的轴突随脊神经前根出椎管。在脊髓的第 2 ~ 4 骶节，虽无侧角，但在前角的基底部，相当于侧角的部位，含有副交感神经元胞体，称骶副交感核，它发出的轴突也随脊神经前根出椎管。由侧角或骶副交感核内神经元发出的轴突随脊神经前根出椎管后，支配平滑肌、心肌的运动和腺体的分泌。

2. 白质　位于灰质的周围，每侧白质又被脊髓的纵沟分为 3 个索。前正中裂和前外侧沟之间的白质为前索；后正中沟和后外侧沟之间的白质为后索；前、后外侧沟之间的白质为外侧索。各索由传导神经冲动的上、下行纤维束构成。其中上行的纤维束主要有脊髓丘脑束、薄束和楔束等；下行传导束主要有皮质脊髓束等。

（1）脊髓丘脑束　上行于前索和外侧索的前半部，其传导痛觉、温度觉、粗触觉和压觉冲动。

（2）薄束和楔束　位于后索内，主要传导肌、腱和关节等处的位置觉、运动觉和振动觉及精细触觉。

（3）皮质脊髓束　起于大脑皮质躯体运动区，经内囊和脑干下行至延髓锥体交叉处，大部分纤维交叉至对侧，不交叉的纤维下行于脊髓前正中裂两侧。

（三）脊髓的功能

1. 传导功能 脊髓通过上行纤维束，将脊神经分布区的各种感觉冲动传至脑；同时，脊髓又通过下行纤维束接受脑的调控。

2. 反射功能 脊髓是某些反射的低级中枢，如排便反射和髌反射等。

二、脑

脑位于颅腔内，可分为端脑、间脑、小脑和脑干4部分（图10-6，图10-7），脑干自上而下由中脑、脑桥和延髓组成。

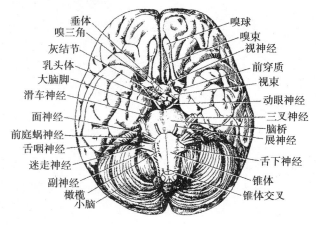

图10-6　脑的底面

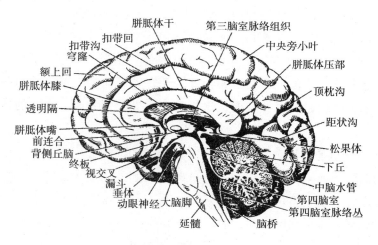

图10-7　脑的正中矢状面

（一）脑干

脑干上接间脑，下在枕骨大孔处续于脊髓，背侧与小脑相连（图10-8，图10-9）。中脑内有一狭窄的管道为中脑水管。

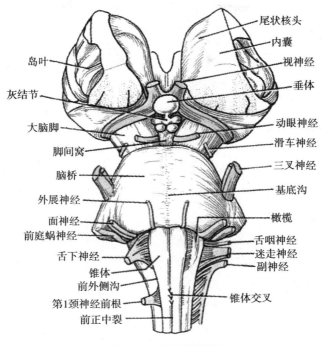

图 10 - 8　脑干腹侧面

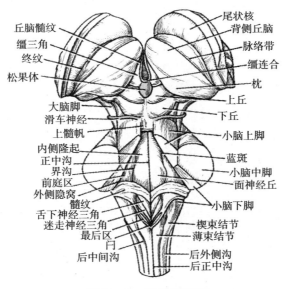

图 10 - 9　脑干背侧面

1. 脑干的外形

（1）腹侧面

①延髓　位于脑干的最下部，腹侧面正中有与脊髓相续的前正中裂，其两侧各有一纵行隆起，称锥体，锥体的下方形成锥体交叉。延髓向上借横行的延髓脑桥沟与脑桥分界。

②脑桥　脑桥腹侧面宽阔而膨隆，称脑桥基底部。基底部正中有一纵行浅沟，称基底沟，有基底动脉通过。脑桥外侧逐渐变窄，借小脑脚与背侧的小脑相连。

③中脑　位于脑干的最上部。两侧粗大的柱状结构，称大脑脚，两脚之间的凹窝为脚间窝。

（2）背侧面　延髓背侧面下部正中沟两侧可见2对隆起，内侧的为薄束结节，内有薄束核；外侧的楔束结节，内有楔束核。在延髓背侧面的上部和脑桥背侧面共同形成菱形凹陷，称菱形窝，构成第四脑室底。

中脑的背侧面有2对隆起，上方的一对称上丘，参与视觉反射；下方的一对称下丘，参与听觉反射。

脑神经共有12对，与脑干相连的有10对，其中与中脑相连的有动眼神经和滑车神经；与脑桥相连的有三叉神经、展神经、面神经和前庭蜗神经；与延髓相连的有舌咽神经、迷走神经、副神经和舌下神经。

2. 脑干内部结构　脑干内部结构由灰质、白质和网状结构组成。

（1）灰质　脑干的灰质由于神经纤维左右交叉，使灰质分散成许多团块，称神经核，其中与脑神经相连的，称脑神经核；不与脑神经相连的，称非脑神经核。

（2）白质　主要由上、下行纤维束构成。

①上行纤维束

脊髓丘系：传导对侧躯干和四肢的痛、温、粗触觉和压觉。

内侧丘系：传导对侧躯干和四肢的本体感觉和精细触觉。

三叉丘系：传导对侧头面部的痛、温、触、压觉。

②下行纤维束

锥体束：是大脑皮质发出的控制骨骼肌随意运动的下行纤维束，经内囊、中脑、脑桥下行进入延髓锥体。锥体束分为皮质核束和皮质脊髓束：皮质核束在下行过程中止于各脑神经运动核；皮质脊髓束在延髓形成锥体，其中大部纤维分交叉至对侧形成皮质脊髓侧束，小部分纤维不交叉形成皮质脊髓前束。

（3）网状结构　在脑干的中央区域，由纵横纤维交织成网，网眼内散布着大小不等的神经细胞团块。

3. 脑干的功能

（1）传导功能　大脑皮质与小脑、脊髓相互联系的上、下行纤维束都要经过脑干，故脑干具有传导神经冲动的功能。

（2）反射功能　脑干内有许多反射中枢。如中脑内的瞳孔对光反射中枢、脑桥内的角膜反射中枢以及延髓内管理心血管运动和呼吸运动的"生命中枢"等。

（3）网状结构的功能　有维持大脑皮质觉醒、调节骨骼肌张力和调节内脏活动等功能。

（二）小脑

1. 小脑的位置和外形　小脑位于颅后窝内，在延髓和脑桥的背侧，借小脑脚与脑干相连。小脑与脑干之间的腔隙为第四脑室。

小脑两侧膨隆的部分，称小脑半球，中间窄细的部分，称小脑蚓。小脑半球下面近枕骨大孔处的膨出部分，称小脑扁桃体。当颅内压增高时，小脑扁桃体可嵌入枕骨大孔压迫延髓，形成枕骨大孔疝或称小脑扁桃体疝，危及生命（图10-10）。

2. 小脑的内部结构 小脑表面的灰质，称小脑皮质；深面的白质，称小脑髓质。小脑髓质内有数对灰质核团，称小脑核（图10-11）。

3. 小脑的功能 小脑具有维持身体平衡、调节肌张力和协调骨骼肌运动等功能。

4. 第四脑室 是位于延髓、脑桥与小脑之间的腔隙，呈四棱锥状，其底为菱形窝，顶朝向小脑。第四脑室向上借中脑水管与第三脑室相通，向下续脊髓中央管，并借1个正中孔和2个外侧孔与蛛网膜下隙相通。第四脑室内的脉络丛，有分泌脑脊液的功能（图10-12）。

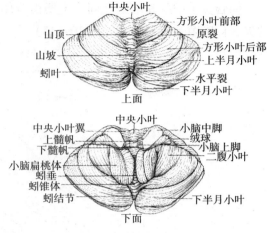

图10-10 小脑的外形

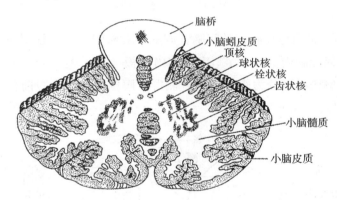

图10-11 小脑核

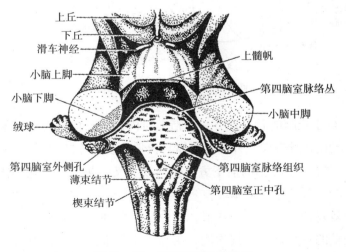

图10-12 第四脑室脉络组织

（三）间脑

间脑位于中脑和端脑之间，主要由背侧丘脑、下丘脑和后丘脑等组成。间脑内部的矢状位腔隙为第三脑室（图10－13）。

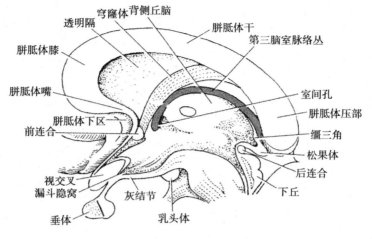

图10－13　间脑内侧面

1. 背侧丘脑　又简称丘脑，是间脑背侧的1对卵圆形灰质核团块，外邻内囊，内邻第三脑室。背侧丘脑内部被"Y"字形的内髓板（白质板）分成前群核、内侧核群和外侧核群。外侧核群可分为腹侧群和背侧群。腹侧群又分为腹前核、腹中间核和腹后核（图10－14）。

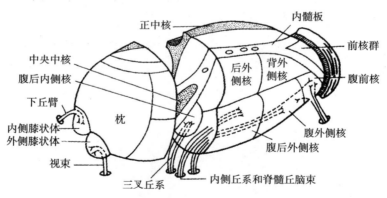

图10－14　背侧丘脑模式图

2. 后丘脑　位于丘脑的后下外方，包括1对内侧膝状体和1对外侧膝状体。内侧膝状体与听觉冲动的传导有关；外侧膝状体与视觉冲动的传导有关。

3. 下丘脑　位于背侧丘脑的前下方，包括视交叉、灰结节、乳头体等结构，灰结节向下移行为漏斗，漏斗连有垂体。

下丘脑结构较复杂，内有多个核群，其中最重要的有位于视交叉上方的视上核和位于第三脑室侧壁的室旁核，两核均能分泌加压素和催产素，经漏斗运至神经垂体贮存（图 10 – 15）。

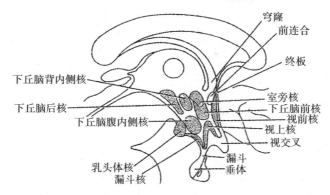

图 10 – 15　下丘脑的主要核团

　　下丘脑是调节内脏活动的较高级中枢，对内分泌、体温、摄食、水盐平衡和情绪反应等也起重要的调节作用。

　　4. 第三脑室　是位于两侧背侧丘脑和下丘脑之间的矢状位腔隙，向下借中脑水管与第四脑室相通，前部借室间孔通端脑的左、右侧脑室。第三脑室内也含有脉络丛。

　　（四）端脑

　　端脑由左、右大脑半球借胼胝体连接而成。两侧大脑半球之间被大脑纵裂隔开；大脑半球与小脑之间隔有大脑横裂。大脑半球表面的灰质，又称大脑皮质；皮质深面的白质为大脑髓质，髓质内埋藏着一些灰质团块，称基底核。大脑半球内的腔隙，称侧脑室。

　　1. 大脑半球的外形及分叶　大脑半球表面凸凹不平，凹陷处为大脑沟，沟之间的隆起为大脑回。每侧大脑半球分为上外侧面、内侧面和下面，并借 3 条叶间沟分为 5 个叶。

　　（1）大脑半球的叶间沟　外侧沟在大脑半球的上外侧面，起于半球下面，行向后上方；中央沟也在大脑半球的上外侧面，自半球上缘中点稍后，斜向前下；顶枕沟位于半球内侧面后部，自下斜向后上。

　　（2）大脑半球的分叶　额叶在外侧沟之上，中央沟之前的部分；顶叶在中央沟之后，顶枕沟之前的部分；颞叶在外侧沟以下的部分；枕叶位于顶枕沟后方；岛叶位于外侧沟的深部（图 10 – 16，图 10 – 17，图 10 – 18）。

　　2. 大脑半球重要的脑沟和脑回

　　（1）上外侧面　额叶可见到与中央沟平行的中央前沟，两沟之间的脑回，称中央前回。在中央前沟的前方有额上沟和额下沟，两沟上、下方的脑回分别称额上回、额中回和额下回。在外侧沟的下壁上有数条斜行向内的短回，称颞横回，在颞上沟和外侧沟之间还可见到颞上回。在顶叶，有与中央沟平行的中央后沟，两沟之间的脑回，称中央后回，围绕在外侧沟末端的脑回，称缘上回，围绕在颞上沟末端的脑回，称角回。

（2）内侧面 在中央可见呈弓状的胼胝体，围绕胼胝体的上方，有弓状的扣带回及位于扣带回中部上方的中央旁小叶，此叶由中央前回和中央后回延续到内侧面构成。在枕叶，还可见到距状沟，距状沟与顶枕沟之间的区域，称楔叶。

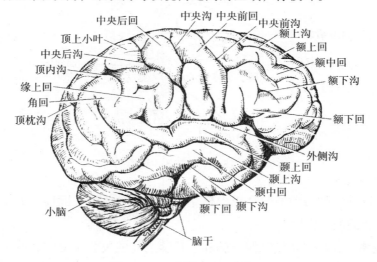

图 10-16 大脑半球上外侧面

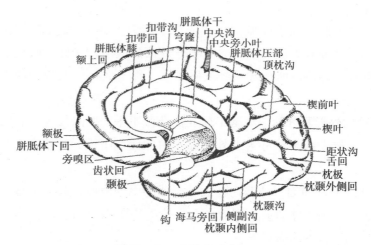

图 10-17 大脑半球内侧面

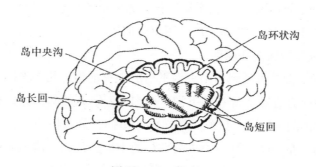

图 10-18 岛叶

（3）下面 在额叶下面前端有一椭圆形结构，称嗅球，与嗅神经相连；嗅球向后延续成嗅束，均与嗅觉传导有关（图10-6）。在颞叶下面有两条前后走行的沟，外侧为枕颞沟，内侧为侧副沟。侧副沟内侧的脑回，称海马旁回，其前端弯向后上，称钩（图10-17）。

扣带回、海马旁回等结构共同组成边缘叶。边缘叶及其邻近的皮质及皮质下结构共同组成边缘系统。边缘系统与内脏活动、情绪、记忆和生殖等有关。

3. 大脑半球的内部结构

（1）大脑皮质的功能定位 大脑皮质是中枢神经系统发育最复杂和最完善的部位，也是运动、感觉的最高中枢及语言、思维的物质基础。人类在进化过程中，在大脑皮质的不同部位，逐渐形成对某些反射活动的相对集中区，称大脑皮质的功能定位（图10-19）。

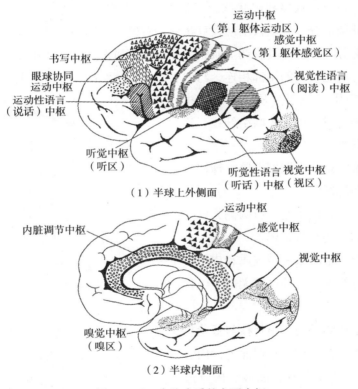

图10-19 大脑皮质的主要中枢

①躯体运动区 位于中央前回和中央旁小叶的前部，管理对侧半身的骨骼肌运动。

②躯体感觉区 位于中央后回和中央旁小叶的后部，接受对侧半身的感觉纤维。

③视区 位于距状沟两侧的皮质。

④听区 位于颞横回。

⑤语言中枢 是人类所特有的皮质区，包括听、说、读和写4个语言中枢（图10-19，表10-1）。

在长期进化过程中，人类左右两侧大脑半球在功能上有所分工，一般左侧半球在语言功能上占优势，右侧半球在音乐欣赏、空间辨认等方面占优势。

表 10 – 1   大脑皮质的语言中枢及功能障碍

语言中枢	位置	损伤后语言障碍
运动性语言中枢（说话中枢）	额下回后部	运动性失语症（不会说话）
书写中枢	额中回后部	失写症（丧失写字能力）
听觉性语言中枢（听话中枢）	颞上回后部	感觉性失语症（听不懂话）
视觉语言性中枢（阅读中枢）	角回	失读症（不懂文字含义）

（2）基底核   为埋藏在大脑髓质内的灰质团块，包括尾状核、豆状核和杏仁体等（图 10 – 20，图 10 – 21）。

①纹状体   包括豆状核和尾状核。豆状核位于背侧丘脑的外侧，可分为外侧的壳和内侧的苍白球两部分。尾状核围绕在豆状核和背侧丘脑周围，呈"C"形弯曲，分为头、体、尾 3 部分。纹状体具有调节肌张力和协调各肌群运动等作用。

②杏仁体   与尾状核的尾部相连，与内脏活动和情绪的产生等有关。

（3）大脑髓质   位于皮质的深面，由大量的神经纤维组成，可分为联络纤维、连合纤维及投射纤维。

①联络纤维   是联系同侧大脑半球回与回或叶与叶之间的纤维。

②连合纤维   是联系左、右两侧大脑半球的横行纤维，主要有胼胝体等。

③投射纤维   是联系大脑皮质和皮质下结构的上、下行纤维，这些纤维大部分经过内囊。

内囊是位于背侧丘脑、尾状核与豆状核之间的白质结构。在大脑水平切面上，内囊呈" > < "形，可分为内囊前肢、内囊膝和内囊后肢 3 部分。内囊前肢位于豆状核与尾状核之间；内囊后肢位于豆状核与背侧丘脑之间；前、后肢相交处，称内囊膝，内有皮质核束通过（图 10 – 21，图 10 – 22）。

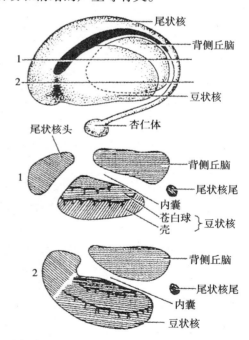

图 10 – 20   纹状体和背侧丘脑示意图

（4）侧脑室 位于大脑半球内，左右各一。侧脑室借室间孔与第三脑室相通，室腔内有脉络丛，可分泌脑脊液（图10-23）。

护理应用

由于内囊内有重要的上行感觉纤维束和下行运动纤维束通过，因此当一侧内囊损伤广泛时，患者会出现对侧半身浅、深感觉障碍、对侧半身的运动障碍及双眼对侧半视野偏盲，即临床上所谓的"三偏症"。

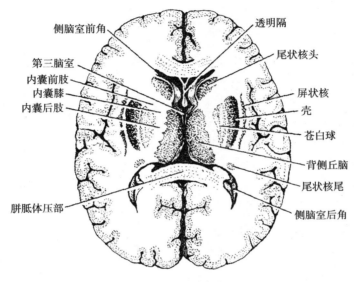

图10-21 大脑水平切面

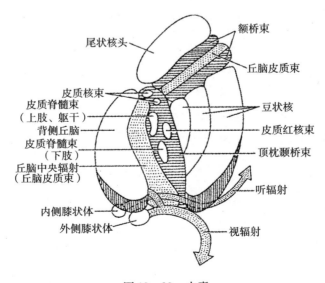

图10-22 内囊

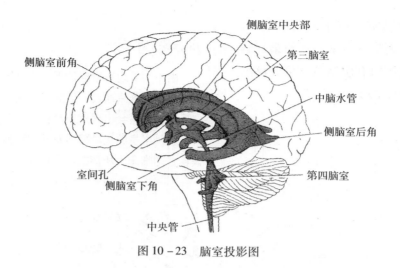

图 10 - 23　脑室投影图

三、脑和脊髓的被膜

脑和脊髓的表面有 3 层被膜，由外向内依次为硬膜、蛛网膜和软膜。它们对脑和脊髓具有保护、营养和支持作用。

（一）脊髓的被膜

1. 硬脊膜　为厚而坚硬的致密结缔组织膜，呈管状包绕脊髓。硬脊膜上端附着于枕骨大孔边缘，与硬脑膜延续；下端附于尾骨。硬脊膜与椎管之间的狭窄腔隙，称硬膜外隙，其内除有脊神经根通过外，还有疏松结缔组织、脂肪、淋巴管和静脉丛等。临床将麻醉药物注入此隙以阻断脊神经的传导，称硬膜外麻醉（图 10 - 24）。

2. 脊髓蛛网膜　为半透明的薄膜，位于硬脊膜的深面，向上与脑蛛网膜相延续。脊髓蛛网膜与软脊膜之间的腔隙，称蛛网膜下隙，内含脑脊液。蛛网膜下隙在脊髓下端至第 2 骶椎之间扩大，称终池，内有马尾。临床上常在第 3、4 腰椎或第 4、5 腰椎之间进行腰椎穿刺。

3. 软脊膜　紧贴脊髓表面，薄而富含血管，在脊髓下端移行为终丝。

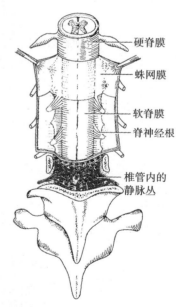

图 10 - 24　脊髓的被膜

（二）脑的被膜

1. 硬脑膜　由内、外两层构成，外层即颅骨内面的骨膜，内层较为坚厚。硬脑膜与颅盖骨结合疏松，颅顶骨折时常因硬膜血管损伤而在硬脑膜与颅骨之间形成硬膜外血肿。硬脑膜在颅底处则与颅骨结合紧密，故颅底骨折时，易将硬脑膜和脑蛛网膜同时撕裂，使脑脊液外漏。

硬脑膜内层折叠成若干个板状突起，深入脑的各裂隙中，重要的有（图 10 - 25）：

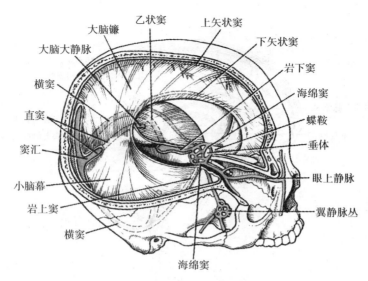

图 10 - 25   硬脑膜及硬脑膜窦

（1）大脑镰   形如镰刀，深入大脑纵裂中。

（2）小脑幕   呈半月形，深入大脑横裂中。小脑幕前缘游离，称小脑幕切迹，切迹前邻中脑。当颅内压增高时，两侧海马旁回和钩可被挤入小脑幕切迹下方，形成小脑幕切迹疝。

硬脑膜在某些部位两层分开，构成含静脉血的腔隙，称硬脑膜窦。主要有上矢状窦、下矢状窦、直窦、横窦、乙状窦和海绵窦等。硬脑膜窦收集颅内静脉血，并与颅外静脉相通。

2. 脑蛛网膜   薄而透明，包绕整个脑。脑蛛网膜在上矢状窦周围形成许多颗粒状突起，突入上矢状窦内，称蛛网膜粒。脑脊液通过蛛网膜粒渗入上矢状窦，这是脑脊液回流静脉的重要途径。

3. 软脑膜   为富含血管的薄膜，紧贴于脑的表面，对脑有营养作用。在脑室附近，软脑膜的毛细血管与软脑膜等共同突入脑室内，形成脉络丛，是产生脑脊液的主要结构。

四、脑脊液及其循环

脑脊液是无色透明液体，由各脑室内的脉络丛产生，流动于脑室及蛛网膜下隙内，成人脑脊液总量平均约 150ml。脑脊液有运输营养物质、带走代谢产物、减缓外力对脑的冲击和调节颅内压等作用。当脑发生某些疾病时，脑脊液的成分出现变化，可抽取脑脊液进行检验，以助诊断。

脑脊液循环从侧脑室开始，经室间孔进入第三脑室，向下经中脑水管流到第四脑室，再经第四脑室的正中孔和外侧孔流到蛛网膜下隙，通过蛛网膜粒渗入上矢状窦，最后流入颈内静脉（图 10 - 26）。如脑脊液的循环通路受阻，可引起颅内压增高和脑积水。

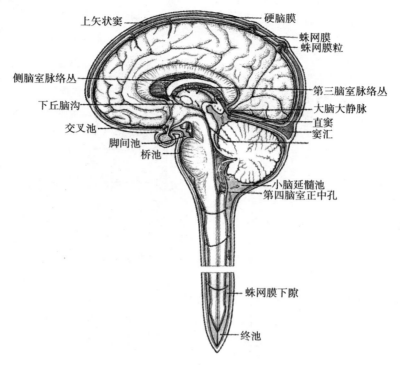

图 10 - 26 脑脊液循环模式图

五、脑和脊髓的血管

(一) 脊髓的血管

1. 脊髓的动脉 脊髓的动脉来源于椎动脉和节段性动脉。椎动脉发出 1 条脊髓前动脉和 2 条脊髓后动脉，脊髓前动脉沿前正中裂下降，脊髓后动脉沿后外侧沟下降，并与肋间后动脉和腰动脉等发出的节段性动脉吻合成网，分支营养脊髓（图 10 - 27）。

2. 脊髓的静脉 较脊髓的动脉多而粗，分布大致与动脉相同，收集的静脉血注入到椎内静脉丛。

> **护理应用**
>
> 　　腰椎穿刺是将穿刺针经皮肤刺入蛛网膜下隙，由于腰椎的棘突水平伸向后方而且成人的脊髓末端平第1腰椎体下缘，新生儿的脊髓末端达第3腰椎体下缘，因此在第3腰椎以下的椎管内无脊髓，临床上常选择在第3、4或第4、5腰椎棘突间隙进行腰椎穿刺而不会伤及脊髓。其依次穿过皮肤、浅筋膜、棘上韧带、棘间韧带、黄韧带、硬膜外隙、硬脊膜、蛛网膜而达蛛网膜下隙。

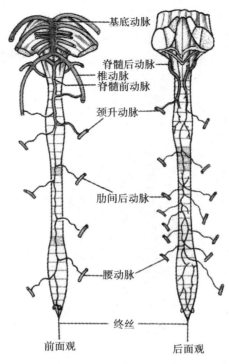

图 10 - 27　脊髓的动脉

（二）脑的血管

1. 脑的动脉　脑的动脉供应主要来自颈内动脉和椎动脉，前者供应大脑半球前2/3和部分间脑，其主要分支为大脑前动脉、大脑中动脉和后交通动脉等；后者供应大脑半球后1/3、部分间脑、小脑和脑干，其主要分支为大脑后动脉等（图 10 - 28，图 10 - 29，图 10 - 30）。颈内动脉和椎动脉在大脑的分支可分为皮质支和中央支，皮质支营养皮质和髓质浅层；中央支营养间脑、基底核和内囊等。

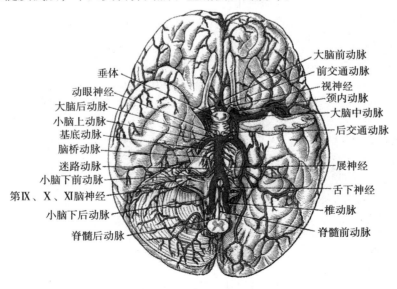

图 10 - 28　脑底动脉和大脑动脉环

大脑动脉环（Willis 环）：在脑的下面，由前交通动脉、大脑前动脉、颈内动脉、后交通动脉和大脑后动脉彼此吻合而成（图 10 - 28）。该环围绕在视交叉、灰结节和乳头体周围。通过大脑动脉环的调节，可使血流重新分配，以维持脑的血液供应。

2. 脑的静脉　脑的静脉不与动脉伴行，脑的静脉血主要由硬脑膜窦收集，最终汇入颈内静脉（图 10 - 31）。

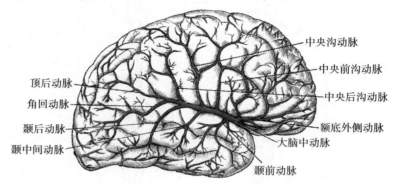

图 10 - 29　大脑半球上外侧面的动脉

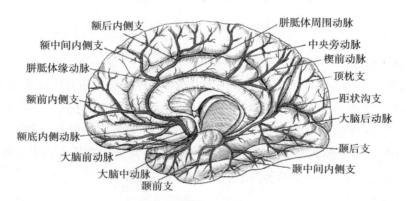

图 10 - 30　大脑半球内侧面的动脉

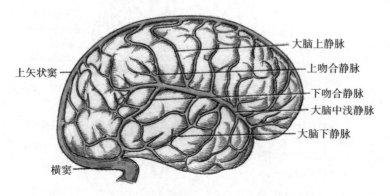

图 10 - 31　大脑浅静脉

第三节 周围神经系统

周围神经系统包括脑神经、脊神经和内脏神经3部分。

一、脊神经

脊神经共31对，按其连接的部位分为颈神经8对、胸神经12对、腰神经5对、骶神经5对和尾神经1对。每对脊神经借运动性前根与感觉性后根与脊髓相连，二者在椎间孔处汇合成脊神经（图10-32）。后根在近椎间孔处有一椭圆形膨大，称脊神经节。

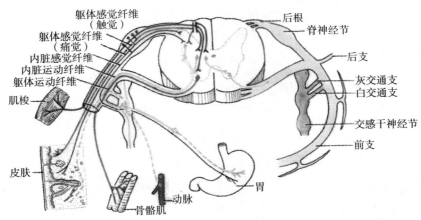

图10-32 脊神经的纤维成分及其分布

脊神经出椎间孔后，主要分为前、后两支。脊神经前支粗长，主要分布于躯干前外侧和四肢的骨骼肌和皮肤等处。脊神经的前支，除胸神经的前支外，均分别交织成丛，再由丛发出分支分布于相应区域，脊神经的前支所形成的神经丛包括颈丛、臂丛、腰丛和骶丛。脊神经后支细短，主要分布于项、背、腰、骶部的深层肌和皮肤。

（一）颈丛

颈丛由第1~4颈神经前支组成，位于胸锁乳突肌上部的深面。颈丛的主要分支有：

1. 皮支 较粗大，位置表浅，由胸锁乳突肌后缘中点穿出，其穿出点为颈部皮肤的阻滞麻醉点（图10-33）。

2. 膈神经 其经锁骨下动、静脉之间入胸腔，经过肺根的前方，在心包与纵隔胸膜之间下行至膈。其运动纤维支配膈；感觉纤维分布于心包、胸膜和膈下的腹膜。此外，右膈神经的感觉纤维还分布于肝、胆囊和肝外胆道等处的浆膜（图10-34）。

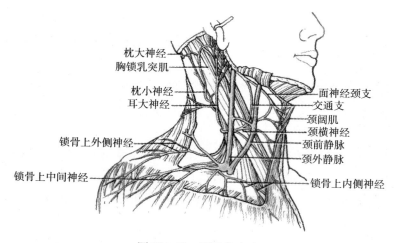

图 10-33　颈丛的皮支

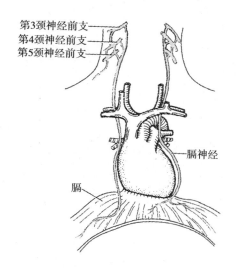

图 10-34　膈神经

膈神经受刺激可出现膈肌痉挛，导致呃逆，当一侧膈神经麻痹时可引起呼吸障碍。

（二）臂丛

臂丛由第 5~8 颈神经的前支和第 1 胸神经前支的大部分纤维组成（图 10-35）。臂丛经锁骨中点后方入腋窝，围绕腋动脉排列。臂丛的主要分支有：

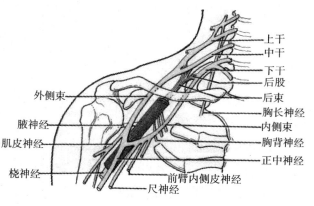

图 10-35　臂丛的组成

1. 肌皮神经 自臂丛发出后，沿途发出肌支支配臂肌前群，在肘关节附近，于肱二头肌腱外侧穿出深筋膜续为前臂外侧皮神经，分布于前臂前面外侧部的皮肤（图10－36）。

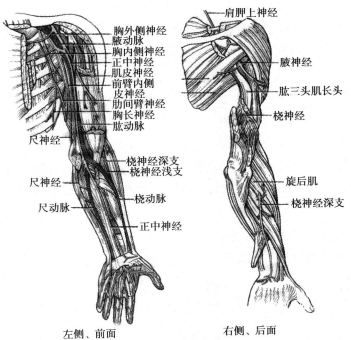

图 10－36 上肢的神经

2. 正中神经 自臂丛发出后，沿肱二头肌内侧伴肱动脉下行至肘窝。在前臂浅、深层肌之间下行，经腕至手掌（图 10－36，图 10－37）。

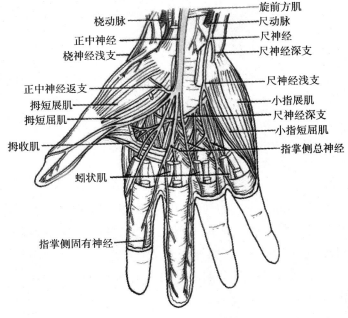

图 10－37 手掌前面的神经

正中神经在前臂发出肌支支配前臂前群肌的大部，在手掌发出肌支支配手肌外侧群的大部。正中神经的皮支分布于手掌桡侧半、桡侧三个半指掌面及中、远节背侧面的皮肤。

3. 尺神经　伴肱动脉内侧下行至臂中部，经尺神经沟入前臂，伴尺动脉下行至手掌，肱骨下端骨折易伤及尺神经（图 10 - 36，图 10 - 37）。

尺神经的肌支支配前臂前群肌的小部分、手肌的内侧群和中间群；皮支分布于手掌尺侧半、尺侧一个半指掌面皮肤、手背尺侧半和尺侧两个半指背面的皮肤（图 10 - 38）。

4. 桡神经　自臂丛发出后沿桡神经沟向外下至肱骨外上髁上方，经前臂背侧浅、深肌群之间下行，肌支支配臂肌后群和前臂肌后群，皮支分布于臂背面和前臂背面皮肤、手背桡侧半和桡侧两个半指近节背面皮肤，肱骨中段骨折易伤及桡神经（图 10 - 36，图 10 - 38）。

5. 腋神经　绕肱骨外科颈至三角肌深面，肌支支配三角肌等，皮支分布于肩部等处的皮肤，肱骨外科颈骨折易伤及腋神经（图 10 - 36）。

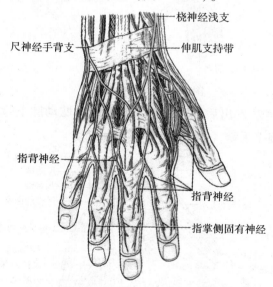

图 10 - 38　手掌后面的神经

（三）胸神经前支

胸神经前支共 12 对，除第 1 对胸神经前支的大部分和第 12 对胸神经前支的小部分分别参与组成臂丛和腰丛外，其余均不形成神经丛。第 1 ~ 11 对胸神经前支均行于相应的肋间隙中，称肋间神经。第 12 胸神经前支行于第 12 肋下缘，称肋下神经（图 10 - 39）。胸神经前支的肌支支配肋间肌和腹肌的前外侧群，皮支分布于胸、腹部的皮肤以及胸膜和腹膜壁层。

胸神经前支的皮支在胸、腹壁的分布有明显的节段性，呈环带状分布。其规律是：T_2平胸骨角平面，T_4平乳头平面，T_6平剑突平面，T_8平肋弓平面，T_{10}平脐平面，T_{12}平脐与耻骨联合上缘连线中点平面。了解这种分布规律，有助于推断脊髓损伤平面的位置。

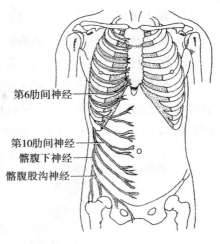

第6肋间神经

第10肋间神经
髂腹下神经
髂腹股沟神经

图 10 - 39　胸神经前支

（四）腰丛

腰丛由第 12 胸神经前支的一部分和第 1～3 腰神经前支的全部及第 4 腰神经前支的一部分组成，位于腹后壁腰大肌深面（图 10 - 40）。腰丛主要发出下列分支：

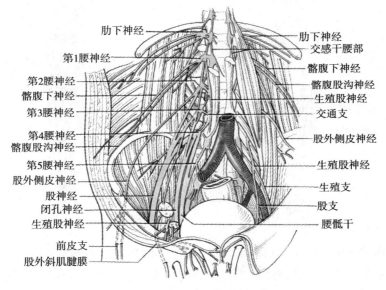

肋下神经
第1腰神经
第2腰神经
髂腹下神经
第3腰神经
第4腰神经
髂腹股沟神经
第5腰神经
股外侧皮神经
股神经
闭孔神经
生殖股神经
前皮支
股外斜肌腱膜

肋下神经
交感干腰部
髂腹下神经
髂腹股沟神经
生殖股神经
交通支
股外侧皮神经
生殖股神经
生殖支
股支
腰骶干

图 10 - 40　腰、骶丛的组成

1. 髂腹下神经和髂腹股沟神经　两者主要分布于腹股沟区的肌和皮肤。髂腹股沟神经还分布于阴囊或大阴唇的皮肤。

2. 股神经　经腹股沟韧带深面，股动脉外侧进入股三角，分布于大腿前群肌和大腿前面的皮肤。股神经最长的皮支称隐神经，伴大隐静脉下行达足内侧缘，分布于小腿内侧面和足背内侧缘皮肤（图 10 - 41）。

3. 闭孔神经　穿闭孔出盆腔至大腿内侧，分支支配大腿内侧群肌和大腿内侧面的皮肤（图 10 - 40，图 10 - 41）。

（五）骶丛

骶丛位于骶骨和梨状肌前面，由腰骶干（由第 4 腰神经前支的一部分和第 5 腰神经前支组成）及全部骶神经和尾神经的前支组成（图 10 - 40）。骶丛的主要分支包括：

1. 臀上神经　伴臀上动、静脉出盆腔，主要支配臀中肌和臀小肌（图10-42）。

2. 臀下神经　伴臀下动、静脉出盆腔，支配臀大肌。

3. 阴部神经　伴阴部内动、静脉出盆腔，分布于会阴部和外生殖器（图10-42）。

4. 坐骨神经　是全身最粗大的神经，出盆腔后位于臀大肌深面，经股骨大转子和坐骨结节之间中点下降，达大腿后面行到腘窝上角处分为胫神经和腓总神经两大分支（图10-42）。坐骨神经在下行途中发出肌支支配大腿后群肌。

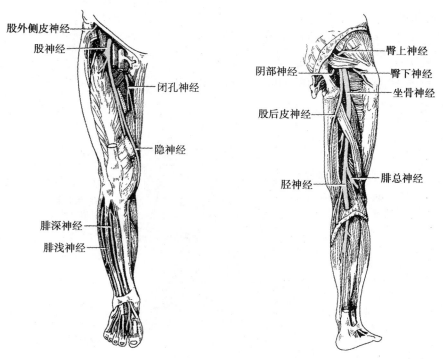

图10-41　下肢前面的神经　　　图10-42　下肢后面的神经

（1）胫神经　续于坐骨神经，下行于腘窝中央，于小腿肌后群浅、深层肌之间伴胫后动、静脉经内踝后方达足底，分为足底内、外侧神经，布于足底的肌肉和皮肤。在腘窝及小腿部，胫神经发出分支支配小腿肌后群及小腿后面和足外侧缘皮肤。

（2）腓总神经　沿腘窝外侧缘下行，绕腓骨颈外侧向前下分为腓浅、深神经。腓浅神经分布于小腿外侧群肌及小腿外侧面、足背和第2~5趾背的皮肤。腓深神经分布于小腿前肌群、足背肌和第1~2趾相对缘的皮肤。

二、脑神经

脑神经共12对，其顺序用罗马数字表示分别是：Ⅰ嗅神经、Ⅱ视神经、Ⅲ动眼神经、Ⅳ滑车神经、Ⅴ三叉神经、Ⅵ展神经、Ⅶ面神经、Ⅷ前庭蜗神经、Ⅸ舌咽神经、Ⅹ迷走神经、Ⅺ副神经、Ⅻ舌下神经（图10-43）。

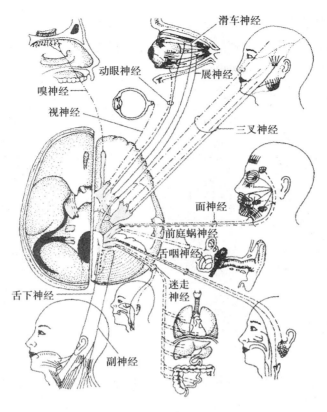

图 10 - 43　脑神经概况

脑神经中所含纤维成分较复杂，按各脑神经所含纤维成分的不同脑神经可分为以下 3 类：感觉性神经、运动性神经和混合性神经。

（一）嗅神经

嗅神经为感觉性神经，起始于鼻黏膜的嗅区，将嗅觉冲动传入大脑。

（二）视神经

视神经为感觉性神经，传导视觉冲动。

（三）动眼神经

动眼神经为运动性神经，支配上直肌、下直肌、内直肌、下斜肌和提上睑肌；其中的副交感纤维分布于瞳孔括约肌和睫状肌，完成瞳孔对光反射和调节反射。

（四）滑车神经

滑车神经为运动性神经，支配上斜肌。

（五）三叉神经

三叉神经为混合性神经，是最粗大的脑神经，由较大的感觉根和较小的运动根组成。其运动纤维支配咀嚼肌等，感觉纤维的胞体在三叉神经节，借三叉神经的分支眼神经、上颌神经和下颌神经分布于面部的皮肤、口腔、鼻腔、鼻旁窦的黏膜等处（图 10 - 44、图 10 - 45）。

1. 眼神经 为感觉性神经，自三叉神经节发出后经眶上裂入眶，分布于额顶部、上睑和鼻背的皮肤以及眼球、泪腺、结膜和部分鼻腔黏膜。

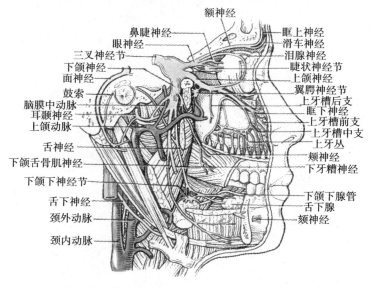

图 10－44 三叉神经的分布

2. 上颌神经 为感觉性神经，自三叉神经节发出后，经圆孔出颅再经眶下裂续为眶下神经。分支分布于眼裂与口裂之间的皮肤，上颌牙齿、牙龈、鼻腔和口腔顶等处的黏膜。

3. 下颌神经 为混合性神经，自三叉神经节发出后经卵圆孔出颅并分为多支。其支配咀嚼肌等，并传导下颌牙齿、牙龈、舌前 2/3 和口腔底黏膜以及口裂以下的面部皮肤的感觉。

（六）展神经

展神经为运动性神经，支配外直肌。

（七）面神经

面神经为混合性神经，其管理泪腺、下颌下腺、舌下腺的分

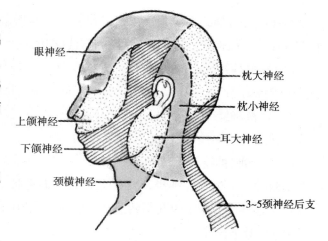

图 10－45 三叉神经皮支的分布范围

泌，支配面部的表情肌，并分布于舌前 2/3 黏膜的味蕾，感受味觉。

面神经自延髓脑桥沟外侧部出脑后，经内耳门入内耳道，穿过内耳道底进入面神经管，再从茎乳孔出颅，向前穿过腮腺后形成丛并在腮腺前缘呈辐射状发出分支支配面部的表情肌（图 10－46）。

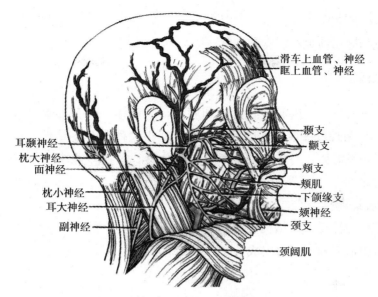

图 10-46　面神经在面部的分支

（八）前庭蜗神经

前庭蜗神经为感觉性神经。由前庭神经和蜗神经组成，分别传导平衡觉和听觉。

（九）舌咽神经

舌咽神经为混合性神经，其管理腮腺的分泌，支配茎突咽肌，并传导舌后 1/3 黏膜和味蕾及咽、中耳等处黏膜的内脏感觉冲动（图 10-47）。

（十）迷走神经

迷走神经为混合性神经，是脑神经中行程最长，分布最广的神经。其主要分布到颈、胸和腹部多种脏器，控制平滑肌、心肌和腺体的活动，并传导这些部位的内脏感觉冲动；支配咽喉肌并传导硬脑膜、耳廓和外耳道的一般感觉冲动（图 10-47）。

（十一）副神经

副神经为运动性神经，支配胸锁乳突肌和斜方肌。

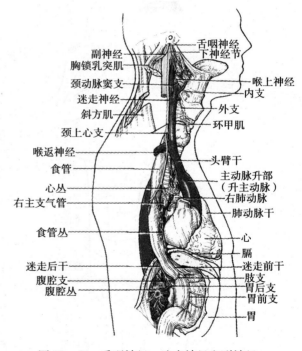

图 10-47　舌咽神经、迷走神经和副神经

（十二）舌下神经

舌下神经为运动性神经，支配舌肌。

三、内脏神经

内脏神经主要分布于内脏、心血管和腺体，与躯体神经一样也含有传入（感觉）和传出（运动）两种纤维成分。内脏运动神经在很大程度上不受意识的支配，故又称自主神经，管理平滑肌、心肌的运动和腺体的分泌。内脏感觉神经分布于内脏、心血管壁内的感受器。

（一）内脏运动神经

根据内脏运动神经形态结构、生理功能的不同，可将其分为交感神经和副交感神经，二者均由中枢部和周围部组成（图 10 - 48）。

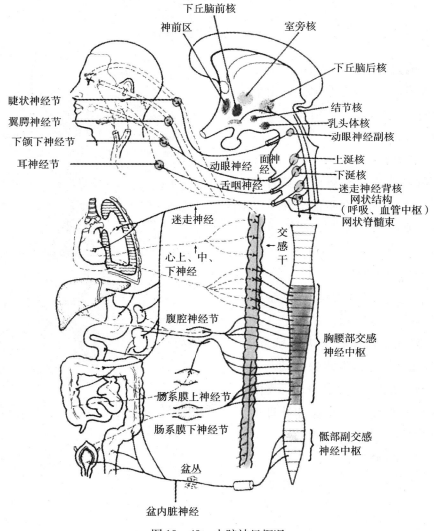

图 10 - 48　内脏神经概况

内脏运动神经自低级中枢至效应器由两个神经元组成。第一个神经元称节前神经元，胞体位于脑干和脊髓内，由它们发出的轴突称节前纤维，第二个神经元称节后神经元，胞体位于周围部的内脏神经节内，由它们发出的轴突称节后纤维。

1. 交感神经

交感神经的低级中枢位于脊髓的第 1 胸节至第 3 腰节的侧角；交感神经的周围部包括交感神经节、交感干和交感神经纤维（图 10 – 48）。

（1）交感神经节　交感神经节根据位置的不同，可分为椎旁节和椎前节。

椎旁节：位于脊柱两侧，共 21 ~ 26 对，椎旁节借节间支连成两条交感干（图 10 – 48）。

椎前节：位于脊柱前方，包括成对的腹腔神经节和主动脉肾神经节，以及单个的肠系膜上神经节、肠系膜下神经节，分别位于同名动脉根部附近。

（2）交感神经纤维

节前纤维：由交感神经低级中枢发出的轴突构成，进入交感干后可有 3 种去向：①终于相应的椎旁节；②在交感干内上升或下降，然后终于上方或下方的椎旁节；③穿经椎旁节终于椎前节。

节后纤维：由交感神经节内的节后神经元发出的轴突构成，其终末分布于效应器。

2. 副交感神经

副交感神经的低级中枢位于脑干的副交感神经核和脊髓骶 2 ~ 4 节的骶副交感核内；周围部包括副交感神经节和副交感神经纤维。

（1）副交感神经节　多位于器官附近或器官的壁内，故分为器官旁节和器官内节。器官旁节位于所支配器官附近。器官内节散在分布于所支配器官的壁内，又称壁内神经节。

（2）副交感神经纤维　颅部的副交感神经纤维随第Ⅲ、Ⅶ、Ⅸ、Ⅹ对脑神经走行，分别在相应的副交感神经节内交换神经元后发出节后纤维分布于相应的效应器。

骶部副交感神经纤维由脊髓骶副交感核发出节前纤维，在副交感神经节内交换神经元后，发出节后纤维分布于结肠左曲以下消化管、盆腔脏器及外阴等。

3. 交感神经与副交感神经的主要区别

交感神经和副交感神经都是内脏运动神经，但在形态结构、分布范围和功能上，两者有许多不同之处，主要区别见表 10 – 2。

表 10 – 2　交感神经、副交感神经的主要区别

项目	交感神经	副交感神经
低级中枢位置	脊髓胸 1 至腰 3 节侧角	脑干副交感核、脊髓骶副交感核
周围神经节	椎旁节和椎前节	器官旁节和器官内节
节前、节后纤维	节前纤维短、节后纤维长	节前纤维长、节后纤维短

续表

项目	交感神经	副交感神经
分布范围	全身血管和内脏平滑肌、心肌、腺体、立毛肌、瞳孔开大肌等	部分内脏平滑肌、心肌、腺体、瞳孔括约肌、睫状肌等

体内绝大多数内脏器官接受交感神经和副交感神经的共同支配，他们对同一器官的作用既互相拮抗，又互相统一，从而使机体更好地适应内、外环境的变化。

4. 内脏神经丛

交感神经、副交感神经和内脏感觉神经在分布于脏器的过程中，常相互交织在一起形成内脏神经丛，再由丛发出分支到达所支配的器官。

（二）内脏感觉神经

内脏感觉神经接受内脏的各种刺激，并将其传到中枢，产生内脏感觉。

内脏感觉的特点是：①正常的内脏活动一般不引起感觉，较强烈的内脏活动才能引起感觉；②内脏对切割、烧灼等刺激不敏感，而对膨胀、牵拉、冷热以及化学刺激、缺血和炎症等刺激敏感；③内脏痛是弥散性的，且定位不准确。

在某些内脏器官发生病变时，常在体表的一定区域产生感觉过敏或疼痛，这种现象称牵涉性痛。例如心绞痛时常在胸前区及左臂内侧皮肤感到疼痛，肝、胆疾患时可在右肩感到疼痛等。了解牵涉性痛的部位，对某些内脏疾病的诊断具有一定意义。

第四节　神经系统的传导通路

人体各种感受器接受内、外环境的刺激，并将其转换成神经冲动，经传入神经传入低级中枢，最后传至大脑皮质，产生相应的感觉，这种传导通路称感觉（上行）传导通路。同时，大脑皮质发出的指令，沿传出纤维，经脑干和脊髓的运动神经元至效应器，做出相应的反应，这种传导通路称运动（下行）传导通路。

一、感觉传导通路

（一）躯干和四肢的本体感觉和精细触觉传导通路

本体感觉又称深感觉，是指肌、腱、关节的位置觉、运动觉和振动觉。在深感觉传导通路中还传导皮肤的精细触觉（如辨别两点距离、物体纹理等），二者传导路径相同，均由3级神经元组成。

第一级神经元位于脊神经节内，第二级神经元在延髓的薄束核和楔束核内，由其发出的纤维束交叉到对侧上行，止于背侧丘脑腹后核内的第三级神经元，由此发出纤维经内囊后肢上行至大脑皮质的中央后回上2/3及中央旁小叶后部（图10 – 49）。

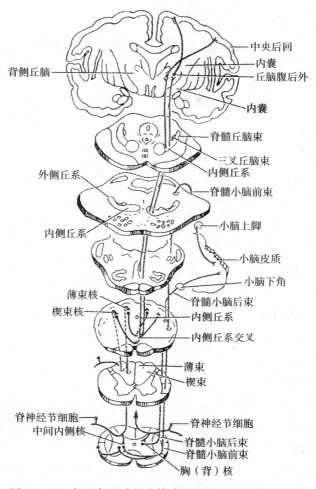

图 10 – 49　躯干与四肢的本体感觉和精细触觉传导通路

（二）躯干和四肢的浅感觉传导通路

浅感觉是指皮肤的痛觉、温度觉、触觉和压觉。躯干和四肢的痛觉、温度觉、触觉（粗）和压觉传导通路也由 3 级神经元组成。

第一级神经元位于脊神经节内，第二级神经元位于脊髓后角内，由其轴突组成的纤维束交叉至对侧上行，经脑干向上止于背侧丘脑腹后核内的第三级神经元，由此发出纤维，经内囊后肢上行至大脑皮质的中央后回上 2/3 及中央旁小叶后部（图 10 – 50）。

（三）头面部的浅感觉传导通路

传导头面部皮肤、口腔、鼻腔黏膜的浅感觉冲动，由 3 级神经元组成。

第一级神经元位于三叉神经节内，第二级神经元位于脑干内，由其轴突组成纤维束交叉至对侧上行，止于背侧丘脑腹后核内的第三级神经元，由此发出纤维，经内囊后肢上行到中央后回下 1/3 的皮质（图 10 – 50）。

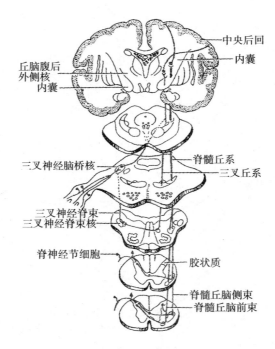

图 10 – 50　痛温觉、粗触觉和压觉传导通路

（四）视觉传导通路

　　由 3 级神经元组成。视网膜的感光细胞接受光线的刺激并转化为神经冲动，经双极细胞（第一级神经元）传给节细胞（第二级神经元），节细胞的轴突组成视神经，经视神经管入颅形成视交叉，并向后延续为视束。在视交叉中，只有来自鼻侧半视网膜的纤维交叉至对侧，而颞侧半视网膜的纤维不交叉（图 10 – 51）。视束向后行止于外侧膝状体（第三级神经元），由它发出的纤维组成视辐射，经内囊后肢上行，终止于枕叶距状沟两侧的皮质，产生视觉。

　　视觉传导通路不同部位的损伤，临床症状各不相同。如一侧视神经损伤，引起患侧眼全盲；一侧视束损伤，则引起双眼对侧半视野（即

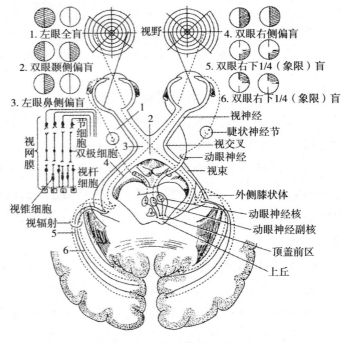

图 10 – 51　视觉传导通路

患侧鼻侧半视野和健侧颞侧半视野）同向性偏盲。

二、运动传导通路

大脑皮质是躯体运动的最高级中枢，其对躯体运动的调节是通过锥体系和锥体外系两部分传导通路来实现的。

（一）锥体系

锥体系主要管理骨骼肌的随意运动，由上、下两级神经元组成。上运动神经元是位于大脑皮质内的锥体细胞，其轴突组成了下行纤维束，这些纤维束在下行的过程中要通过延髓锥体，故名为锥体系，其中下行至脊髓灰质前角的纤维，称皮质脊髓束；下行至脑干内止于躯体运动核的纤维，称皮质核束。锥体系下运动神经元的胞体分别位于脑干躯体运动核和脊髓灰质前角内，所发出的轴突分别参与脑神经和脊神经的组成。

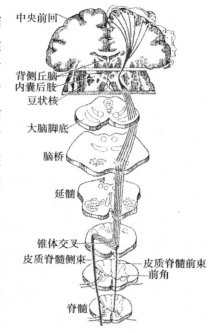

1. 皮质脊髓束 上运动神经元的胞体主要在中央前回上 2/3 和中央旁小叶前部的皮质，其轴突组成皮质脊髓束下行，在延髓锥体的下端，大部分纤维左、右交叉形成锥体交叉，交叉后的纤维沿脊髓外侧索下行，沿途逐节止于脊髓各节段的前角运动神经元。下运动神经元为脊髓前角运动神经元，其轴突组成脊神经的前根，随脊神经分布于躯干和四肢的骨骼肌（图 10－52）。

图 10－52　皮质脊髓束

2. 皮质核束 上运动神经元的胞体位于中央前回的下 1/3 皮质内，由其轴突组成皮质核束，经内囊膝下行至脑干，大部分纤维止于双侧的脑神经运动核，但面神经核的下部和舌下神经核只接受对侧皮质核束的纤维。下运动神经元的胞体位于脑干的脑神经运动核内，其轴突随脑神经分布到头、颈、咽、喉等处的骨骼肌（图 10－53）。

（二）锥体外系

是指锥体系以外管理骨骼肌运动的纤维束。其主要功能是调节肌张力，协调肌

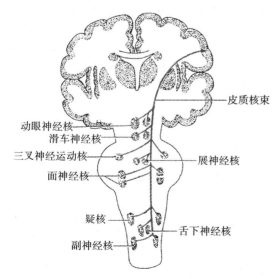

图 10－53　皮质核束

群的运动，与锥体系配合共同完成人体的各种随意运动。

一、选择题

（一）A₁ 型题

1. 新生儿脊髓下端平对：

    A. 第 3 腰椎体下缘　　　B. 第 2 腰椎体下缘　　　C. 第 1 腰椎体下缘

    D. 第 12 胸椎体下缘　　　E. 第 11 胸椎体下缘

2. 哪条神经损伤出现垂腕表现：

    A. 肌皮神经　　B. 桡神经　　C. 尺神经　　D. 正中神经　　E. 腋神经

3. 硬膜外麻醉将药物注入：

    A. 脊髓中央管　　　B. 硬膜外隙　　　C. 硬脑膜窦

    D. 蛛网膜下隙　　　E. 侧脑室

4. 肱骨内上髁骨折易损伤：

    A. 桡神经　　B. 尺神经　　C. 正中神经　　D. 腋神经　　E. 肌皮神经

5. 桡神经损伤常见于：

    A. 肱骨外科颈骨折　　　B. 肱骨内上髁骨折　　　C. 肱骨体下段骨折

    D. 肱骨体中段骨折　　　E. 肱骨体上段骨折

6. 脑脊液产生于：

    A. 蛛网膜粒　　B. 上矢状窦　　C. 下矢状窦　　D. 脉络丛　　E. 海绵窦

7. 大脑皮质的躯体感觉区位于：

    A. 中央后回和中央旁小叶的后部　　　B. 距状沟的两侧

    C. 中央前回和中央旁小叶的前部　　　D. 角回

    E. 颞上回

8. 传导头面部皮肤感觉的脑神经是：

    A. 面神经　　B. 迷走神经　　C. 三叉神经　　D. 舌咽神经　　E. 嗅神经

9. 分布于乳头平面皮肤的胸神经前支是：

    A. 第 4 对　　B. 第 6 对　　C. 第 8 对　　D. 第 10 对　　E. 第 12 对

10. 颅内压增高时，下列哪个结构被挤入小脑幕切迹与中脑之间形成小脑幕切迹疝：

    A. 小脑半球　　B. 海马旁回　　C. 小脑扁桃体　　D. 小脑蚓　　E. 枕叶

（二）A₂ 型题

11. 在硬脊膜与椎管内面的骨膜之间有一间隙，是负压，内含脊神经根、椎内静脉丛等，此结构为：

    A. 硬膜外隙   B. 硬脑膜窦   C. 蛛网膜下隙   D. 海绵窦   E. 横窦

12. 一男性 70 岁患者，突然昏迷，CT 诊断为内囊出血，该患者不可能出现的症状为：

    A. 运动功能障碍   B. 深感觉功能障碍   C. 浅感觉功能障碍

    D. 视觉功能障碍   E. 嗅觉功能障碍

13. 男性患者，双眼右侧半视野偏盲，可能损伤的部位是：

    A. 左侧视区   B. 右侧视区   C. 双侧视区   D. 角回   E. 内囊前肢

（三）X 型题

14. 分布于手的神经：

    A. 正中神经   B. 尺神经   C. 桡神经   D. 肌皮神经   E. 腋神经

15. 臂丛的分支有：

    A. 正中神经   B. 尺神经   C. 桡神经   D. 肌皮神经   E. 腋神经

16. 一侧内囊损伤出现的症状：

    A. 同侧半身瘫痪   B. 对侧半身瘫痪   C. 同侧半身感觉障碍

    D. 对侧半身感觉障碍   E. 双目失明

17. 脊髓：

    A. 有 31 个脊髓节段   B. 成人下端平第 1 腰椎下缘

    C. 具有传导功能   D. 下端变细称脊髓圆锥

    E. 前面正中的浅沟为前正中沟

18. 副交感神经的低级中枢位于：

    A. 脊髓侧角   B. 骶副交感核   C. 脑干   D. 间脑   E. 小脑

二、简答题

1. 简述脊髓的位置。

2. 简述脑脊液的循环途径。

3. 简述脑和脊髓的被膜。

4. 右侧内囊损伤会出现什么症状？为什么？

5. 简述基底核的组成。

实验十六 脊髓和脑形态位置的观察

【实验目的】

学会：观察脊髓的位置、外形和内部结构，脑脊液的循环，脑的分部及脑干、小脑、间脑的位置、外形和内部结构，大脑半球的位置、分叶、各叶的主要沟、回和功能区；基底核和内囊的位置、侧脑室的位置和沟通，脑和脊髓的被膜，硬膜外隙、蛛网膜下隙的位置和内容，脑和脊髓的血管及大脑动脉环的组成。

【实验材料】

1. 标本 脑与脊髓标本，离体脊髓标本，切除椎管后壁的脊髓标本，脊髓横断标本，脑正中矢状面标本，脑水平面标本，小脑、脑干标本，脑和脊髓的被膜标本，脑和脊髓的动脉和大脑动脉环标本，脑室铸型标本。

2. 模型 脑干放大模型，脑干透明模型，间脑模型，小脑、丘脑与下丘脑模型，脑模型，大脑水平切面模型，基底核、脑室模型，脑和脊髓的血管模型。

【实验内容与方法】

1. 脊髓 位置；外形（前正中裂，后正中沟、前和后外侧沟、颈膨大、腰骶膨大、脊髓圆锥、终丝、马尾，脊神经前根和后根）；内部结构（前角、后角、侧角、前索、后索、侧索、脊髓中央管）。

2. 脑 脑的分部（脑干、小脑、间脑、端脑）与脑室。

（1）脑干 腹侧面，自下而上观察，①延髓，锥体及锥体交叉，舌下神经；②脑桥，延髓脑桥沟、展神经、面神经、前庭蜗神经、基底沟、三叉神经根；③中脑，大脑脚、脚间窝、动眼神经。

背侧面：①延髓，辨认舌咽神经、迷走神经和副神经，寻找薄束结节和楔束结节；②脑桥，菱形窝；③中脑，辨认上丘、下丘和滑车神经。

利用脑神经核模型或电动脑干模型，观察脑干内部结构。

（2）小脑　外形（小脑半球、小脑蚓、小脑扁桃体、第四脑室的位置与交通），内部结构（小脑皮质、白质、小脑核）。

（3）间脑　背侧丘脑，后丘脑，下丘脑（视交叉、灰结节、漏斗、垂体、乳头体、视上核、室旁核），第三脑室的位置与交通。

（4）端脑　大脑纵裂及胼胝体，大脑横裂。

外形：3个面、3条沟和5个叶，大脑半球各面的主要沟回。

内部结构：大脑皮质的功能定位，大脑髓质和内囊、基底核及纹状体的位置，侧脑室的位置与交通。

3. 脑和脊髓的被膜　硬脊膜和硬脑膜，硬膜外隙的位置和内容，硬脑膜窦、大脑镰、小脑幕。蛛网膜、蛛网膜下隙、终池、蛛网膜粒。软脊膜与软脑膜、脉络丛。

4. 脑和脊髓的血管　脑的动脉：颈内动脉及其分支，椎动脉、基底动脉及其分支；大脑动脉环的组成和位置。脑的静脉：硬脑膜窦。脊髓的动脉。

5. 脑脊液循环。

实验十七　脊神经、脑神经和内脏神经的观察

【实验目的】

学会：观察脊神经的组成、各神经丛的组成、位置及主要分支分布，胸神经前支的分布特点，脑神经名称、连脑部位及其主要分支的分布，内脏运动神经低级中枢，交感干的组成，交感神经节的位置。

【实验材料】

1. 标本　脊髓横切面示脊神经组成，脊髓连31对脊神经，尸体示脊神经标本（各脊神经丛的主要分支），上、下肢的神经，脑神经连脑部位，12对脑神经，交感干、内脏神经节和神经丛标本。

2. 模型　脊神经组成模型，脑神经模型，内脏神经模型。

【实验内容与方法】

1. 脊神经　脊神经的组成：前根、后根、脊神经节、脊神经前支和后支，31对脊神经，各神经丛的组成、位置及主要分支（膈神经、肌皮神经、正中神经、尺神经、桡神经、腋神经、闭孔神经、股神经、坐骨神经、胫神经、腓总神经）的行程和分布，肋间神经和肋下神经的位置和分布。

2. 脑神经　十二对脑神经的名称及连脑部位，视神经、动眼神经、滑车神经、展

神经的分布，三叉神经的三大分支的名称及分布，面神经、舌咽神经、舌下神经的分布，迷走神经的分布。

3. 内脏神经　　交感和副交感神经的低级中枢，内脏神经节、交感干的组成及位置，内脏运动神经节前纤维的走向、节后纤维的分布。

实验十八　神经系统传导通路的观察

【实验目的】

学会：观察躯干及四肢的本体觉和精细触觉传导通路、躯干及四肢的痛、温、触（粗）、压觉传导通路、头面部的痛、温、触（粗）压觉传导通路、视觉传导通路和运动传导通路。

【实验材料】

深感觉传导通路模型；浅感觉传导通路模型；视觉传导通路模型；运动传导通路模型。

【实验内容与方法】

分别在深感觉传导通路模型、浅感觉传导通路模型、视觉传导通路模型和运动传导通路模型上观察各传导通路的组成和各级神经元的位置，各传导通路纤维交叉的位置，解释为什么不同部位损伤会出现的不同的临床表现。

（曲永松）

人体胚胎发育概要 第十一单元

要点导航

◎**学习要点**

掌握植入的概念、部位和条件，蜕膜的分部，胎膜的组成，胎盘的形态结构和功能；熟悉受精的部位和意义，卵裂的定义和胚泡的形成；了解生殖细胞的成熟，胚层的形成与分化，胎儿血液循环特点，双胎、多胎和联胎。

◎**技能要点**

学会胚胎的早期发育中形态的变化特点，胎膜和胎盘的形态结构。

人体胚胎的发生发育过程是从受精卵形成到胎儿成熟娩出的过程，历时约 38 周。通常把胚胎的发育过程分为两个时期：①胚期，从受精至第 8 周末，各器官的原基已经建立，并初具人形；②胎期，从第 9 周至 38 周，此期各器官继续发育，功能也逐步建立，胎儿迅速长大。

第一节　生殖细胞的成熟

一、精子的成熟

精子是在睾丸的精曲小管内产生。精子产生的过程历经精原细胞、初级精母细胞、次级精母细胞、精子细胞和精子。1 个精原细胞增殖成 4 个精子，精子的染色体数目减少了一半，为 23 条（核型为 23，X 或 23，Y）（图 11 – 1）。

精子在睾丸内生成，在附睾内成熟，但还没有受精的能力，还需进入女性生殖管道后，经女性生殖管道分泌物的作用，才能获得受精能力。精子的受精能力可维持 24h。

二、卵子的成熟

从卵巢排出的卵子处于第二次成熟分裂的中期（仍为2倍体细胞），当次级卵母细胞与精子相遇，受到精子的激发，卵子才迅速完成第二次成熟分裂。每个初级卵母细胞，经过两次成熟分裂形成1个大而成熟的卵子和3个小的极体，都含有23条染色体（核型为23，X）。若未受精，则在排卵后12～24h左右退化（图11－1）。

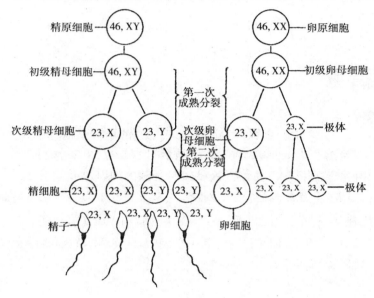

图11－1　精子与卵子发生过程

第二节　胚胎的早期发育

一、受精

精子和卵子结合成为受精卵的过程称受精，一般发生在排卵后的12～24h以内，部位多位于输卵管壶腹部。

（一）受精的过程

受精时，已获能的精子通过释放顶体酶，溶解、穿过透明带和放射冠与卵接触，两者的细胞膜迅速融合，于是精子的细胞质与核进入卵内，精子的核膨大形成雄原核。在精子的激发下，次级卵母细胞立即完成第二次成熟分裂，形成成熟的卵子，其核称雌原核。两核逐渐靠近并互相融合，核膜消失，染色体混合，形成了二倍体的受精卵，受精过程完成（图11－2）。

（二）受精的意义

（1）受精标志新生命的开始。受精卵经生长发育，逐渐形成一个新个体。

（2）受精使遗传物质重新组合。由于生殖细胞在成熟分裂中发生染色体联会与交换，使新个体具有不同于亲代的遗传特性。

（3）受精保持了物种的延续性。精子与卵子结合成受精卵，成为二倍体细胞，保持了物种染色体数目的恒定。

（4）受精决定了胎儿的性别。带有 Y 染色体的精子与卵结合，发育为男性；而带有 X 染色体的精子与卵结合，则发育为女性。

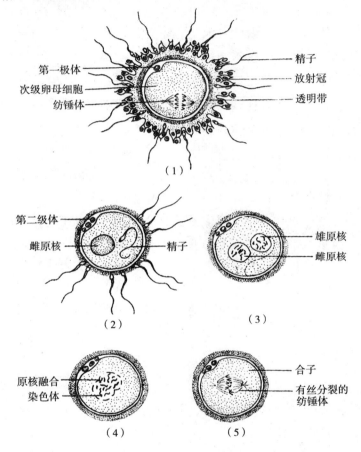

图 11 - 2　受精过程

二、卵裂和胚泡形成

（一）卵裂

受精卵早期进行的细胞分裂过程称卵裂。卵裂产生的子代细胞称卵裂球。在受精后 72h，受精卵已分裂成 12～16 个细胞，整个胚胎形似桑椹，称桑椹胚（图11 - 3，图11 - 4）。

（二）胚泡的形成

桑椹胚进入子宫腔后，细胞继续进行分裂增殖。卵裂球的数目继续增多，细胞间出现许多小的间隙，并逐渐融合成一个大腔，称胚泡腔，其内充满液体，此时胚胎呈囊泡状，称胚泡。胚泡的壁称滋养层，由单层细胞构成，将来会发育成绒毛膜。在胚泡腔的一侧有一团细胞，称内细胞群，将来发育为胚体和部分胎膜。与内细胞群相贴的滋养层称极端滋养层。胚泡形成后其周围的透明带逐渐消失，胚泡逐渐与子宫内膜相互接触，植入开始（图12-3，图11-4）。

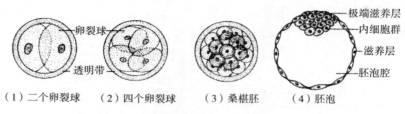

（1）二个卵裂球　　（2）四个卵裂球　　（3）桑椹胚　　（4）胚泡

图11-3　卵裂和胚泡形成示意图

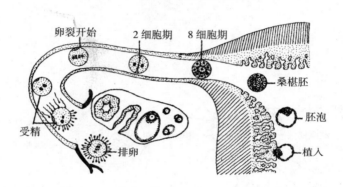

图11-4　排卵、受精、卵裂和植入的位置

三、植入和蜕膜

（一）植入

胚泡逐渐埋入子宫内膜的过程称植入，又称着床。植入开始于受精后的第6~7天，到第11~12天完成（图11-5）。

胚泡植入时，极端滋养层首先黏附于子宫内膜表面，并分泌溶解酶溶解消化子宫内膜，随之胚泡逐渐陷入子宫内膜功能层。当胚泡全部进入子宫内膜后，子宫内膜缺口由子宫内膜上皮修复，植入结束。植入时的子宫内膜正处于分泌晚期，营养和血液供应均很丰富（图11-5）。

胚泡植入的部位是将来形成胎盘的部位。常见的植入部位是子宫底或子宫体的上部。

植入的条件：①神经内分泌功能的协调，例如雌激素和孕激素的协同作用，使子宫内膜维持在分泌期。②胚泡与子宫内膜的同步发育。③子宫腔内环境的正常。如果母体的内分泌失调，胚泡不能适时到达子宫腔，或子宫腔内有异物（如避孕环）干扰时，就会影响植入的完成。

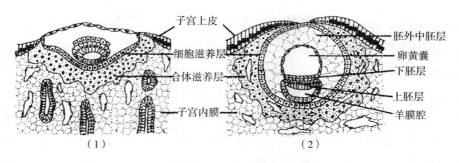

图 11 - 5　植入的过程

（二）蜕膜

胚泡植入后的子宫内膜功能层称蜕膜，分娩时随胚胎娩出。根据蜕膜与胚胎的位置关系，将蜕膜分为 3 部分：位于胚胎深部的部分，称基蜕膜；覆盖于胚胎子宫腔面的部分，称包蜕膜；其余部分称壁蜕膜（图 11 - 6）。

随着胚胎的生长发育，胚胎逐渐向子宫腔突起，包蜕膜也逐渐向壁蜕膜靠近，最终二者相贴并融合，子宫腔消失。

护理应用

异位妊娠是胚泡植入的部位出现异常。①如果胚泡植入在近子宫口处并在此形成胎盘，称前置胎盘，分娩时会引起大出血和分娩困难。②胚泡在子宫以外的部位植入，称宫外孕，最常见于输卵管，也可见于子宫阔韧带、卵巢表面及肠系膜等处，宫外孕的胚胎大都早期死亡并被吸收，少数胚胎发育到较大后破裂，引起大出血。

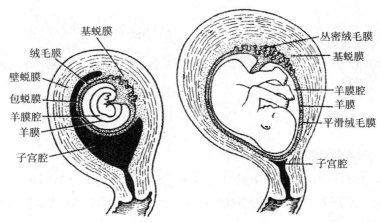

图 11 - 6　胎膜与蜕膜的关系

四、胚层的形成和分化

（一）三胚层的形成

1. 内胚层和外胚层的形成（第 2 周）　在胚泡植入的同时，胚泡的内细胞群增殖分化成两层细胞。靠近胚泡腔的一层，称内胚层。内胚层与极端滋养层之间的一层称外胚层。内胚层与外胚层紧密相贴，形成一个圆盘状的结构，称二胚层胚盘。胚盘是形成胎儿的原基。

在内、外胚层形成的同时，外胚层的背侧出现一腔，称羊膜腔，由羊膜上皮和外胚层围成，内含羊水。在内胚层的腹侧出现一囊，称卵黄囊，由内胚层细胞围成。

2. 中胚层的形成（第3周） 胚胎的第3周初，外胚层的细胞增殖并向胚盘中轴线的一端迁移、聚集形成一细胞索，称原条。胚盘形成原条的一端为胚盘的尾端；另一端为胚盘的头端。原条的头端增厚，形成原结。原结的细胞增生并沿原条向头侧迁入内、外胚层之间形成一细胞索，称脊索。在原条形成的同时，原条的细胞向深部迁移进入内、外胚层之间，并在内、外胚层间形成一个新的细胞层，即中胚层。此时的胚盘已有内、中、外3个胚层。由于脊索和中胚层向头端生长速度较快，因而胚盘逐渐由圆形变成梨形，其头侧部较宽大，尾侧部较狭小（图11-7，图11-8）。

原条和脊索为胚胎早期的中轴结构。原条随着中胚层的形成而消失；脊索后来退变为椎间盘中央的髓核。

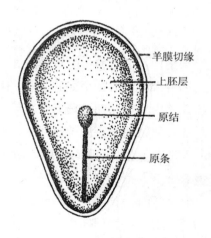

图11-7 二胚层胚盘（背面）

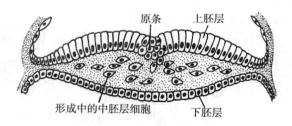

图11-8 胚盘横切（示中胚层的发生）

（二）三胚层的早期分化

在胚胎发育过程中，结构和功能相同或相近的细胞，通过分裂增殖，形成结构和功能不同的细胞，称分化。三胚层的细胞经过增殖和分化，形成了人体的各种细胞和组织。

1. 外胚层的早期分化 在脊索的诱导下，与脊索相对的外胚层细胞分裂增生呈板状，称神经板。神经板沿中线凹陷形成神经沟。神经板两侧缘呈纵行隆起称神经褶。神经沟逐渐加深，而两侧的神经褶则逐渐向正中线靠拢并首先在神经沟中段愈合成为神经管。将来神经管的头侧部分逐渐膨大发育成脑；尾侧部分保持管状，演变成脊髓。外胚层的其余部分，演变成皮肤的表皮及其附属结构等（图11-9）。

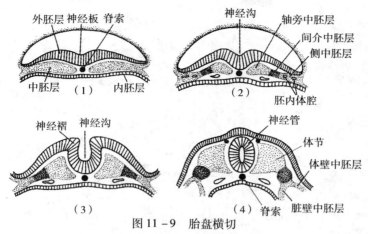

图 11 - 9　胎盘横切

示中胚层的早期分化和神经管的形成

2. 内胚层的早期分化　胚胎第 4 周，胚胎的周缘部向腹侧卷折成为胚体。随着胚体的形成，内胚层被包入其内，形成原肠。原肠主要形成消化管、消化腺、气管、肺、膀胱及尿道等处的上皮（图 11 -9）。

3. 中胚层的早期分化　靠近神经管两侧的中胚层增长变厚形成节段状的体节，将来分化成椎骨、骨骼肌和皮肤的真皮。体节外侧的中胚层称间介中胚层，分化形成泌尿生殖系统的器官。间介中胚层外侧的中胚层称侧中胚层。在侧中胚层内形成的腔隙称胚内体腔，将来形成心包腔、胸膜腔和腹膜腔（图 11 -9）。

第三节　胎膜和胎盘

一、胎膜

胎膜是胎儿的附属结构，由受精卵发育而成。胎儿娩出时，胎膜即与胎儿分离并随后娩出。胎膜包括绒毛膜、卵黄囊、尿囊、羊膜和脐带等，对胎儿具有保护、营养、呼吸和排泄等功能，不参与胚胎本体的形成（图 11 -10）。

（一）绒毛膜

绒毛膜由滋养层和胚外中胚层发育而成。胚胎第 2 周，滋养层的细胞向周围生长，形成许多细小的突起，称绒毛。随着胚胎的发育，绒毛出现分支并逐渐增多，胚外中胚层进入绒毛的中轴部，并分化出血管，血管内含有胎儿的血液。

胚胎发育早期，绒毛膜表面的绒毛发育和分布均匀一致。以后，与包蜕膜相邻接的绒毛营养缺乏而逐渐退化消失，这部分绒毛膜称平滑绒毛膜；而与基蜕膜相连接的绒毛因血供丰富发育旺盛，呈树枝状，这部分绒毛膜称丛密绒毛膜。

绒毛膜的主要功能是从母体子宫吸收营养物质，供给胚胎生长发育，并排出胚胎的代谢产物。

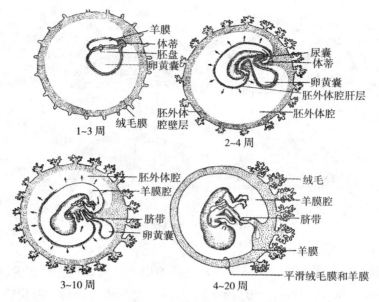

图 11 – 10 胎膜的形成

(二) 羊膜

羊膜是半透明的薄膜。羊膜与外胚层一起围成羊膜腔，内含羊水。最初，羊膜腔位于胚盘的背侧，随着胚盘向腹侧卷折，羊膜腔也向胚体的腹侧扩展并包围于胚体的周围，使胎儿完全游离于羊膜腔内。

羊水为淡黄色的液体，由羊膜分泌而来，其中含有一些胎儿的排泄物。羊水不断产生又不断被羊膜吸收和被胎儿吞饮，所以，羊水是不断更新的。足月胎儿的羊水含量约为 1000～1500ml，若羊水少于 500ml 为羊水过少，若多于 2000ml 为羊水过多，羊水过少或过多都会影响胎儿正常发育。胎儿生活在羊水中。羊水能保护胎儿，缓冲外力对胎儿的振荡及挤压；防止胎儿与羊膜发生粘连；分娩时，羊水还有扩张子宫颈、冲洗和润滑产道的作用。

(三) 脐带

脐带是连于胎儿脐部和胎盘之间的一条圆索状结构。其直径约 1.5～2cm，长约 55cm，其内有一对脐动脉、一条脐静脉，脐带是连接胎儿与胎盘的血管通道。

二、胎盘

(一) 胎盘的形态

胎盘呈圆盘状，直径为 15～20cm，重约 500g。胎盘的胎儿面覆盖有羊膜，表面光滑，其中央与脐带相连；胎盘的母体面粗糙由浅沟将其分为 15～20 个胎盘小叶（图 11 – 11）。

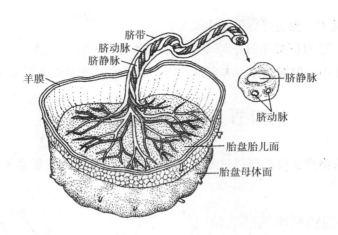

图 11-11 胎盘整体观

（二）胎盘的构造

胎盘由母体的基蜕膜和胎儿的丛密绒毛膜共同构成。胎盘小叶之间有基蜕膜所形成的胎盘隔，胎盘隔与绒毛之间的腔隙称绒毛间隙，其内充满母体的血液，绒毛即浸浴在绒毛间隙内的母体血液中（图 11-12）。胎儿血液和母体血液在胎盘内进行物质交换所通过的结构称胎盘屏障。

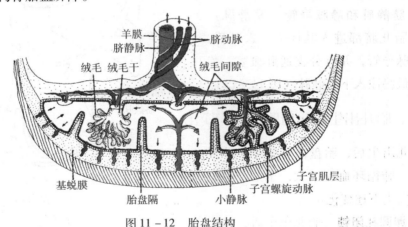

图 11-12 胎盘结构

（三）胎盘的功能

1. 物质交换 胎儿的血液流经胎盘时，从母体的血液中获得营养物质和 O_2，同时将胎儿血液中的 CO_2 及其他代谢产物排入母体血液内，再经母体血液排出体外。

2. 分泌激素

（1）绒毛膜促性腺激素 促进母体卵巢内黄体的生长发育，以维持妊娠。在受精后的第 3 周，绒毛膜促性腺激素即开始在孕妇的尿中出现，故临床常检查孕妇尿中有无此种激素作为早期妊娠的诊断。

（2）雌激素和孕激素 维持妊娠。

（3）胎盘促乳素　促进母体乳腺生长发育。

3. 防御屏障　胎盘屏障能阻止母体血液中的大分子物质进入胎儿体内，对发育中的胎儿具有保护作用，但对抗体、大多数药物、部分病毒和螺旋体等无屏障作用。

第四节　胎儿的血液循环

胎儿与外界的物质交换必须通过胎盘来进行，所以胎儿心血管系统的结构特点与成人不同。

一、胎儿心血管系统的结构特点

1. 卵圆孔　在房间隔右面的尾侧部，左、右心房经此孔相通。

2. 动脉导管　是一条连通肺动脉干和主动脉弓的血管。

3. 脐动脉　一对，自髂总动脉发出，经胎儿脐部进入脐带。

4. 脐静脉和静脉导管　脐静脉一条，经胎儿脐部进入其体内，入肝后，续为静脉导管，并有分支通肝血窦，静脉导管最终注入下腔静脉（图11-13）。

二、胎儿出生后心血管系统的变化

胎儿出生后，胎盘循环停止，肺开始呼吸，肺循环血流增大，于是，心血管系统发生下述变化：

1. 卵圆孔闭锁　胎儿出生后，卵圆孔闭锁，并在房间隔的右面形成卵圆窝。

2. 动脉导管　出生后动脉导管逐渐闭锁，形成动脉韧带。如果出生后半年仍不闭锁，称动脉导管未闭。

3. 脐动脉　近侧段形成膀胱上动脉，远侧段闭锁。

4. 脐静脉和静脉导管分别形成肝圆韧带和静脉韧带（图11-14）。

新生儿心血管系统的结构经上述变化后，血液循环的途径即与成年人的相同。

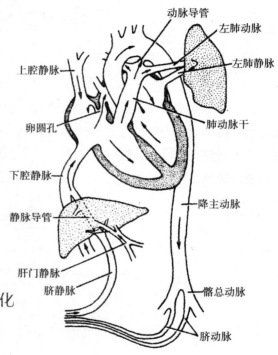

图11-13　胎儿的血液循环途径

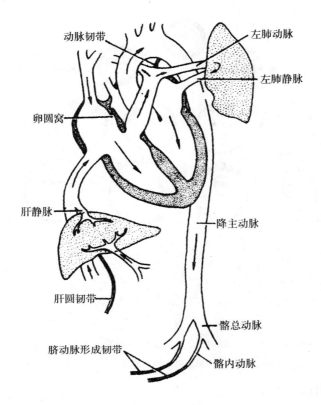

左肺动脉

左肺静脉

动脉韧带

卵圆窝

肝静脉

降主动脉

肝圆韧带

脐动脉形成韧带

髂总动脉

髂内动脉

图 11 – 14　胎儿出生后血液循环途径的变化

第五节　双胎、多胎和联体双胎

一、双胎

一次分娩出生两个胎儿的现象，称双胎或孪生。

(一) 单卵双胎

由一个受精卵发育成两个胎儿，称单卵双胎，又称真孪生。有以下 3 种形式：①由一个受精卵分裂形成两个卵泡，两个胚泡各发育成一个胎儿；②在一个胚泡内形成两个内细胞群，两个内细胞群各发育成一个胎儿；③形成两个原条，各自诱导发育成两个完整的胚胎。单卵双胎的两个婴儿，性别相同，外貌相似，相互之间的器官移植不产生排斥反应（图 11 – 15）。

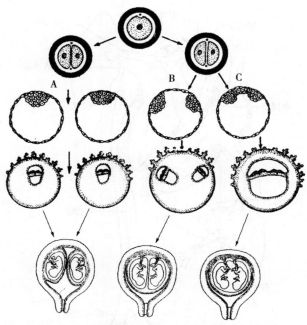

图 11 – 15　双胎的形成类型及其与胎膜、胎盘的关系
A. 形成两个胚泡；B. 形成两个内细胞群；C. 形成两个原条

（二）双卵双胎

一次排两个卵，两个卵均受精，分别发育成一个胎儿，称双卵双胎，又称假孪生。双卵双胎的两个胎儿，性别相同或不同，相貌似一般的兄弟姐妹。

二、多胎

多胎是一次出生 3 个以上的胎儿。其原因可能为单卵多胎、多卵多胎和混合性多胎。

三、联体双胎

联体双胎多来自两个未完全分离的单卵双胎，可发生不同部位的联体，如头部连胎、胸腹连胎和臀部连胎等。

一、单项选择

（一）A_1 型题

1. 受精的部位常发生在：

    A. 输卵管子宫部　　　　B. 输卵管峡　　　　C. 输卵管腹壶部

D. 输卵管漏斗部　　　　　E. 以上都对

2. 胚泡植入的正常部位是在：

　　A. 输卵管腹壶部　　　　　B. 子宫底　　　　　C. 子宫峡

　　D. 子宫颈　　　　　　　　E. 子宫底或子宫体上部

3. 参与构成胎盘的结构是：

　　A. 包蜕膜　　B. 壁蜕膜　　C. 基蜕膜　　D. 羊膜　　E. 以上都不是

4. 由中胚层分化形成的器官是：

　　A. 肝　　B. 胃　　C. 肠　　D. 肺　　E. 肾

5. 精子获得受精能力的部位在：

　　A. 精曲小管　　　　　B. 附睾管　　　　　C. 输精管

　　D. 男性尿道　　　　　E. 女性生殖管道

6. 植入子宫内膜的结构是：

　　A. 受精卵　　B. 卵裂球　　C. 桑椹胚　　D. 胚泡　　E. 胚盘

7. 受精时，产生男婴的精子的染色体核型是：

　　A. 23，X　　　B. 23，Y　　　C. 22，X　　　D. 22，Y　　　E. 46，XY

8. 不属于胎膜的结构是：

　　A. 羊膜　　B. 卵黄囊　　C. 壁蜕膜　　D. 脐带　　E. 尿囊

9. 胚体演变初具人形是在受精后：

　　A. 第 4 周末　　　　　B. 第 6 周末　　　　　C. 第 8 周末

　　D. 第 10 周末　　　　E. 第 12 周末

10. 前置胎盘是因胚泡植入在：

　　A. 子宫底　　　B. 子宫体前壁　　　C. 子宫体后壁

　　D. 子宫颈　　　E. 输卵管子宫口

（二）X 型题

11. 受精的意义在于：

　　A. 决定性别　　　　B. 产生新个体　　　C. 维持物种的稳定性

　　D. 确定植入部位　　E. 使新个体具有不同于亲代的遗传特性

12. 蜕膜分为：

　　A. 基蜕膜　　B. 包蜕膜　　C. 壁蜕膜　　D. 绒毛膜　　E. 羊膜

13. 构成胚泡的结构包括：

　　A. 内细胞群　　B. 滋养层　　C. 胚泡腔　　D. 外胚层　　E. 内胚层

二、问答题

1. 简述植入的过程和正常部位。

2. 简述胎膜的组成和胎盘的功能。

实验指导

实验十九 内分泌与胚胎

【实验目的】

（1）学会观察各内分泌腺的位置和形态。

（2）学会在镜下观察垂体、甲状腺和肾上腺的微细结构。

（3）学会观察蜕膜的分部，卵裂球、胚泡的形态，胎膜的组成，胎盘、脐带的形态和结构。

【实验材料】

1. 标本和模型　内分泌系统概观标本，垂体和松果体、甲状腺和甲状旁腺及肾上腺标本和模型。卵裂球、桑椹胚、胚泡、胚盘、蜕膜、妊娠子宫、早期胚胎、胎盘、胚层的形成和分化模型。正常分娩的胎盘与脐带标本。不同发育时期的胎儿与脐带、羊膜（可见羊膜腔）和胎盘标本。

2. 组织切片　垂体、甲状腺、肾上腺。

【实验内容及方法】

1. 内分泌系统各器官的位置和形态　检查同学的甲状腺，证实甲状腺可随吞咽而上下移动。观察卵裂球与桑椹胚、胚泡、蜕膜、三胚层胚胎、早期胚胎和妊娠子宫的关系、胎膜、脐带和胎盘模型。

2. 自己观察甲状腺、肾上腺的组织切片　示教腺垂体组织切片。

（1）甲状腺切片（HE 染色）

低倍镜观察：可见许多大小不等的甲状腺滤泡，滤泡腔内有染成深红色的胶状物质。滤泡之间为甲状腺的间质。

高倍镜观察：滤泡壁为单层上皮，包括滤泡上皮细胞和滤泡旁细胞。在甲状腺间质内和滤泡壁上，注意辨认滤泡旁细胞。滤泡旁细胞较甲状腺滤泡上皮细胞稍大，呈卵圆形，胞浆染色浅。

（2）肾上腺切片（HE 染色）

肉眼观察：外周染成深红色为皮质，中央部染成紫蓝色为髓质。

低倍镜观察：表面为被膜，染成红色。被膜深面为皮质，由浅入深依次为球状带、束状带和网状带。皮质的深面为髓质。

高倍镜观察：皮质 3 个带的结构特点，髓质的结构特点。

（3）示教腺垂体（Mallory 染色）中的 3 种细胞　嗜酸细胞、嗜碱细胞和嫌色细胞。

（范跃民）

《正常人体结构学》教学大纲

（供三年制中职护理类专业使用 108学时）

一、课程性质和教学任务

正常人体结构学是研究正常人体形态结构以及发生发育的一门综合性学科，是护理专业的一门重要基础课，包括传统课程中的人体解剖学、组织学及胚胎学等内容，其任务是：使学生获取中等护理专门人才所必需的人体形态、结构及人体发生、发育的基本知识、基本理论和基本技能，为进一步学习其他医学课程和职业技能、提高专业素质、增强适应职业变化的能力，更好地从事临床护理和社区卫生工作打下一定的基础。

二、课程教学目标

【知识教学目标】

（1）理解正常人体结构学的基本理论和基本概念。

（2）掌握人体主要器官的位置、形态、结构及功能。

（3）掌握人体主要器官的微细结构。

（4）了解人体发生发育过程的一般规律。

【能力培养目标】

（1）能正确辨认和描述人体各器官的位置、形态、结构及毗邻。

（2）掌握主要器官的体表标志或体表投影及常用穿刺部位和穿刺血管的确认方法。

（3）能借助显微镜观察人体各器官微细结构的组织切片。

【素质教育目标】

（1）具有严谨求实和创新的学习精神，具有科学的思维能力。

（2）具有救死扶伤、爱岗敬业、乐于奉献、精益求精的职业素质和良好的医德、医风情操。

（3）具有团结协作、勇于吃苦、爱护标本仪器的良好品德。

三、教学内容和要求

绪　　论

【知识教学目标】

（1）掌握人体的组成、分部，正常人体结构学常用的术语。

（2）熟悉正常人体结构学的定义及其在护理学中的地位。

（3）了解学习正常人体结构学的基本观点与方法。

【能力培养目标】

学会按形态进行人体的分部。

第一单元　基本组织

【知识教学目标】

（1）掌握血液的组成、血细胞的分类及各类的形态，神经元的形态结构、神经元的分类、突触的分类和结构。

（2）熟悉被覆上皮的分类、分布，疏松结缔组织的分类构成，骨骼肌纤维的一般结构，心肌纤维的一般结构，神经纤维的分类和结构。

（3）了解腺上皮的结构，上皮组织的特殊结构，致密结缔组织、脂肪组织、网状组织、软骨组织、骨组织的结构，骨骼肌纤维的超微结构，神经胶质细胞的分类，神经末梢的分类。

【能力培养目标】

学会显微镜的使用，并用显微镜观察各类上皮组织、结缔组织、肌组织和神经组织。

第二单元　运动系统

【知识教学目标】

（1）掌握骨的分类，骨的构造，骨连结和全身重要的体表标志。

（2）熟悉躯干骨、四肢骨及其连接和重要的四肢骨骼肌的名称和位置。

（3）了解颅骨及其连接，头肌、颈肌和躯干肌的名称和位置。

【能力培养目标】

（1）通过观察学会全身各骨的形态结构及各主要关节的结构特点，全身骨骼肌的位置。

（2）在活体上熟练掌握全身主要的体表标志及意义。

第三单元　消化系统

【知识教学目标】

（1）掌握消化系统的组成，口腔的结构，咽的分部，食管的狭窄，胃的位置、形态和结构，小肠、大肠的分部及结构，肝的形态、位置和结构。

（2）熟悉胸部的标志线及腹部的分区，胰的形态和位置，腹膜及腹膜腔的概念，腹膜与脏器的关系。

（3）了解消化管壁的一般结构，腹膜形成的主要结构。

【能力培养目标】

（1）熟练掌握各段消化管及肝、胰的位置、形态、分部。

（2）学会观察各段消化管及肝、胰的微细结构。

第四单元　呼吸系统

【知识教学目标】

（1）掌握气管与主支气管形态，肺的位置和形态，胸膜与胸膜腔的概念。

（2）熟悉喉位置和结构，鼻组成，肺内支气管和支气管肺段，肺的微细结构，胸膜的分部及胸膜隐窝的概念。

（3）了解肺的血管，胸膜下界与肺下界的体表投影，纵隔的概念及境界，纵隔的分部及内容。

【能力培养目标】

（1）学会观察呼吸系统的组成、气管与主支气管、肺的形态位置。

（2）学会辨认肺的微细结构。

第五单元　泌尿系统

【知识教学目标】

（1）掌握肾的位置和形态，女性尿道的结构特点和位置。

（2）熟悉肾的剖面结构，肾的被膜，肾的微细结构，输尿管的狭窄，膀胱的形态、位置和结构。

（3）了解肾的血液循环特点。

【能力培养目标】

学会观察泌尿系统各器官的形态、位置和结构。

第六单元　生殖系统

【知识教学目标】

（1）掌握睾丸和卵巢的形态、位置、结构，男性尿道的分部、狭窄和弯曲，子宫的形态位置和结构，输卵管的位置和分部，阴道的位置和形态。

（2）熟悉男性生殖管道的组成及其结构，乳房的形态和位置，会阴的分区。

（3）了解男性生殖系统附属腺的构成，男性外生殖器的构成和结构。

【能力培养目标】

学会观察男、女性生殖系统各组成器官的形态、位置和结构。

第七单元　内分泌系统

【知识教学目标】

（1）掌握甲状腺的形态和位置。

（2）熟悉肾上腺的形态和位置，垂体的形态和位置。

（3）了解甲状腺、甲状旁腺、肾上腺和垂体的微细结构，甲状旁腺、松果体的形态和位置。

【能力培养目标】

学会观察甲状腺、肾上腺、垂体的形态、位置和结构。

第八单元　脉管系统

【知识教学目标】

（1）掌握心的位置和外形，心的体表投影，体循环的动脉的分支和分部，体循环的静脉的组成和位置。

（2）熟悉心腔的结构，心壁的结构与心的传导系统，淋巴器官的分类。

（3）了解心的血管的分支、分布，心包的结构，血管的分类及结构特点，肺循环血管的组成，淋巴管道的分类。

【能力培养目标】

（1）通过观察熟练掌握心的形态位置、体循环的血管和淋巴系统。

（2）学会观察脉管系统的微细结构。

第九单元　感觉器

【知识教学目标】

（1）掌握眼球的结构，外耳的构成。

（2）熟悉眼副器的组成，中耳的结构，皮肤的结构。

（3）了解眼的血管，内耳的结构，皮肤的附属器。

【能力培养目标】

学会观察眼和耳的构成及各构成部分的形态、位置和结构。

第十单元　神经系统

【知识教学目标】

（1）掌握神经系统的组成，脊髓的位置和外形，脑脊液及其循环。

（2）熟悉神经系统的常用术语，脊髓的内部结构，脑干，间脑，端脑，脑和脊髓的被膜，脊神经。

（3）了解神经系统的活动方式，脊髓的功能，小脑形态和位置，脑和脊髓的血管，脑神经的名称，内脏神经的分类，神经系统的传导通路。

【能力培养目标】

学会观察脊髓和脑的形态位置、脊神经和脑神经的分布及神经系统的传导通路。

第十一单元　人体胚胎发育概要

【知识教学目标】

（1）掌握植入与蜕膜，胎膜，胎盘。

（2）熟悉受精的概念、部位和意义，卵裂和胚泡形成。

（3）了解生殖细胞的成熟，胚层的形成与分化，胎儿血液循环的特点，双胎、多胎和联胎形成的原因。

【能力培养目标】

学会胚胎的早期发育中形态的变化特点，胎膜和胎盘的形态结构。

四、教学时段安排及分配

章次	教学内容	学时数		
		理论	实践	合计
	绪论	2	0	2
一	基本组织	8	4	12
二	运动系统	2	8	10
三	消化系统	8	4	12
四	呼吸系统	4	2	6
五	泌尿系统	4	2	6
六	生殖系统	6	2	8
七	内分泌系统	2	1	3
八	脉管系统	10	6	16
九	感觉器	4	2	6
十	神经系统	12	6	18
十一	人体胚胎发育概要	4	1	5
	机动	2	2	4
	合计	68	40	108

五、大纲说明

本大纲是根据护理专业的教学及工作需要，对有关正常人体的解剖和组织结构方面的知识进行优化组合，其特点是：难度适中、内容适用、信息量适宜，为后续专业课的学习及今后的岗位需求打下坚实的基础。

（1）本教学大纲主要供中职护理类专业使用，总学时为 108 学时，其中理论教学为 68 学时，实践教学为 40 学时。

（2）教学要求

①本课程对理论部分教学要求分为掌握、熟悉和了解 3 个层次。掌握：指学生对所学的知识和技能能够准确记忆和熟练应用，能够综合分析和解决学习和工作中的实际问题；熟悉：指学生对所学的知识基本掌握并能应用所学技能；了解：指对学过的知识能够有一定的认知。

②本课程突出以培养能力为本位的教学理念，在实验操作方面设计熟练掌握、学会两个层次。熟练掌握是指能够独立娴熟地进行操作；学会是指能够在教师的指导下进行技能操作。

（三）教学建议

（1）课堂教学过程，运用多种教学方法如案例教学法、PBL 教学法等，合理使用多媒体教学，多采用标本、模型等直观教学形式，多结合临床和生活实例，让学生领略到知识能够"学有所用"，激发学生的学习热情，提高课堂教学效果。

（2）实践教学应注重培养学生的基本操作技能，要鼓励学生多动手，提高学生的参与意识和合作能力。

（3）教学评价应通过课堂提问、单元测试、作业或实验报告、实验考核及期中、期末理论考试等多种考核方式进行综合测评，以便比较全面的评价学生的学习效果。

参考答案

第一单元

1. E 2. C 3. D 4. C 5. C 6. C 7. C 8. C 9. A 10. C 11. D 12. B
13. E 14. ABCDE 15. ABCDE 16. D 17. ABCDE 18. ABC

第二单元

1. B 2. B 3. A 4. B 5. A 6. E 7. D 8. C 9. D 10. B 11. C 12. ABC
13. ABC 14. ACE 15. CD 16. BE

第三单元

1. C 2. E 3. D 4. B 5. A 6. E 7. B 8. A 9. C 10. D 11. D 12. C
13. A 14. BCDE 15. ABCD 16. ABE 17. ACD 18. ABCE

第四单元

1. B 2. A 3. C 4. D 5. A 6. C 7. ACD 8. ABC 9. BCDE

第五单元

1. C 2. A 3. B 4. A 5. E 6. B 7. AB 8. ABC 9. ACD 10. ABCD

第六单元

1. A 2. A 3. B 4. A 5. D 6. C 7. ABCD 8. ABCDE 9. CDE

第七单元

1. C 2. B 3. E 4. BCDE 5. BC

第八单元

1. D 2. C 3. C 4. D 5. D 6. D 7. A 8. C 9. D 10. C 11. D 12. C
13. E 14. C 15. ABCD 16. ABC 17. ABCDE 18. CDE 19. ADE

第九单元

1. A 2. C 3. B 4. C 5. C 6. ABD 7. BCDE 8. ADE

第十单元

1. A 2. B 3. B 4. B 5. D 6. D 7. A 8. C 9. A 10. B 11. A 12. E
13. A 14. ABC 15. ABCDE 16. BD 17. ABCD 18. BC

第十一单元

1. C 2. E 3. C 4. E 5. E 6. D 7. B 8. C 9. C 10. D 11. ABCE
12. ABC 13. ABC

参考文献

[1] 邹仲之, 李继承. 组织学与胚胎学 [M]. 第7版. 北京: 人民卫生出版社, 2011.

[2] 于晓谟. 正常人体概论 [M]. 第2版. 北京: 高等教育出版社, 2010.

[3] 王之一, 孙新忠. 解剖学基础 [M]. 北京: 科学出版社, 2009.

[4] 刘文庆, 吴国平. 系统解剖学与组织胚胎学 [M]. 第2版. 北京: 人民卫生出版社, 2010.

[5] 柏树令. 系统解剖学 [M]. 第7版. 北京: 人民卫生出版社, 2009.

[6] 王怀生, 李召. 解剖学基础 [M]. 第2版. 北京: 人民卫生出版社, 2009.

[7] 刘东方. 解剖学基础 [M]. 北京: 中国医药科技出版社, 2012.

[8] 李玉山. 临床护理解剖学 [M]. 武汉: 湖北人民出版社, 2009.

[9] 丁自海, 夏武宪. 护理应用解剖学 [M]. 第2版. 济南: 山东科学技术出版社, 2000.

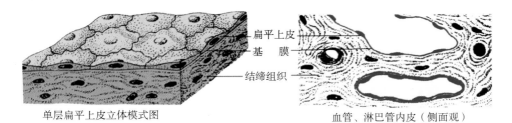

扁平上皮
基　膜
结缔组织

单层扁平上皮立体模式图　　　　　　血管、淋巴管内皮（侧面观）

彩图 1　单层扁平上皮

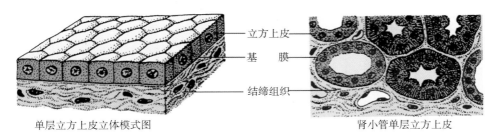

立方上皮
基　膜
结缔组织

单层立方上皮立体模式图　　　　　　肾小管单层立方上皮

彩图 2　单层立方上皮

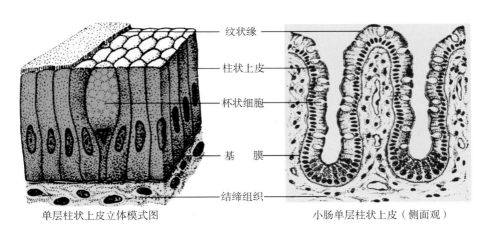

纹状缘
柱状上皮
杯状细胞
基　膜
结缔组织

单层柱状上皮立体模式图　　　　　　小肠单层柱状上皮（侧面观）

彩图 3　单层柱状上皮

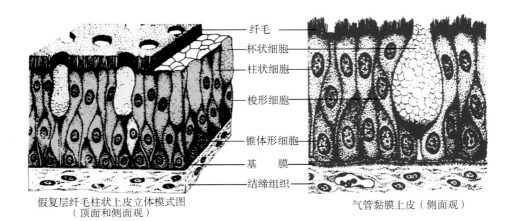

纤毛
杯状细胞
柱状细胞
梭形细胞
锥体形细胞
基　膜
结缔组织

假复层纤毛柱状上皮立体模式图　　　　气管黏膜上皮（侧面观）
（顶面和侧面观）

彩图 4　假复层纤毛柱状上皮

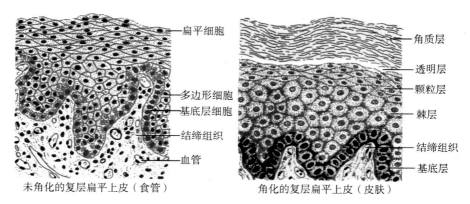

未角化的复层扁平上皮（食管）　角化的复层扁平上皮（皮肤）

扁平细胞
多边形细胞
基底层细胞
结缔组织
血管

角质层
透明层
颗粒层
棘层
结缔组织
基底层

彩图5　复层扁平上皮

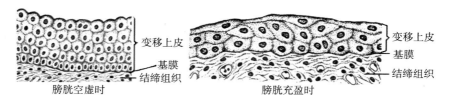

膀胱空虚时　膀胱充盈时

变移上皮
基膜
结缔组织

变移上皮
基膜
结缔组织

彩图6　变移上皮（膀胱）

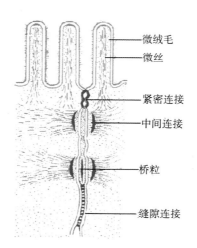

微绒毛
微丝
紧密连接
中间连接
桥粒
缝隙连接

彩图7　单层柱状上皮的微绒毛与细胞连接超微结构

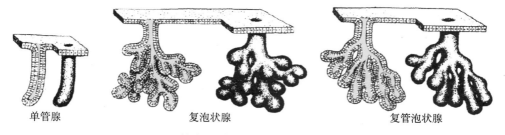

单管腺　复泡状腺　复管泡状腺

彩图8　外分泌腺的形态分类

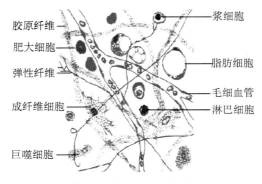

胶原纤维 —

肥大细胞 —

弹性纤维 —

成纤维细胞 —

巨噬细胞 —

— 浆细胞

— 脂肪细胞

— 毛细血管

— 淋巴细胞

彩图 9　疏松结缔组织铺片

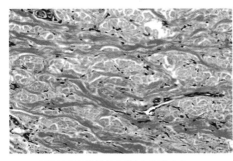

不规则致密结缔组织（人真皮）

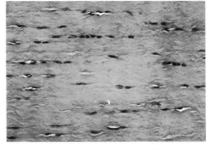

规则致密结缔组织（人肌腱）

彩图 10　致密结缔组织（真皮、肌腱）

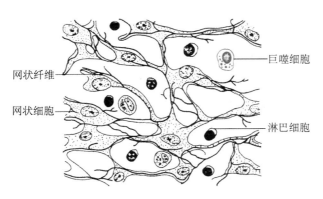

网状纤维 —

网状细胞 —

— 巨噬细胞

— 淋巴细胞

彩图 11　网状组织

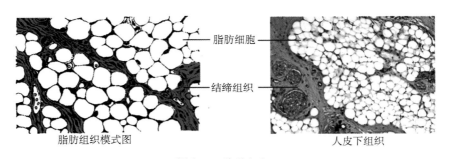

脂肪组织模式图

— 脂肪细胞

— 结缔组织

人皮下组织

彩图 12　脂肪组织

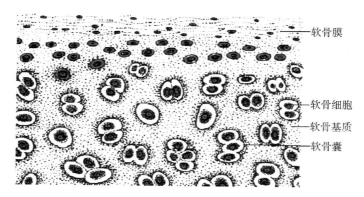

软骨膜

软骨细胞

软骨基质

软骨囊

彩图 13　透明软骨

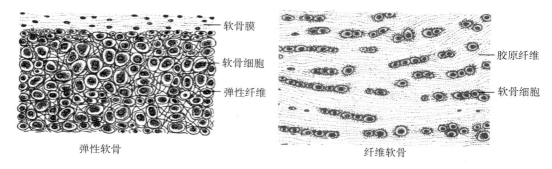

软骨膜

软骨细胞

弹性纤维

弹性软骨

胶原纤维

软骨细胞

纤维软骨

彩图 14　弹性软骨和纤维软骨

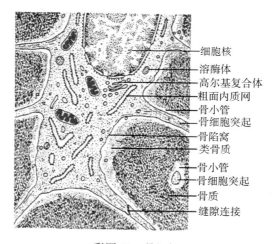

细胞核

溶酶体

高尔基复合体

粗面内质网

骨小管

骨细胞突起

骨陷窝

类骨质

骨小管

骨细胞突起

骨质

缝隙连接

彩图 15　骨组织

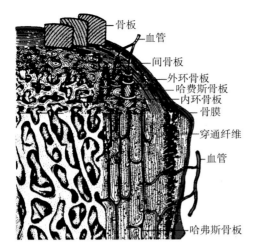

骨板
血管
间骨板
外环骨板
哈费斯骨板
内环骨板
骨膜
穿通纤维
血管

哈弗斯骨板

彩图 16　长骨结构

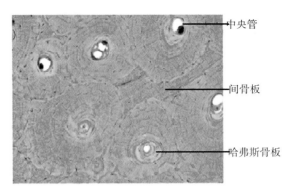

中央管

间骨板

哈弗斯骨板

彩图 17　长骨磨片（横切面）

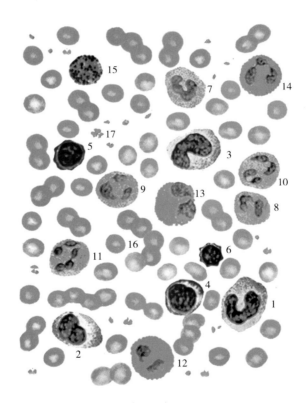

彩图 18　各种血细胞的光镜结构

1. 2. 3. 单核细胞　4. 5. 6. 淋巴细胞

7. 8. 9. 10. 11. 中性粒细胞　12. 13. 14. 嗜酸粒细胞

15. 嗜碱粒细胞　16. 红细胞　17. 血小板

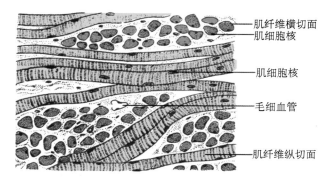

肌纤维横切面
肌细胞核
肌细胞核
毛细血管
肌纤维纵切面

彩图 19　骨骼肌纵切和横切

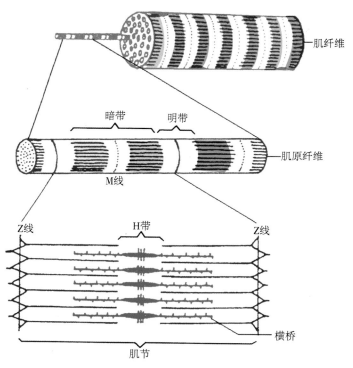

肌纤维

暗带　明带

肌原纤维

M线

Z线　H带　Z线

横桥

肌节

彩图 20　骨骼肌肌原纤维逐级放大

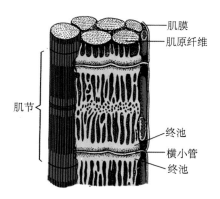

肌膜
肌原纤维

肌节

终池
横小管
终池

彩图 21　骨骼肌纤维超微结构

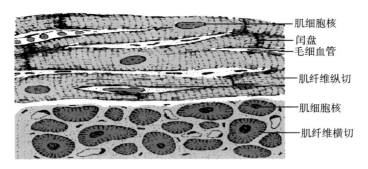

彩图 22　心肌纵切和横切面

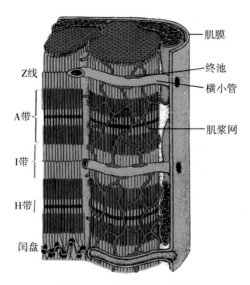

彩图 23　心肌纤维超微结构

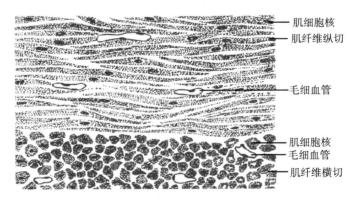

彩图 24　平滑肌纵切和横切

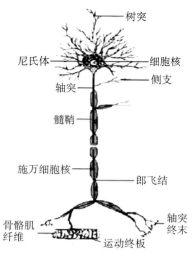

彩图 25　神经元结构

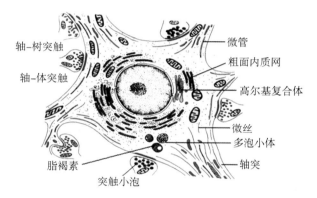

彩图 26　多极神经元及部分突触超微结构

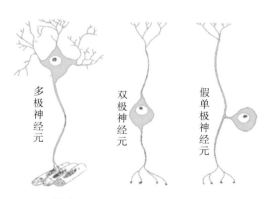

彩图 27　几种不同形态的神经元

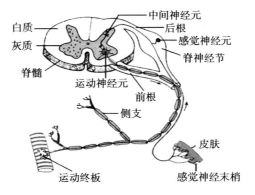

彩图 28　几种不同功能的神经元

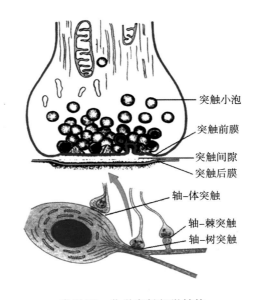

彩图 29　化学突触超微结构

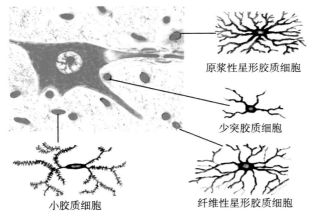

彩图 30　中枢神经系统的几种神经胶质细胞

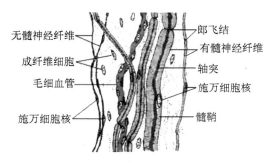

彩图 31　周围神经纤维

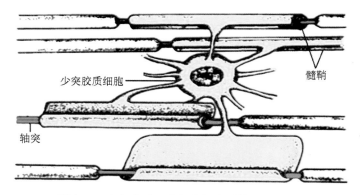

彩图 32　少突胶质细胞与中枢有髓神经纤维关系

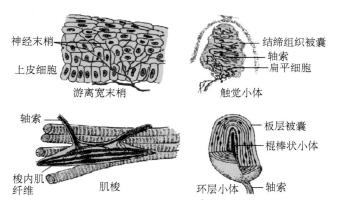

彩图 33　各种感觉神经末梢

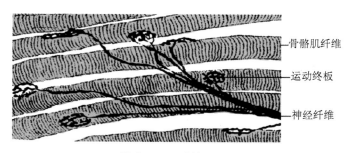

彩图 34　运动神经末梢